普通高等教育“十三五”规划教材

工程图学基础

（第二版）

主　编　赵　军
副主编　李艳敏

中国水利水电出版社
www.waterpub.com.cn
·北京·

内容提要

本书根据教育部高等学校工程图学课程教学指导委员会制定的“普通高等学校工程图学课程教学基本要求”，结合作者多年来从事工程图学教学改革和建设的成果及经验编写而成。全书共5章，内容包括制图基本知识与技能、投影法及几何元素的投影、立体及其交线的投影、组合体以及轴测图。

本书注重工程图学基本理论的系统性和完整性，处理好继承与发展的关系，在内容上较好地把握了简洁实用的原则，对学生的素质和能力培养十分有利。

本书在第一版的基础上增加了主要知识点的讲解视频（共48个），以及VR模型演示内容（30个3D虚拟仿真资源），方便教师教学与读者自学。

本书可作为高等学校机械类专业工程图学课程（64~96学时）的教材，也可供高职高专、成人教育、函授大学、电视大学、网络教育、职业技术学院等其他类型院校相关专业的师生参考。与本书配套出版的《工程图学基础习题集》（第二版）可供选用。

本书配有免费课件（用Authorware开发），可以扫描前言中的“本书资源总码”免费下载。

图书在版编目（CIP）数据

工程图学基础/赵军主编．—2版．—北京：中国水利水电出版社，2019.8

普通高等教育“十三五”规划教材

ISBN 978-7-5170-7891-3

Ⅰ.①工…　Ⅱ.①赵…　Ⅲ.①工程制图-高等学校-教材　Ⅳ.①TB23

中国版本图书馆CIP数据核字（2019）第162139号

书　　名	普通高等教育“十三五”规划教材 工程图学基础（第二版）GONGCHENGTUXUE JICHU
作　　者	主编　赵　军　副主编　李艳敏
出版发行	中国水利水电出版社 （北京市海淀区玉渊潭南路1号D座　100038） 网址：www.waterpub.com.cn E-mail：sales@waterpub.com.cn 电话：（010）68367658（营销中心）
经　　售	北京科水图书销售中心（零售） 电话：（010）88383994、63202643、68545874 全国各地新华书店和相关出版物销售网点
排　　版	北京智博尚书文化传媒有限公司
印　　刷	三河市龙大印装有限公司
规　　格	185mm×260mm　16开本　12印张　292千字
版　　次	2015年8月第1版 2019年8月第2版　2019年8月第1次印刷
印　　数	0001—4000册
定　　价	35.00元

第二版前言

本书是在第一版的基础上修订而成。教材谨遵教育部高等学校工程图学课程教学指导委员会制定的“普通高等学校工程图学课程教学基本要求”，并贯彻国家最新标准与规范，融入了作者近几年的教学经验及改革成果，采纳了第一版教材使用教师的建议。整套教材包括《工程图学基础（第二版）》《工程图学基础习题集（第二版）》《机械制图（第二版）》《机械制图习题集（第二版）》及《计算机绘图——AutoCAD+Inventor（第二版）》。

在编写教材过程中，我们贯彻淡化理论、培养能力、注重实践与应用的原则。内容方面在保持理论性和系统性的同时，尽可能做到简明、实用。通过教材中的例题、配套习题以及综合性构形设计作业等，开阔学生思路、拓宽基础，培养学生运用理论解决实际工程问题的能力。

本教材的特点如下：

（1）合理选排教学内容，以够用为原则，突出实用性，注重系统性，对传统画法几何中几何元素的投影进行了精简，并根据成图技术的发展降低了截交线、相贯线求解的难度。

（2）注重题例示例，对基础理论知识以及重点难点部分，通过题例的分析及解题过程帮助学生掌握相关内容，也便于学生自学阅读。

（3）对学生加强视图标注尺寸能力的培养。针对以往学生尺寸标注能力较弱的问题，将尺寸标注从基本体到组合体至零部件一线贯穿，弥补了以往重视图轻尺寸的不足。

（4）教材全部贯彻国家最新发布的《技术制图》与《机械制图》等国家标准，按照课程内容的需要，将有关标准编排在附录中，以供学生学习时参考使用。

（5）有配套的习题集，为培养学生的手工绘图、计算机绘图、三维造型能力提供了保障。

本书在第一版的基础上增加了主要知识点的讲解视频（共 48 个微视频），以及 VR 模型演示内容（共 30 个 3D 虚拟仿真资源），并对部分图例进行了更换。

本书由兰州交通大学赵军任主编，并编写绪论、第 2 章、第 3 章，李艳敏任副主编并编写第 5 章，刘荣珍编写第 1 章、第 4 章，张惠、柯于俊、柳彦虎参与了本书的部分绘图工作。全书由赵军统稿和定稿，兰州交通大学刘荣珍教授审阅了全部书稿，提出了许多宝贵的建议。本书在编写过程中也参考了一些同类教材，在此一并表示衷心的感谢。

本书配套的视频，可通过扫二维码进行学习，右侧为本书视频资源总码。本书配套的虚拟仿真教学资源由济南科明数码技术股份有限公司开发完成，并建设了“科明 365”在线教育的平台（www. kening365. com），读者可扫描封底

本书资源总码

的二维码下载app，并使用app扫正文中带有 标记的图片，直观观察模型。虚拟仿真教学资源主要开发人员有陈清奎、胡冠标、何强、姜尚孟等。

限于编者水平，书中难免有疏漏和不妥之处，敬请广大读者批评指正。

编　者

2019年6月

目 录

■ 绪 论 ■

在现代工业中，产品的设计与制造包括大量的信息。图样用来在设计和制造过程中传递和交换信息。在科学技术发展过程中，图样发挥了语言和文字所不能替代的作用。以图解法和图示法为基础的工程图样是科技思维的主要表达形式之一，也是指导工程技术活动的一种重要技术文件。在工程技术领域，不论设计、制造、安装、调试和维修都离不开工程图样；在仪器、设备的使用过程中，也时常需要阅读工程图样来了解它们的结构和性能。因此，人们把工程图样喻为工程界的“技术语言”。与自然语言一样，“技术语言”也是人类生产实践发展的产物，必将随着人类社会的进步和科学技术的发展而不断进步和发展。

扫一扫

一、本课程的研究对象和教学目的

本课程是研究绘制和阅读工程图样的基本理论和方法的一门学科。工程设计中以投影理论为基础、按照国家颁布的制图标准而绘制的，包含物体形状、尺寸、材料、加工等信息的图形文件，称为工程图样。作为工程技术人员必须熟练掌握并能应用它。

本课程是一门既有系统理论，又有很强实践性的重要的技术基础课，主要研究内容包括制图基础知识、正投影原理、组合体的表达、机件的表达、工程图样的绘制和阅读等几个方面。

本课程的主要教学目的和要求：

（1）培养工程意识和严谨的工作作风。

（2）为图示空间物体提供理论基础和方法。

（3）培养和发展空间分析能力和创新思维能力。

（4）能根据所学的基本理论、基本知识和技能，绘制和识读零件图和装配图。

二、本课程的学习方法

本课程既有系统理论又有很强的实践性，它的实践意义十分重要。学习本课程要坚持理论联系实际的学风。上课要认真听讲，注意教师的讲解和演示。在研究、讨论问题时，一般先在三维空间分析，然后转到二维平面作图。要注意空间几何关系，找出空间几何原形与平面图样间的对应关系。通过从空间到平面，再由平面到空间这样反复的思维和实践过程，多画、多看、多想，不断提高自己的空间想象能力，才是本课程最有效的学习方法。

学习本课程必须要完成一定数量的作业和习题。做作业和习题时，一般要经过三个程序：

首先弄清题目中给定的条件；其次利用这些已知条件进行空间及投影情况分析，探索解题的思路；最后提出详细的解决问题的步骤。由于解题的思维方法不同，作图步骤也不一样，因此要善于总结、归类，对不同的问题能选择比较简捷的方案。对全部作业和习题，必须用绘图工具来完成，要求养成作图准确和图面整洁的习惯。

工程图样在生产和施工中起着非常重要的作用，绘图和读图时出现的小差错都可能导致巨大的经济损失或安全事故，因此在学习过程中要严格要求自己，树立严肃认真的学习态度，在做作业和习题时就应该特别注重培养一丝不苟、严谨细致的作风。

本课程的学习还将为多门后续课程及生产实习、课程设计和毕业设计打下基础，绘图和读图的技能也将在上述环节中得到进一步的巩固和提高。

第 *1* 章

制图基本知识与技能

工程图样是现代工业生产的主要技术文件之一，是交流技术思想的重要工具，是“工程界的语言”，所以必须对图样的画法、尺寸标注等做出统一规定。机械图样是工程图样的一种，它是设计、生产制造、使用、维修机器或设备的主要技术资料。针对机械图样，国家标准《机械制图》统一规定了生产和设计部门应共同遵守的规则。因此要正确、完整、清晰、快速地绘制机械图样，不但要有耐心细致和认真负责的工作态度，而且必须遵守国家标准《机械制图》的各项规定，并掌握先进的、合理的绘图方法和步骤。随着科学技术的进步，为满足国民经济不断发展的需要，我国还制定了对各类技术图样和有关技术文件都适用的国家标准《技术制图》。每一个工程技术人员都必须树立标准化的概念，严格遵守、认真执行国家标准。

§1.1　国标的基本规定

扫一扫

GB/T 14689—2008、GB/T 14690—1993、GB/T 14691—1993、GB/T 4457.4—2002、GB/T 17450—1998、GB/T 4458.4—2003 和 GB/T 16675.2—2012 是国家标准《技术制图》和《机械制图》关于图纸幅面和格式、比例、字体、图线、尺寸注法等的规定。

1.1.1　图纸幅面（GB/T 14689—2008）和标题栏（GB/T 10609.1—2008）

1. 图纸幅面及格式

绘制工程图样时，应优先采用表 1-1 中规定的基本幅面尺寸。

表 1-1　图纸幅面　　单位：mm

幅面代号	A0	A1	A2	A3	A4
B×*L*	841×1189	594×841	420×594	297×420	210×297
e	20		10		
a	25				
c	10			5	

图幅确定后，还需要在图纸上用粗实线画出图框以确定绘图区域。图框格式分为不留装订边和留有装订边两种，如图 1-1 所示，但同一产品的图样只能采用一种格式。

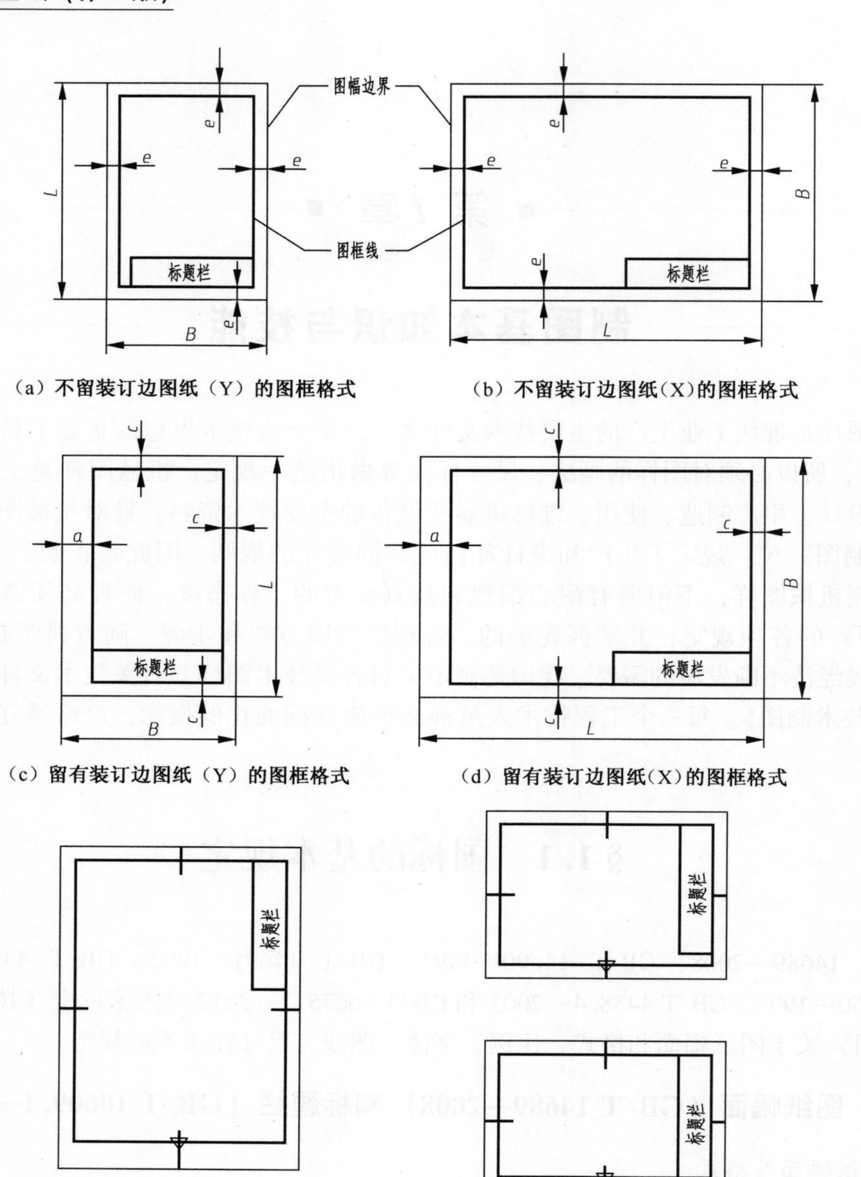

（a）不留装订边图纸（Y）的图框格式　（b）不留装订边图纸（X）的图框格式

（c）留有装订边图纸（Y）的图框格式　（d）留有装订边图纸（X）的图框格式

（e）留标题栏的方位（X型图纸竖放时）　（f）留标题栏的方位（Y型图纸横放时）

图 1-1　图纸幅面和图框格式

必要时允许加长图纸幅面，但加长幅面的尺寸是由表 1-1 中所列基本幅面的短边成整数倍增加后得出的。加长图纸幅面相应的图框尺寸，按所选用的基本幅面大一号的图框尺寸确定。加长幅面尺寸和图框尺寸可查阅 GB/T 14689—2008。

2. 标题栏

每张图纸都必须画出标题栏。GB/T 10609. 1—2008 对标题栏的内容、格式和尺寸等作了规定。标题栏的位置应位于图框的右下角，如图 1-1（a）、（b）、（c）、（d）所示。学校的制图作业建议采用图 1-2 所示的格式，标题栏的外框画粗实线，分栏线画细实线。

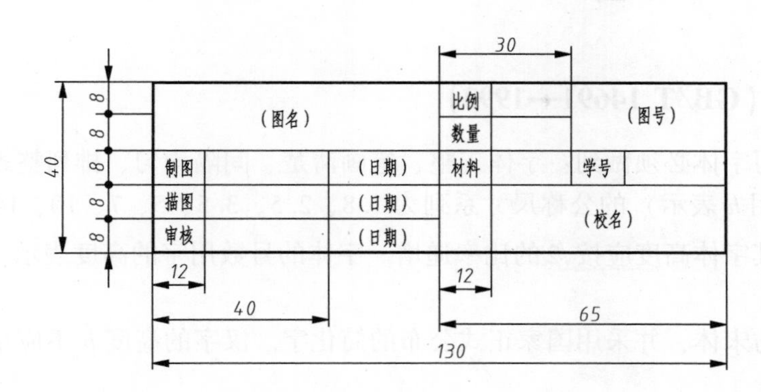

图 1-2　学生用标题栏

标题栏的长边置于水平方向并与图纸的长边平行时，则构成 X 型图纸，如图 1-1（b）、（d）所示。若标题栏的长边与图纸的长边垂直时，则构成 Y 型图纸，如图 1-1（a）、（c）所示。在此情况下，看图的方向与看标题栏的方向一致。

为了利用预先印制的图纸，允许将 X 型图纸的短边置于水平位置使用，如图 1-1（e）所示，或将 Y 型图纸的长边置于水平位置使用，如图 1-1（f）所示。

3. 附加符号

（1）对中符号。为了使图样复制或缩微摄影时定位方便，应在图纸各边长的中点处绘制对中符号。对中符号是从周边画入图框内 5 mm 的一段粗实线，如图 1-1（e）、（f）所示。当对中符号在标题栏范围内时，则深入标题栏的部分省略不画。

（2）方向符号。按图 1-1（e）、（f）所示使用预先印制的图纸时，为了明确绘图与看图时图纸的方向，应在图纸的下边对中符号处画出一个方向符号，如图 1-1（e）、（f）所示。方向符号是用细实线绘制的等边三角形。

1.1.2　比例（GB/T 14690—1993）

比例是指图中图形与其实物相应要素的线性尺寸之比。绘制图样时，应优先选取表 1-2 规定的“优先采用的比例”，必要时也可在“允许选用的比例”中选取。

表 1-2　绘图比例

种类	优先采用的比例	允许选用的比例
原值比例	1 : 1	1 : 1
放大比例	5 : 1　2 : 1 5×10^n : 1　2×10^n : 1　1×10^n : 1	4 : 1　2.5 : 1 4×10^n : 1　2.5×10^n : 1
缩小比例	1 : 2　1 : 5　1 : 10^n 1 : 2×10^n　1 : 5×10^n　1 : 1×10^n	1 : 1.5　1 : 2.5　1 : 3　1 : 4　1 : 6　1 : 1.5×10^n 1 : 2.5×10^n　1 : 3×10^n　1 : 4×10^n　1 : 6×10^n

比例一般应填写在标题栏中比例一栏内。必要时，在视图名称的下方或右侧标注。如图样中的某个视图采用的比例与标题栏中的比例不同时，必须在视图名称的下方（或右侧）标

注其比例。

1.1.3 字体（GB/T 14691—1993）

在图样中书写字体必须做到：字体工整、笔画清楚、间隔均匀、排列整齐。

字体高度（用 h 表示）的公称尺寸系列为 1.8、2.5、3.5、5、7、10、14、20 mm。如需书写更大的字，其字体高度应按 $\sqrt{2}$ 的比率递增。字体的号数用字的高度表示。

1. 汉字

汉字应写长仿宋体，并采用国家正式公布的简化字。汉字的高度 h 不应小于 3.5 mm。字宽一般为 $h/\sqrt{2}$。

长仿宋体的书写要领是：横平竖直、注意起落、结构均匀、填满方格。图 1-3 为用长仿宋体书写的汉字示例。

横 平 竖 直 注 意 起 落 结 构 均 匀 填 满 方 格

字体工整笔画清楚间隔均匀排列整齐

图 1-3 长仿宋体书写的汉字示例

2. 字母和数字

字母和数字分 A 型和 B 型。A 型字体的笔画宽度（d）为字高（h）的 1/14；B 型字体的笔画宽度（d）为字高（h）的 1/10。字母和数字可写成斜体或直体（机械工程图样中常采用斜体）。斜体字字头向右倾斜，与水平基准线成 75°。在同一图样上字形应统一。图 1-4 为字母和数字的结构形式。

（a）阿拉伯数字

（b）大写英文字母

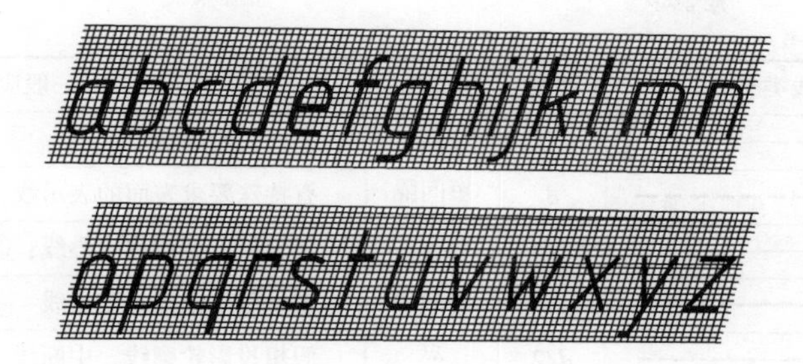

（c）小写英文字母

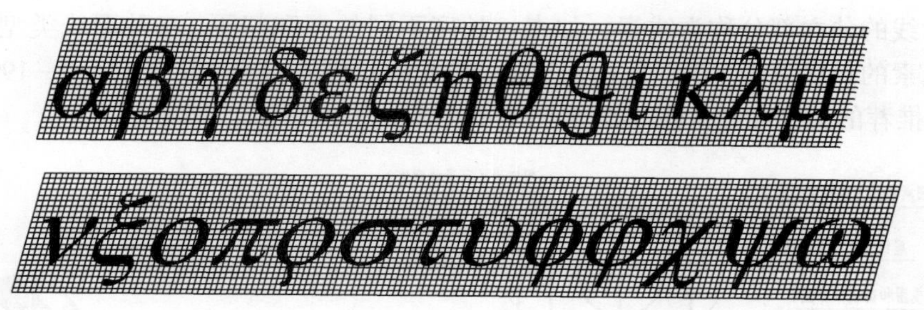

（d）小写希腊字母

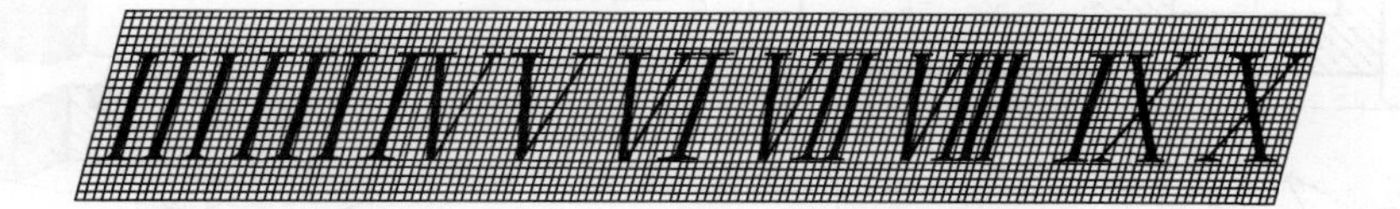

（e）罗马数字

图 1-4　字母和数字的结构形式

1.1.4　图线（GB/T 4457.4—2002、GB/T 17450—1998）

1. 图线类型及应用

绘制机械图样时，一般使用表 1-3 所列的 9 种图线类型。按 GB/T 4457.4—2002 的规定，采用粗、细两种线宽，两种线宽的比为 2∶1。粗线宽度（d）应根据图样的类型、大小、比例和缩微复制的要求在 0.25、0.35、0.5、0.7、1、1.4 和 2 mm 中选用，并优先采用 0.5 mm 和 0.7 mm 的线宽。在同一图样中，同类图线的线宽应一致。

表 1-3　图线类型及应用

图线名称	图线类型	线宽	线素	一般应用
细实线	————	$d/2$	无	①尺寸线及尺寸界线；②剖面线；③重合剖面的轮廓线；④螺纹的牙底线及齿轮的齿根线；⑤引出线；⑥辅助线等
波浪线	～～～～	$d/2$	无	①断裂处的边界线；②视图和剖视图的分界线
双折线	—\/—\/—	$d/2$	无	断裂处的边界线
粗实线	━━━━	d	无	可见轮廓线

续表

图线名称	图线类型	线宽	线素	一般应用
细虚线	——————————	$d/2$	画 短间隔	不可见轮廓线
粗虚线	——————————	d		有特殊要求表面的表示线
细点画线	——·——·——	$d/2$	长画 短间隔 点	①轴线；②对称中心线；③轨迹线
粗点画线	——·——·——	d		表示限定范围的表示线
细双点画线	——··——··——	$d/2$		假想投影轮廓线，中断线

注：图中长画 = $24d$；画 = $12d$；短间隔 = $3d$；点 ≤ $0.5d$。

不连续线的独立部分称为线素，如点、长度不同的画和间隔。9种图线类型所包含的线素及各种线素的长度见表1-3。手工绘图时，线素的长度宜符合 GB/T 17450—1998 的规定或与表1-3所推荐的长度相近。图1-5所示为机械图样中图线的应用举例。

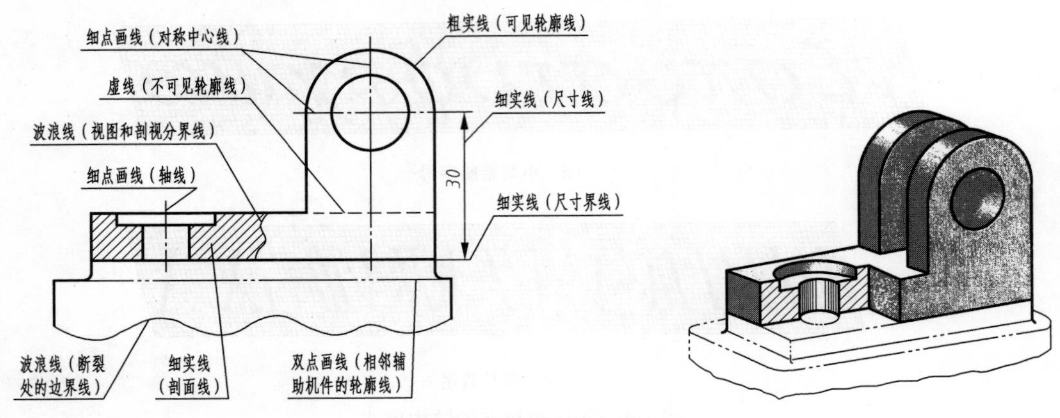

图1-5　图线及其应用

2. 图线画法

（1）不连续的线型，如细虚线、细点画线等应恰当地相交于画或长画处（图1-6）。

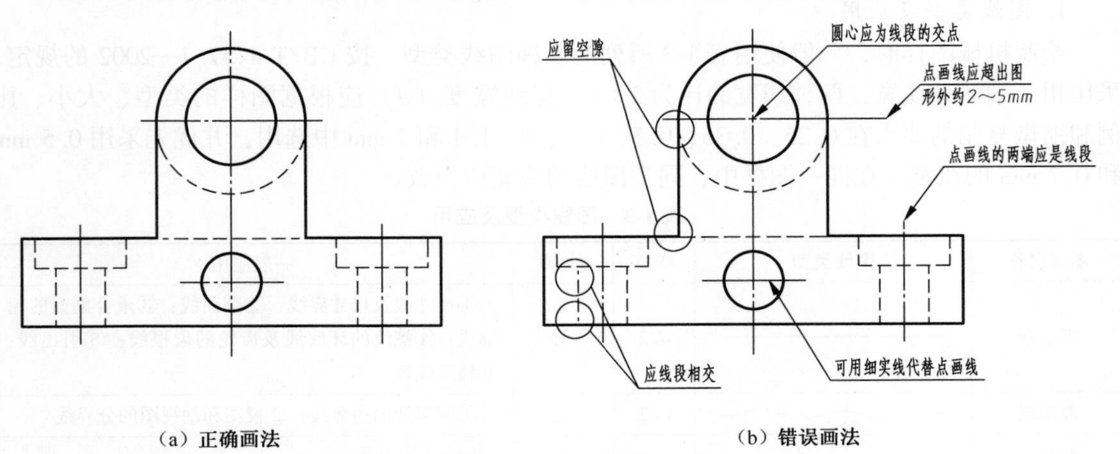

图1-6　图线画法

(2) 绘制圆的中心线或图形的对称线时，细点画线首末两端应是长画，并超出圆或图形外约 2~5 mm。在较小的图形上绘制点画线或双点画线有困难时，可用细实线代替（图 1-6）。

(3) 当细虚线是粗实线的延长线时，在连接处应留出空隙（图 1-6）。

(4) 两条平行线之间的最小间隙不得小于 0.7 mm。

1.1.5　尺寸注法（GB/T 4458.4—2003 和 GB/T 16675.2—2012）

在工程图样中，视图只能表达零件各部分的形状，而其大小则必须通过尺寸标注来表达，因此尺寸与视图都是工程图样的重要内容。GB/T 4458.4—2003《机械制图　尺寸注法》和 GB/T 16675.2—2012《技术制图　简化表示法　第 2 部分：尺寸注法》对尺寸标注做了一系列规定。

1. 基本规则

(1) 机件的真实大小应以图样上所注的尺寸数值为依据，与图形的大小及绘图的准确度无关。

(2) 图样中（包括技术要求和其他说明）的尺寸，以毫米为单位时，不需标注计量单位的符号或名称，如采用其他单位时，则必须注明相应计量单位的符号或名称。

(3) 图样中所标注的尺寸，为该图样所示机件的最后完工尺寸，否则应另加说明。

(4) 机件的每一尺寸，一般只标注一次，并应标注在反映该结构最清晰的图形上。

2. 尺寸组成

一个完整的尺寸应包括尺寸界线、尺寸线、尺寸数字和表示尺寸线终端的箭头或斜线，如图 1-7 所示。

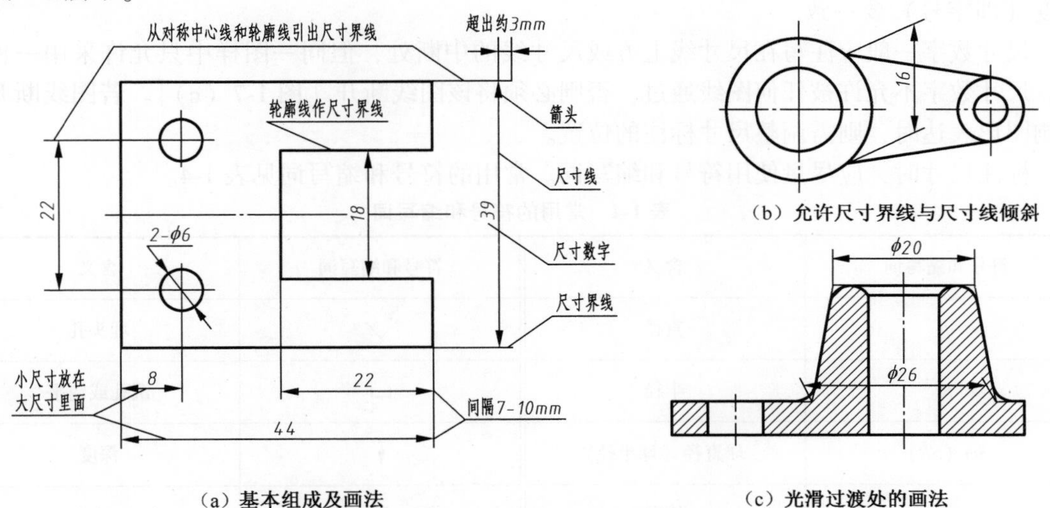

(a) 基本组成及画法　(b) 允许尺寸界线与尺寸线倾斜　(c) 光滑过渡处的画法

图 1-7　尺寸的组成及画法

(1) 尺寸界线。尺寸界线用细实线绘制，并应由图形的轮廓线、轴线或对称中心线处引出，也可利用轮廓线、轴线或对称中心线作为尺寸界线。尺寸界线应超出尺寸线约 3 mm，如图 1-7（a）所示。尺寸界线一般应与尺寸线垂直，必要时也允许倾斜，如图 1-7（b）所示。在光滑过渡处标注时，必须用细实线将轮廓线延长，从它们的交点处引出尺寸界线，如图 1-7（c）所示。

（2）尺寸线。尺寸线用细实线绘制，且不能用其他图线代替，一般也不得与其他图线重合或画在其延长线上。线性尺寸的尺寸线必须与所标注的线段平行，且尺寸线与图形轮廓线以及两平行尺寸的尺寸线之间的距离应大致相等，一般以不小于 7 mm 为宜。相互平行的尺寸，应使较小的尺寸靠近图形，较大的尺寸依次向外分布，以免尺寸线与尺寸界线相交，如图 1-7（a）所示。在圆或圆弧上标注直径或半径尺寸时，尺寸线或其延长线一般应通过圆心。

尺寸线终端可以有两种形式：箭头和斜线，它们的画法如图 1-8 所示。斜线形式只能用于尺寸线与尺寸界线垂直的情况。当尺寸线与尺寸界线相互垂直时，同一张图样上，尺寸线终端只能采用一种形式，且应大小一致。

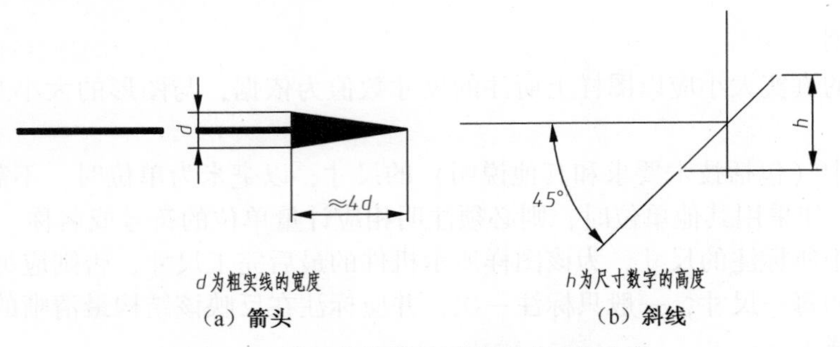

（a）箭头　（b）斜线

图 1-8　尺寸线终端的两种形式的放大图

（3）尺寸数字及其符号。尺寸数字按国标规定的字体书写，同一张图样中，尺寸数字的高度（即字号）要一致。

尺寸数字一般应注写在尺寸线上方或尺寸线的中断处，但同一图样中只允许采用一种形式。尺寸数字不允许被任何图线通过，否则必须将该图线断开［图 1-7（c）］。若图线断开后影响图形表达时，则需调整尺寸标注的位置。

标注尺寸时，应尽量使用符号和缩写词。常用的符号和缩写词见表 1-4。

表 1-4　常用的符号和缩写词

符号和缩写词	含义	符号和缩写词	含义
ϕ	直径	⌵	埋头孔
R	半径	⌴	沉孔或锪平
$S\phi$（SR）	球直径（球半径）	↧	深度
EQS	均布	□	正方形
C	45°	∠	斜度
t	厚度	◁	锥度

3. 各类尺寸的标注示例（GB/T 4458. 4—2003 和 GB/T 16675. 2—2012）

各类尺寸的标注示例见表 1-5。

表 1-5 各类尺寸的标注示例

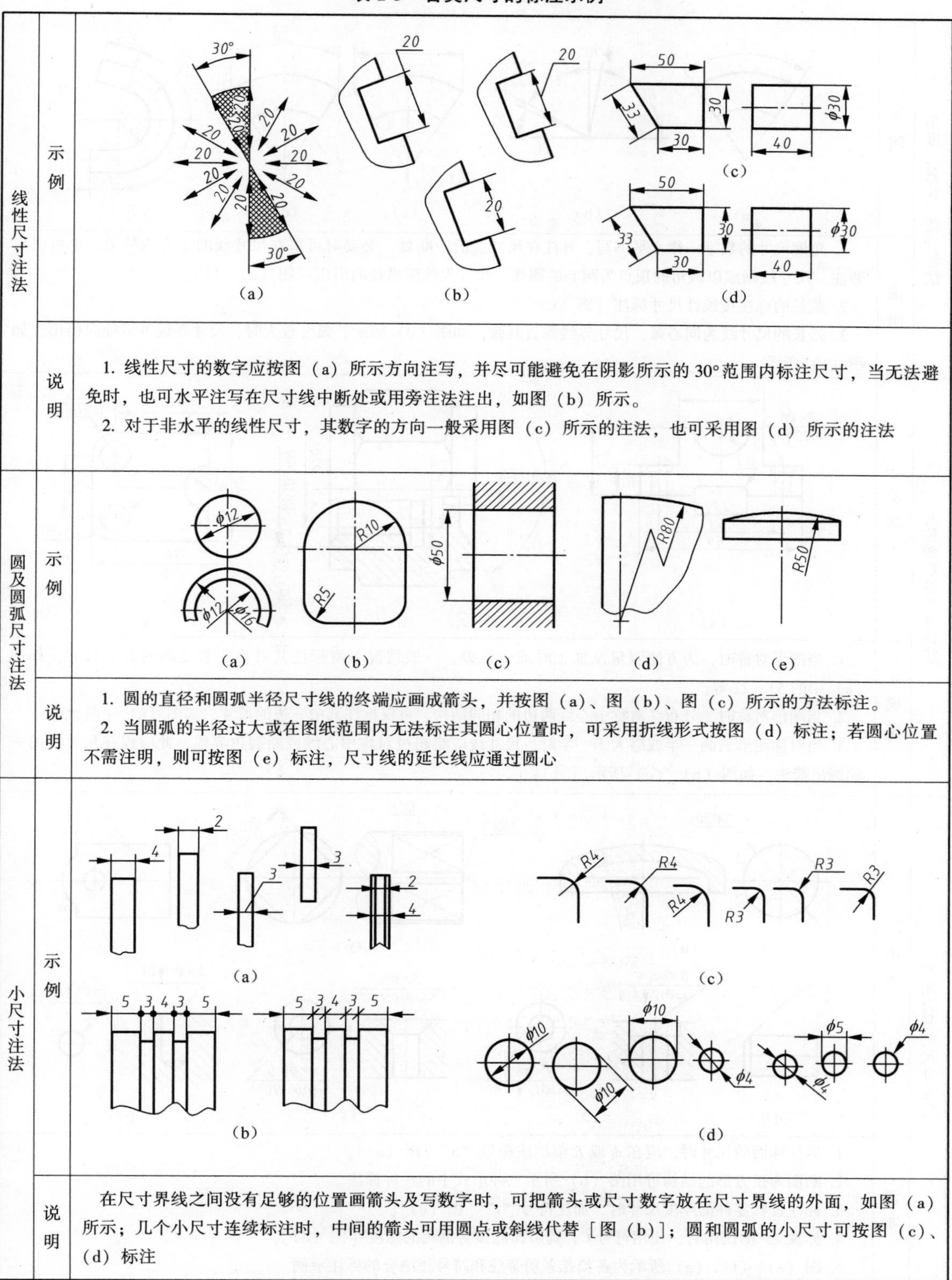

线性尺寸注法	示例	（a） （b） （c） （d）
	说明	1. 线性尺寸的数字应按图（a）所示方向注写，并尽可能避免在阴影所示的 30°范围内标注尺寸，当无法避免时，也可水平注写在尺寸线中断处或用旁注法注出，如图（b）所示。 2. 对于非水平的线性尺寸，其数字的方向一般采用图（c）所示的注法，也可采用图（d）所示的注法
圆及圆弧尺寸注法	示例	（a） （b） （c） （d） （e）
	说明	1. 圆的直径和圆弧半径尺寸线的终端应画成箭头，并按图（a）、图（b）、图（c）所示的方法标注。 2. 当圆弧的半径过大或在图纸范围内无法标注其圆心位置时，可采用折线形式按图（d）标注；若圆心位置不需注明，则可按图（e）标注，尺寸线的延长线应通过圆心
小尺寸注法	示例	（a） （c） （b） （d）
	说明	在尺寸界线之间没有足够的位置画箭头及写数字时，可把箭头或尺寸数字放在尺寸界线的外面，如图（a）所示；几个小尺寸连续标注时，中间的箭头可用圆点或斜线代替［图（b）］；圆和圆弧的小尺寸可按图（c）、（d）标注

续表

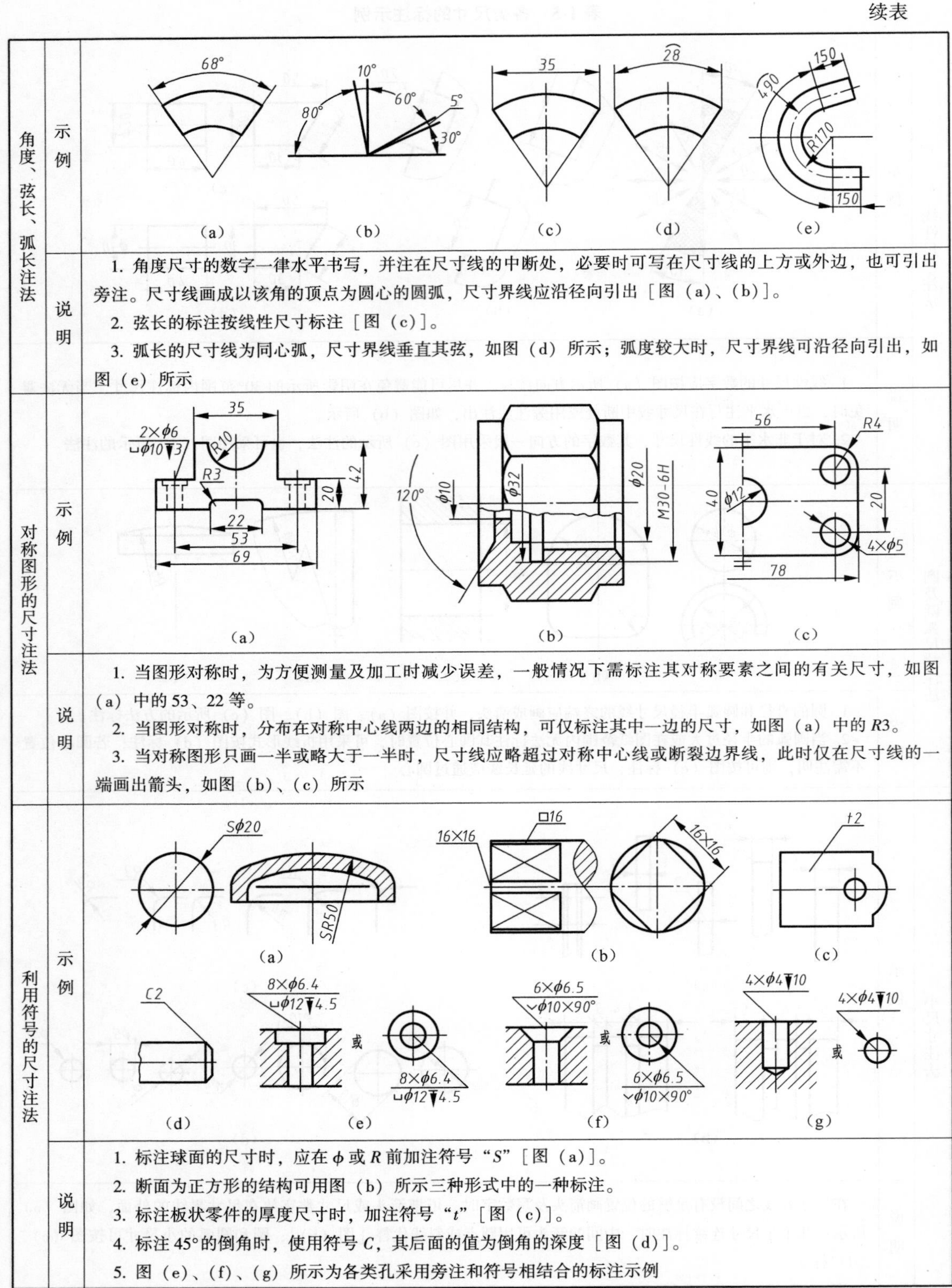

角度、弦长、弧长注法	示例	(a) (b) (c) (d) (e)
	说明	1. 角度尺寸的数字一律水平书写，并注在尺寸线的中断处，必要时可写在尺寸线的上方或外边，也可引出旁注。尺寸线画成以该角的顶点为圆心的圆弧，尺寸界线应沿径向引出［图（a）、（b）］。 2. 弦长的标注按线性尺寸标注［图（c）］。 3. 弧长的尺寸线为同心弧，尺寸界线垂直其弦，如图（d）所示；弧度较大时，尺寸界线可沿径向引出，如图（e）所示
对称图形的尺寸注法	示例	(a) (b) (c)
	说明	1. 当图形对称时，为方便测量及加工时减少误差，一般情况下需标注其对称要素之间的有关尺寸，如图（a）中的53、22等。 2. 当图形对称时，分布在对称中心线两边的相同结构，可仅标注其中一边的尺寸，如图（a）中的$R3$。 3. 当对称图形只画一半或略大于一半时，尺寸线应略超过对称中心线或断裂边界线，此时仅在尺寸线的一端画出箭头，如图（b）、（c）所示
利用符号的尺寸注法	示例	(a) (b) (c) (d) (e) (f) (g)
	说明	1. 标注球面的尺寸时，应在ϕ或R前加注符号“S”［图（a）］。 2. 断面为正方形的结构可用图（b）所示三种形式中的一种标注。 3. 标注板状零件的厚度尺寸时，加注符号“t”［图（c）］。 4. 标注45°的倒角时，使用符号C，其后面的值为倒角的深度［图（d）］。 5. 图（e）、（f）、（g）所示为各类孔采用旁注和符号相结合的标注示例

续表

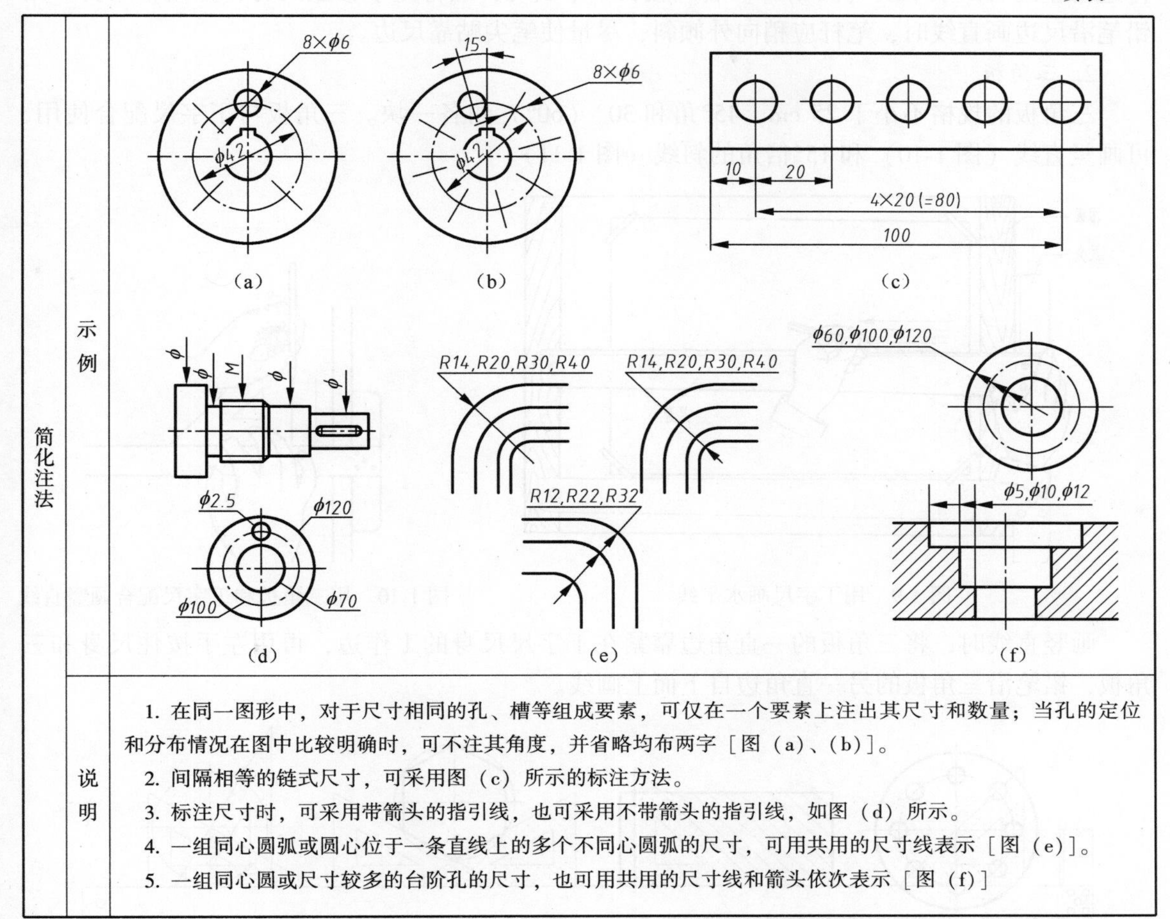

简化注法		
	示例	(a)　(b)　(c)　(d)　(e)　(f)
	说明	1. 在同一图形中，对于尺寸相同的孔、槽等组成要素，可仅在一个要素上注出其尺寸和数量；当孔的定位和分布情况在图中比较明确时，可不注其角度，并省略均布两字［图（a）、（b）］。 2. 间隔相等的链式尺寸，可采用图（c）所示的标注方法。 3. 标注尺寸时，可采用带箭头的指引线，也可采用不带箭头的指引线，如图（d）所示。 4. 一组同心圆弧或圆心位于一条直线上的多个不同心圆弧的尺寸，可用共用的尺寸线表示［图（e）］。 5. 一组同心圆或尺寸较多的台阶孔的尺寸，也可用共用的尺寸线和箭头依次表示［图（f）］

§1.2　绘 图 方 法

扫一扫

1.2.1　尺规绘图

尺规绘图是指使用绘图工具和仪器绘制图样。虽然目前大部分的工程图样都用计算机来绘制，但尺规绘图既是工程技术人员必备的基本技能，又是学习和巩固图学理论知识不可缺少的方法，应熟练掌握。本节介绍几种常用绘图工具和仪器的用法以及尺规绘图的步骤。

1. 图板和丁字尺

图板用于铺放图纸，其工作表面必须平坦，左右两导边必须平直，以保证与丁字尺尺头的内侧边良好接触。尺规绘图时必须用胶带纸将图纸固定在图板上（图 1-9）。

丁字尺用来画水平线。丁字尺由尺头和尺身组成（图 1-9）。丁字尺尺头的内侧边及尺身的工作边必须平直。使用时应手握尺头，使其紧靠图板的左侧导边做上下移动，沿尺身的工作边自左向右画水平线（图 1-9）。若画较长水平线时，应将左手移至尺身，并按牢尺身。用铅笔沿尺边画直线时，笔杆应稍向外倾斜，尽量使笔尖贴靠尺边。

2. 三角板

三角板的规格不小于 25 cm，45°角和 30°（60°）角各一块。三角板与丁字尺配合使用，可画竖直线（图 1-10）和 15°倍角的斜线（图 1-11）。

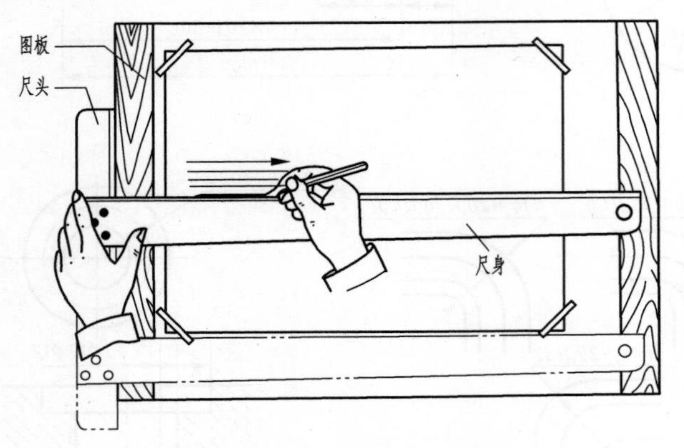

图 1-9 用丁字尺画水平线

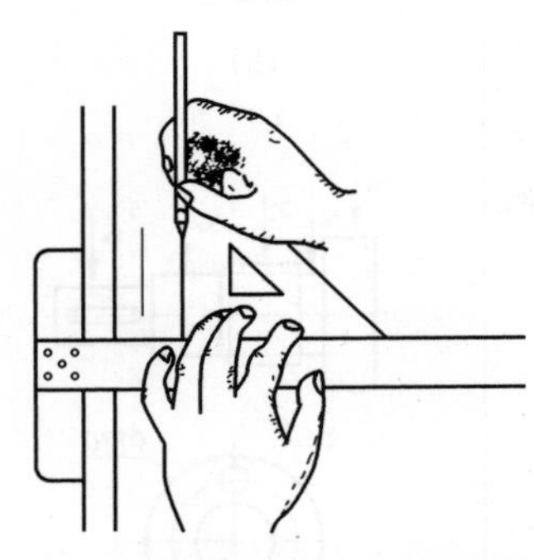
图 1-10 用三角板和丁字尺配合画竖直线

画竖直线时，将三角板的一直角边靠紧在丁字尺尺身的工作边，再用左手按住尺身和三角板，铅笔沿三角板的另一直角边自下而上画线。

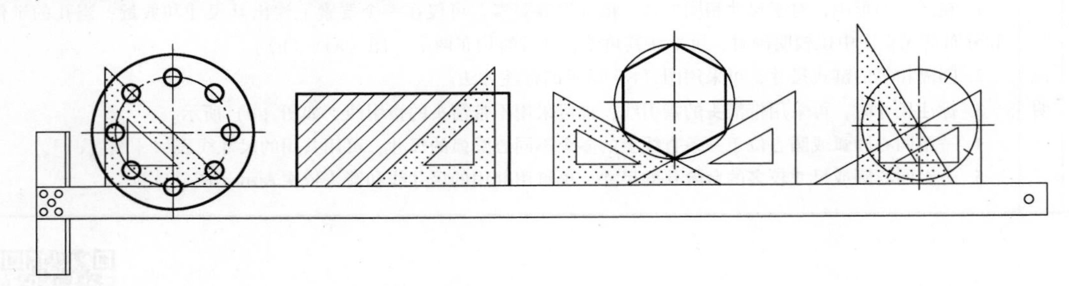
（a）三角板与丁字尺配合画45°、30°和60°线

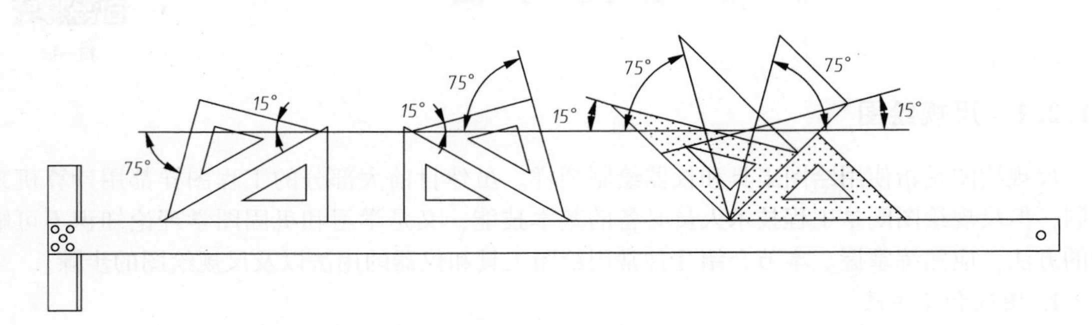

（b）三角板与丁字尺配合画15°、75°线

图 1-11 用三角板和丁字尺配合画 15°倍角的斜线

3. 比例尺

当绘图时采用的绘图比例不是 1 : 1 时，用比例尺来量取尺寸，可省去计算的麻烦。

比例尺的形状为三棱柱体。在比例尺的 3 个棱面上分别刻有 6 种不同比例的刻度尺寸。量取尺寸时，常按所需比例用分规在比例尺上截取所需长度［图 1-12（a）］，也可直接把比例尺放在图纸上量取所需长度。

4. 分规

分规是用来量取尺寸和等分线段的工具，其用法见图 1-12（a）、（b）。为了准确地量取尺寸，分规的两针尖靠拢后应平齐［图 1-12（c）］。

当要截取小而精确的尺寸时，最好使用弹簧分规，转动其螺母可作微调［图 1-12（d）］。

5. 圆规及其附件

圆规是画圆和圆弧的工具。圆规有大圆规、小圆规、弹簧规及点圆规四种。圆规均附有铅芯插腿、带针插腿、鸭嘴笔插腿和画大圆时用的延长杆［图 1-13（a）、图 1-14（c）］。圆规的定心针（钢针）两端有不同的针尖，有台阶一端用于画圆时定心，另一尖端作分规用［图 1-13（a）］。弹簧规［图 1-12（d）］、点圆规［图 1-13（b）］用来画较小的圆。图 1-14 示范了用圆规画圆的方法。

6. 绘图铅笔

绘制图样一般采用 2H、H、HB、B 和 2B 的铅笔。铅芯的软硬用字母 B、H 表示，B 越多表示铅芯越软（黑），H 越多表示铅芯越硬。绘制粗实线或写字宜用 2B、B 或 HB 铅笔；绘制各种细线及画底稿可用 HB、H 或 2H 铅笔。画底稿、绘制各种细线及写字和画箭头的笔芯常削磨成圆锥状；绘制粗实线的笔芯宜削磨成四棱柱或扁铲状，其厚度与所画图线的粗细

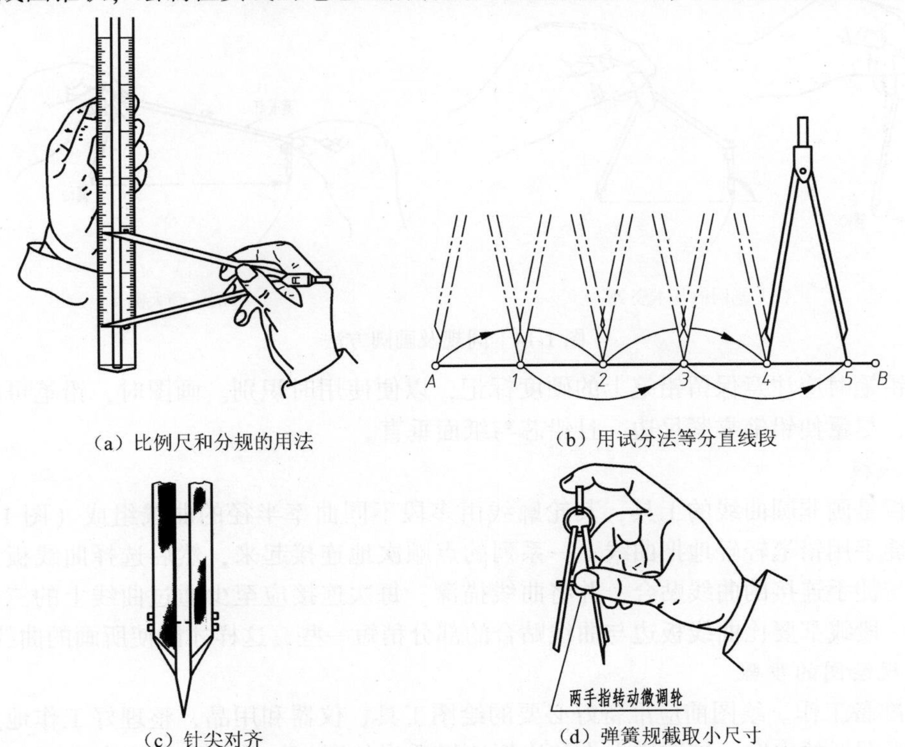

（a）比例尺和分规的用法　（b）用试分法等分直线段

（c）针尖对齐　（d）弹簧规截取小尺寸

图 1-12　分规及其使用方法

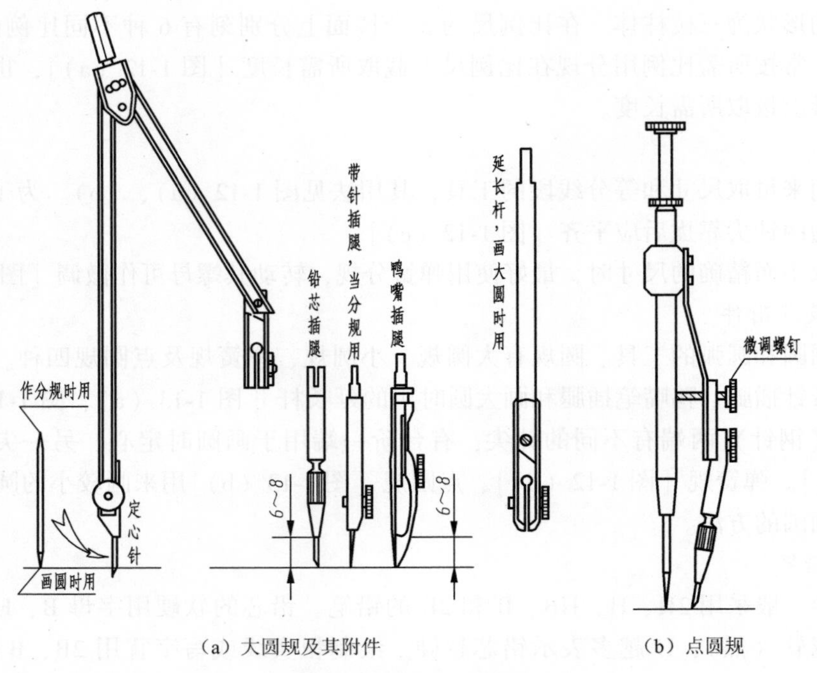

（a）大圆规及其附件　　（b）点圆规

图 1-13　圆规及其附件

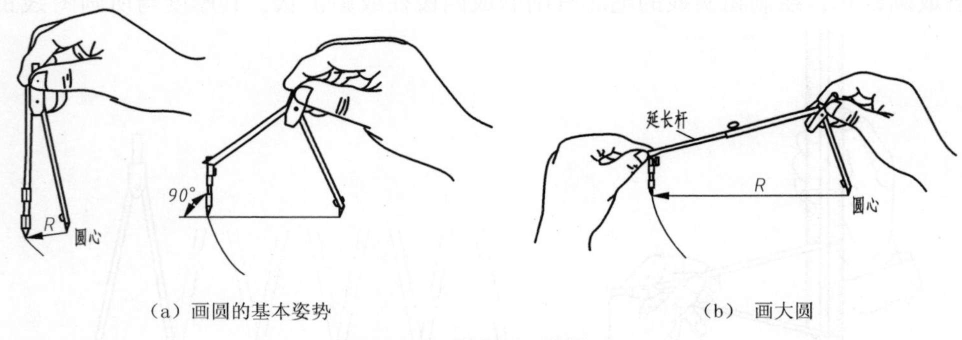

（a）画圆的基本姿势　　（b）画大圆

图 1-14　圆规及画圆方法

一致。削铅笔时应注意保留铅笔上的硬度标记，以便使用时识别。画图时，铅笔可略向画线方向倾斜，尽量使铅笔靠紧尺边，且铅芯与纸面垂直。

7. 曲线板

曲线板是画非圆曲线的工具，其轮廓线由多段不同曲率半径的曲线组成（图 1-15）。作图时，先徒手用铅笔轻轻地把曲线上一系列的点顺次地连接起来，然后选择曲线板上曲率合适的部分与徒手连接的曲线贴合，并将曲线描深。每次连接应至少通过曲线上的三个点，并注意每画一段线都要比曲线板边与曲线贴合的部分稍短一些，这样才能使所画的曲线光滑。

8. 尺规绘图的步骤

（1）准备工作。绘图前应准备好必要的绘图工具、仪器和用品，整理好工作地点。熟悉和了解所画图形的内容，按图样大小和比例选择适当的图幅，并将图纸固定在图板的适当位置（以丁字尺和三角板移动比较方便为准）。

图 1-15　曲线板及其使用方法

(2) 合理布图。先按照国标规定，在图纸上用细实线画出选定的图幅边线及图框和标题栏。再根据每个图形的长、宽尺寸合理布置图面，即画出各图形的基准线。应使图形在图面中的布局匀称。

(3) 画底稿。用 2H 铅笔先画出主要轮廓线或中心线，再画细节，画线时应“细、轻、准”。画好底稿后应仔细校核，修正错误，并擦去多余图线。

(4) 描深（或上墨）。描深时，按线型选择铅笔，尽可能将同样粗细的图线一起描深。描深的一般顺序是：先圆（圆弧）后直线；先小圆（圆弧）后大圆（圆弧）；先上后下，先左后右；先粗实线后虚线、点画线和细实线；最后描深图框及标题栏。

(5) 检查。全面检查无错误后，画箭头，注写尺寸数字及文字说明，最后填写标题栏。

1.2.2　徒手绘图

以目测来估计图形与实物的比例，徒手（不使用或部分使用绘图工具和仪器）绘制的工程图样称为草图，用这种徒手目测的方法绘制工程图样称为徒手绘图。工程技术人员在设计、测绘和修配机器时都要绘制草图，所以徒手绘图、尺规绘图、计算机绘图对现代工程技术人员来讲都是必须掌握的绘图技能。

草图作为工程图样的一种也应做到：

(1) 图线粗细分明，图形正确、清晰，各部分比例匀称。

(2) 尺寸标注要完整、清晰，字体工整。

徒手绘图时，图纸不必固定，可随时转动图纸使欲画图线正好是顺手方向。运笔应力求自然，画短线以手腕运笔，画长线则以手臂动作；画直线时常将小拇指靠着纸面，以保证能画直线条（图 1-16）。当画 30°、45°、60°等常见角度斜线时，可根据斜线的斜度近似定出两

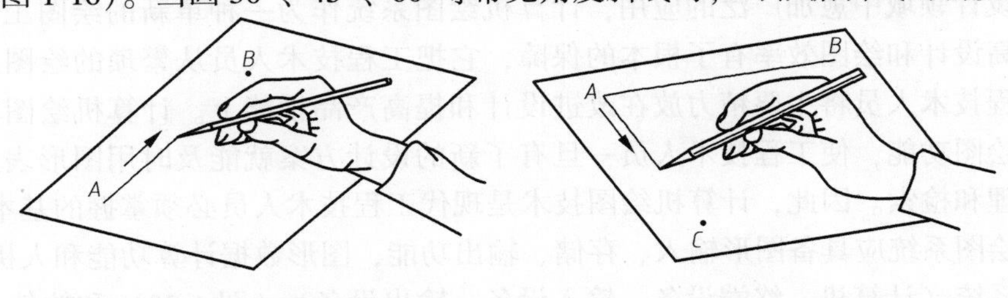

(a) 画一条较长的水平线 AB　　(b) 画竖直线 AC

图 1-16　徒手画直线的姿势和方法

端点，然后连接两点即为所需角度的斜线（图 1-17）。

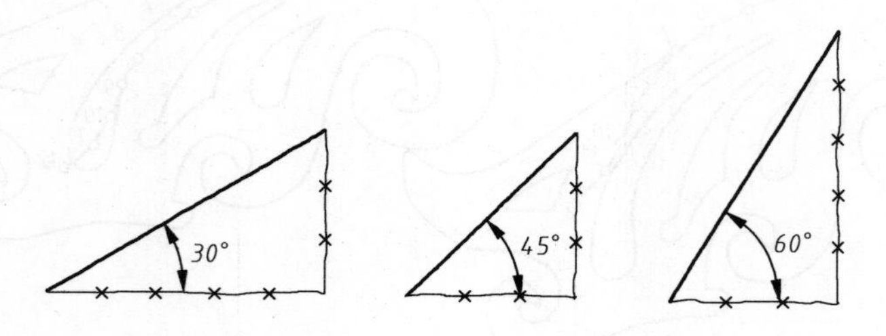

图 1-17　徒手画 30°、45°、60°的斜线

画圆时，先定圆心并画出两条互相垂直的中心线，再根据目测所估计的半径大小，在中心线上截得四个点，徒手连接成圆［图 1-18（a）］；对于较大半径的圆，还应再画一对 45°且过圆心的斜线，并按半径大小在斜线上定出四个点［图 1-18（b）］。

画椭圆时，如图 1-19 所示，可先根据长、短轴的大小，定出 a、a_1、b、b_1 四个顶点，还可利用长方形的对角线，大致定出椭圆上另外四个点，然后通过八个点徒手连接成椭圆。还应注意图形的对称性。

练习徒手绘图时，可在方格纸上进行，并尽可能使图形上主要的水平或垂直轮廓线、对称线以及圆的中心线与方格纸上的分格线重合，以便于控制图线的平直、图形的大小以及图形各部分的比例关系。

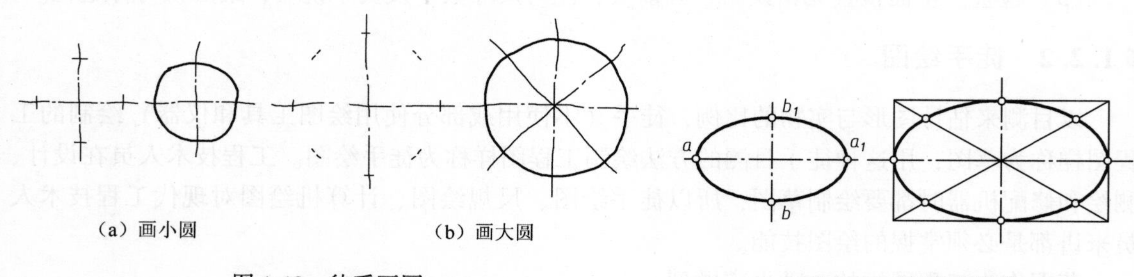

（a）画小圆　（b）画大圆

图 1-18　徒手画圆

图 1-19　徒手画椭圆

1.2.3　计算机绘图

工程图样是工程技术人员表达设计思想、指导生产建设、进行技术交流的工具，所以在新产品的设计过程中，除了必要的计算外，绘图占用了大量的时间。随着计算机技术的发展及其在工程设计领域中愈加广泛的应用，计算机绘图系统作为一种革新的绘图工具，使工程技术人员提高设计和绘图效率有了根本的保障，它把工程技术人员从繁琐的绘图工作中解放出来，让工程技术人员将主要精力放在改进设计和提高产品性能上。计算机绘图系统的高速运算和快速绘图功能，使工程技术人员一旦有了新的设计方案就能及时用图形表达，而且便于修改、管理和检索。因此，计算机绘图技术是现代工程技术人员必须掌握的基本技能之一。

计算机绘图系统应具备图形输入、存储、输出功能，图形数据计算功能和人机对话功能，一般由硬件系统（计算机、终端设备、输入设备、输出设备）（图 1-20）和软件系统（系统软件、绘图软件、应用软件）组成。

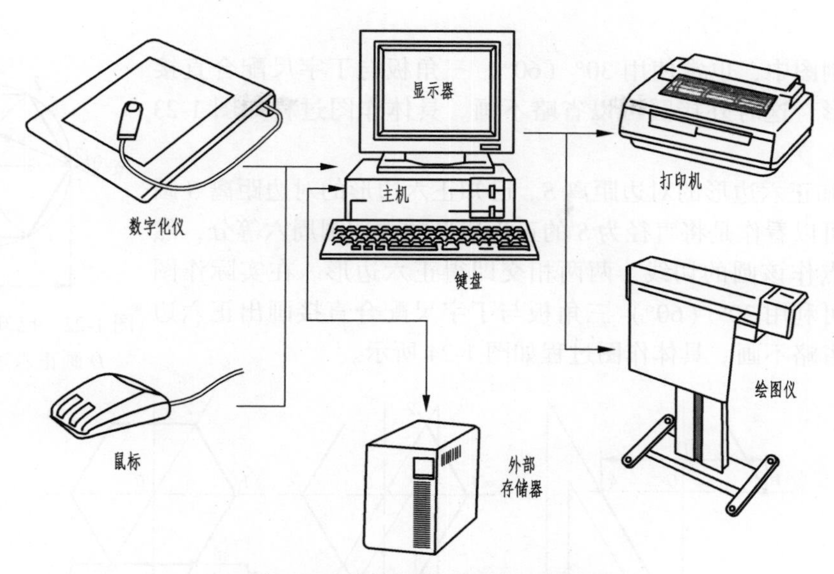

图 1-20　计算机绘图系统示意图

交互式绘图软件 AutoCAD 是目前我国广泛使用的绘图软件之一，本系列教材《机械制图》（第二版）的有关章节将介绍其相关内容。

§1.3　几 何 作 图

在绘制工程图样时，常会遇到等分线段、等分圆周、作正多边形、作斜度和锥度、圆弧连接以及绘制非圆曲线等几何作图问题。现介绍几种常用的作图方法。

1.3.1　等分已知直线段

（1）等分已知直线段的一般方法如图 1-21 所示。

（2）在实际绘图过程中，为了提高绘图速度和避免较多的作图线，也常采用试分法等分直线段。即先凭目测估计，大致使分规两针尖距离接近等分段的长度，若试分后的最后一点未与线段的另一端重合，则需根据超出或留空的距离，调整两针尖距离，再进行试分，直到满意为止。

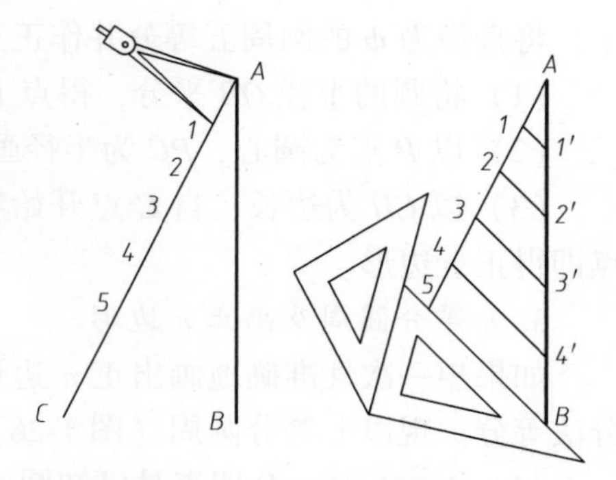

图 1-21　等分已知直线段

1.3.2　等分圆周与正多边形

1. 六等分圆周与画正六边形

（1）已知正六边形的对角线距离 D。已知对角线距离 D 画正六边形，实质上是将直径为 D 的正六边形的外接圆周六等分。如图 1-22 所示，以 D 为直径作一圆，然后用分规以半径 $R=D/2$ 的距离在圆周上作等分，连接各等分点即得正六边形。

在实际制图中，也常使用 30°（60°）三角板与丁字尺配合直接画出正六边形，这时外接圆可以省略不画。具体作图过程如图 1-23 所示。

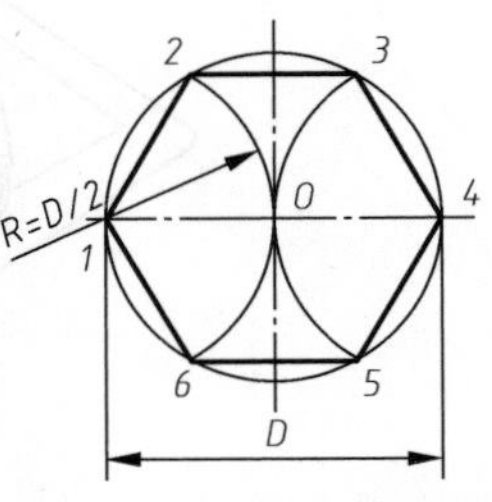

图 1-22　已知对角线距离 *D* 画正六边形（一）

（2）已知正六边形的对边距离 *S*。已知正六边形的对边距离 *S* 画正六边形，可以看作是将直径为 *S* 的正六边形的内切圆周六等分，然后过各等分点作该圆的切线，两两相交即得正六边形。在实际作图过程中，仍可利用 30°（60°）三角板与丁字尺配合直接画出正六边形，内切圆省略不画。具体作图过程如图 1-24 所示。

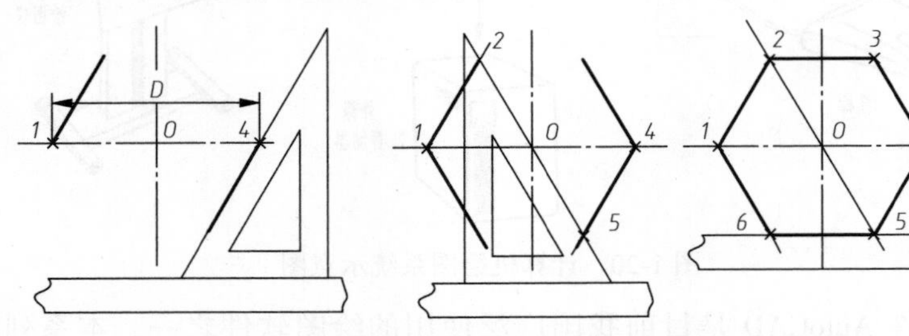

图 1-23　已知对角线距离 *D* 画正六边形（二）

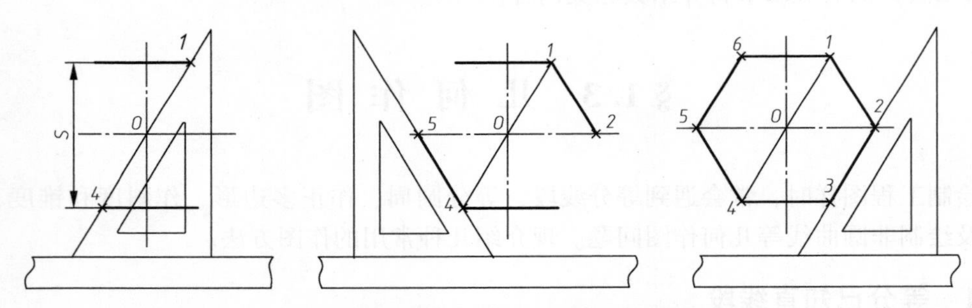

图 1-24　已知对边距离 *S* 画正六边形

2. 五等分圆周及画正五边形

将直径为 ϕ 的圆周五等分并作正五边形，如图 1-25 所示。

（1）将圆的半径 *OB* 平分，得点 *P*。

（2）以 *P* 点为圆心，*PC* 为半径画弧交 *OA* 于点 *H*。

（3）以 *CH* 为边长，自 *C* 点开始等分圆周，得出 *E*、*F*、*G*、*I* 等分点，依次连接各等分点即得正五边形。

3. n 等分圆周及画正 n 边形

如果想一次性准确地画出正 *n* 边形，可用“任意等分圆周的方法”。当然圆周也可用试分法等分。现以七等分圆周（图 1-26）为例说明任意等分圆周的作图步骤。

（1）*A*、*B*、*C*、*D* 四点是已知圆水平和垂直方向直径与圆周的交点。

（2）以 *D* 为圆心，以已知圆直径 *CD* 为半径画圆弧，交 *AB* 的延长线于 *E* 和 *F* 点。

（3）用等分线段的方法将直径 *CD* 七等分，得 1、2、3、4、5、6 等分点。

（4）分别自 *E*、*F* 点与 *CD* 上的奇数或偶数点（图中为奇数点 1、3、5、*D*）连接，连线与圆周的交点即为圆周上的各等分点。连接各等分点可得正七边形。

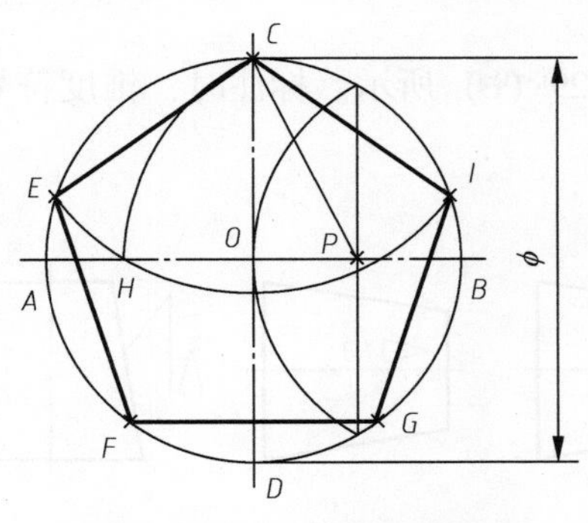

图 1-25　正五边形的画法

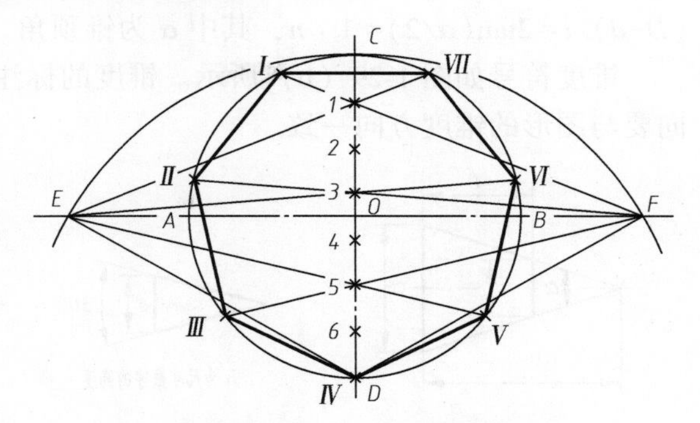

图 1-26　七等分圆周的方法

1.3.3　斜度和锥度

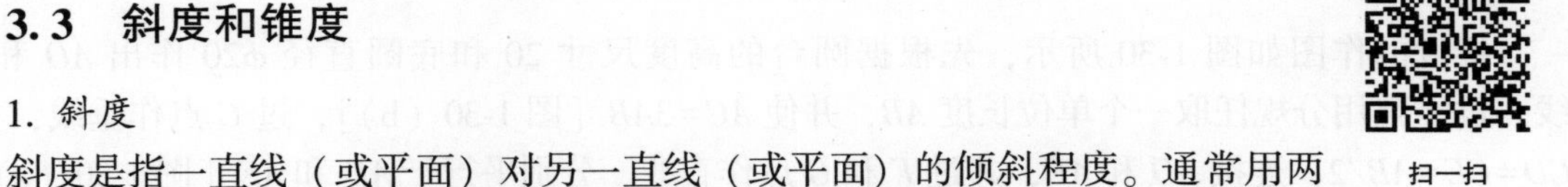

扫一扫

1. 斜度

斜度是指一直线（或平面）对另一直线（或平面）的倾斜程度。通常用两直线（或平面）间夹角的正切 $\tan\alpha$ 来表示斜度的大小［图 1-27（a）］，在图中标注时，一般将此值化为 $1:n$ 的形式，即：斜度 $=\tan\alpha=H/L=1:n$。

斜度符号的画法如图 1-27（b）所示。标注时，符号方向应与图形的斜度方向一致［图 1-27（c）］。过已知点作斜度的方法如图 1-28 所示。

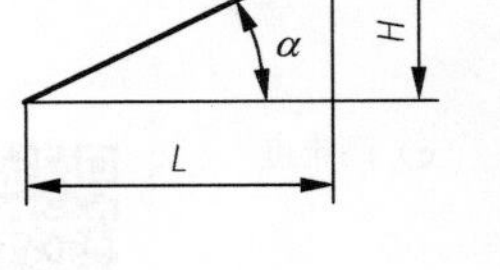

（a）斜度

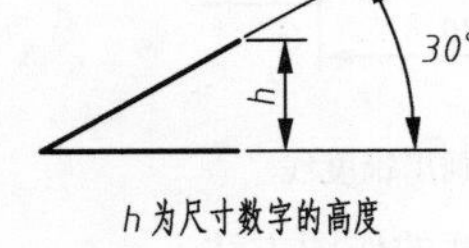

（b）斜度符号

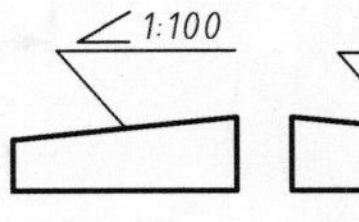

（c）斜度的标注

图 1-27　斜度、斜度符号及其标注

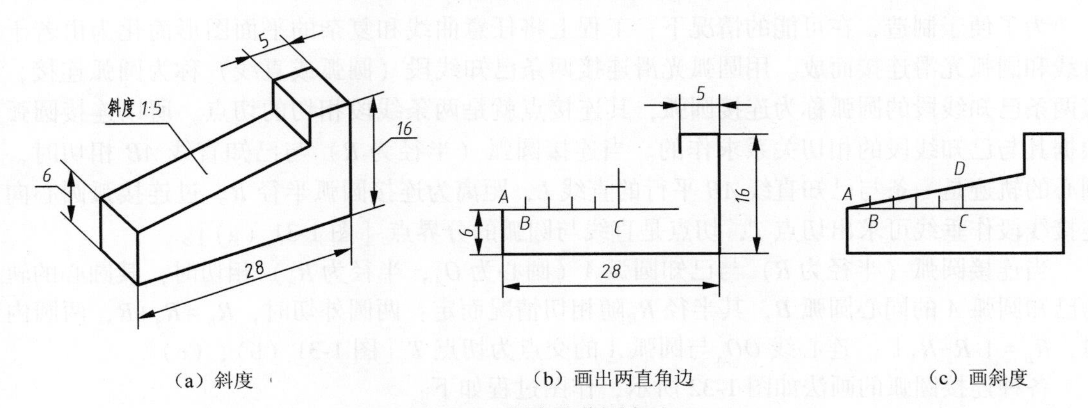

（a）斜度　（b）画出两直角边　（c）画斜度

图 1-28　斜度的作图方法

2. 锥度

锥度是正圆锥体的底圆直径 D 与其高度 L 之比或正圆锥台的两底圆直径之差（$D-d$）与

其高度 l 之比［图 1-29（a）］。在图中标注时，一般将此值化为 $1:n$ 的形式，即：锥度 $=D/L=(D-d)/l=2\tan(\alpha/2)=1:n$，其中 α 为锥顶角。

锥度符号如图 1-29（b）所示。锥度的标注如图 1-29（c）所示。标注时，锥度符号的方向要与图形的锥度方向一致。

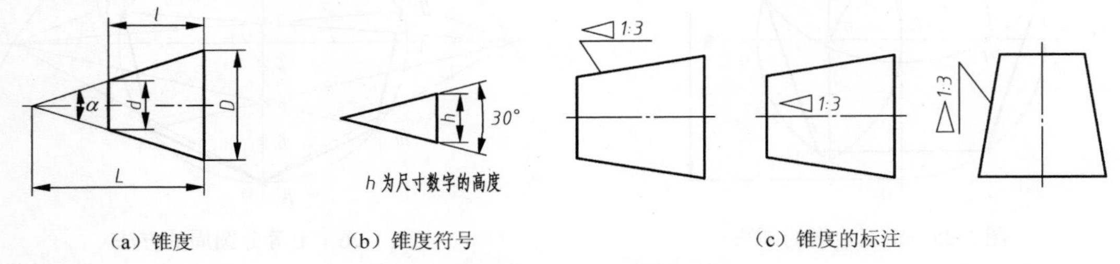

（a）锥度　（b）锥度符号　（c）锥度的标注

图 1-29　锥度、锥度符号及其标注

锥度的作图如图 1-30 所示，先根据圆台的高度尺寸 20 和底圆直径 $\phi20$ 作出 AO 和 FG 线，过 A 点用分规任取一个单位长度 AB，并使 $AC=3AB$［图 1-30（b）］，过 C 点作垂线，并取 $CD=CE=AB/2$，连接 AD 和 AE，并过 F 和 G 点作直线，分别平行于 AD 和 AE［图 1-30（c）］。

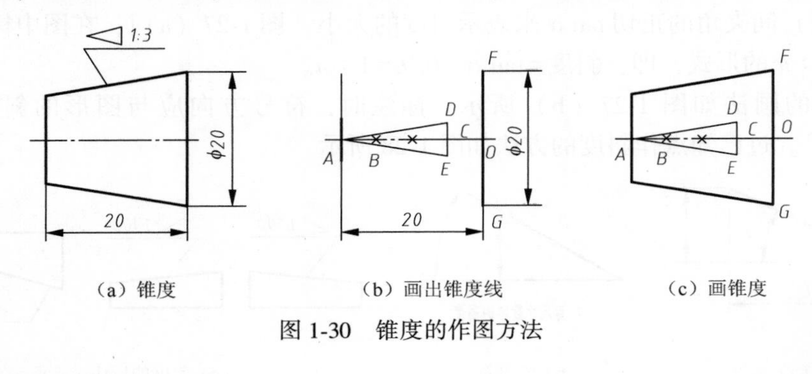

（a）锥度　（b）画出锥度线　（c）画锥度

图 1-30　锥度的作图方法

扫一扫

1.3.4 圆弧连接

为了便于制造，在可能的情况下，工程上将任意曲线和复杂的平面图形简化为由若干段直线和圆弧光滑连接而成。用圆弧光滑连接两条已知线段（圆弧或直线）称为圆弧连接，连接两条已知线段的圆弧称为连接圆弧，其连接点就是两条线段相切的切点。所以连接圆弧是根据其与已知线段的相切关系求作的。当连接圆弧（半径为 R）与已知直线 AB 相切时，其圆心的轨迹是一条与已知直线 AB 平行的直线 L，距离为连接圆弧半径 R。过连接弧圆心向被连接线段作垂线可求出切点 T，切点是直线与圆弧的分界点［图 1-31（a）］。

当连接圆弧（半径为 R）与已知圆弧 A（圆心为 O_A，半径为 R_A）相切时，其圆心的轨迹为已知圆弧 A 的同心圆弧 B，其半径 R_B 随相切情况而定：两圆外切时，$R_B=R_A+R$，两圆内切时，$R_B=|R-R_A|$。连心线 OO_A 与圆弧 A 的交点为切点 T［图 1-31（b）、（c）］。

各种连接圆弧的画法如图 1-32 所示，作图过程如下：

（1）求连接圆弧的圆心。

（2）找切点位置。

（3）求作连接圆弧。

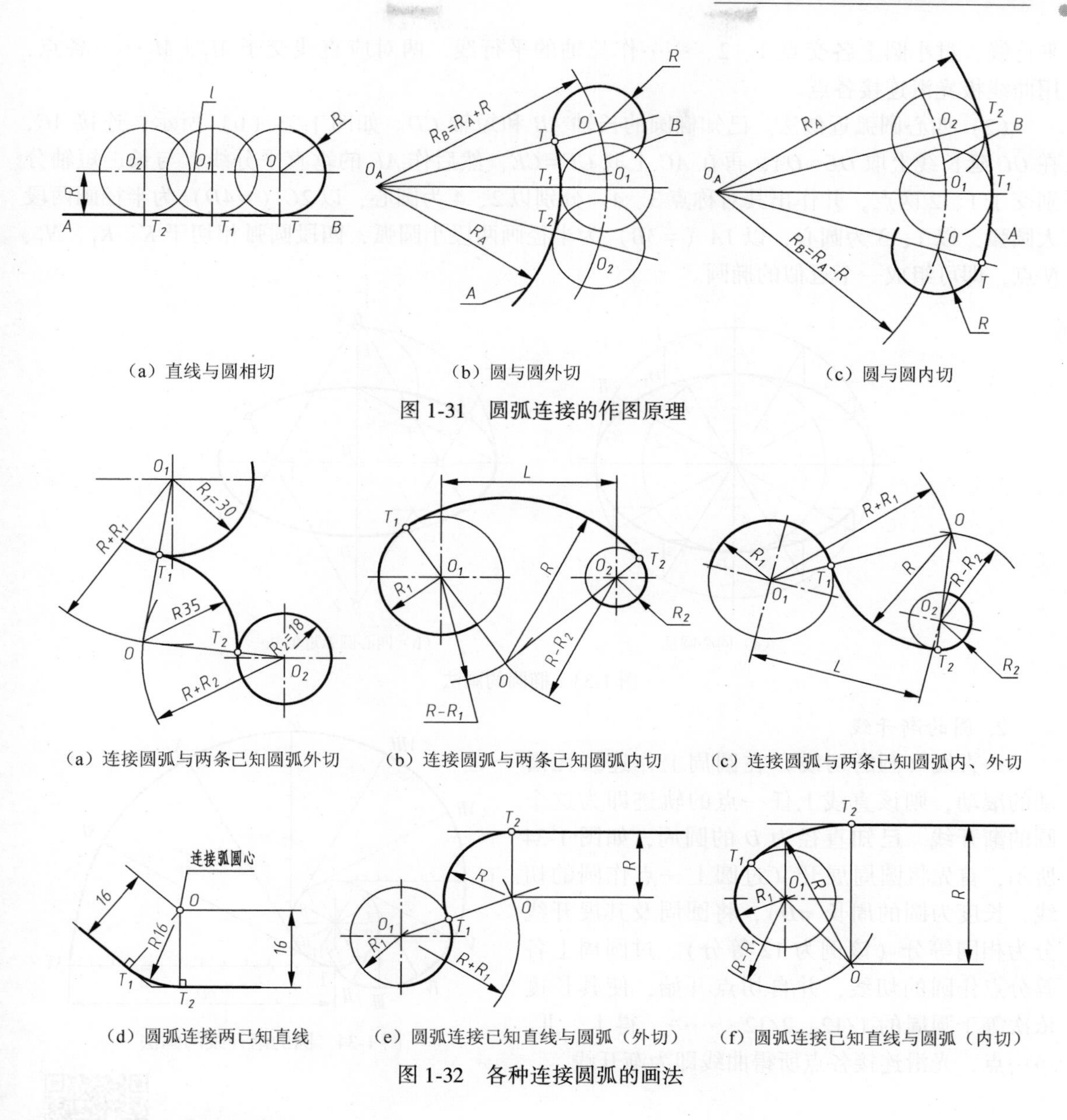

图 1-31　圆弧连接的作图原理

图 1-32　各种连接圆弧的画法

1.3.5　平面曲线

工程上常用的非圆平面曲线有椭圆、抛物线、双曲线、阿基米德螺线、圆的渐开线、摆线和四心涡线等二次曲线，可用相应的二次方程或参数方程表示。画图时则按其运动轨迹求作一系列点或根据参数方程描点，然后用曲线板把所求各点光滑地连接起来。下面以椭圆和圆的渐开线为例说明非圆平面曲线的画法。

1. 椭圆

(1) 同心圆法。已知椭圆长轴 *AB* 和短轴 *CD*。如图 1-33 (a) 所示，分别以 *AB*、*CD* 为直径作同心圆，过圆心 *O* 作一系列射线与两圆相交，过大圆上各交点Ⅰ、Ⅱ、……作短轴的平行线，过小圆上各交点 1、2、……作长轴的平行线，两对应直线交于 M_1、M_2……各点，用曲线板光滑连接各点。

（2）四心圆弧近似法。已知椭圆的长轴 *AB* 和短轴 *CD*。如图 1-33（b）所示，连接 *AC*，在 *OC* 延长线上取 *OE*=*OA*，再在 *AC* 上取 *CF*=*CE*，然后作 *AF* 的垂直平分线，与长、短轴分别交于 1、2 两点，并作出其对称点 3、4。分别以 2、4 为圆心，以 2*C*（=4*D*）为半径画两段大圆弧，以 1、3 为圆心，以 1*A*（=3*B*）为半径画两段小圆弧，四段圆弧相切于 *K*、K_1、N_1、*N* 点，即可组成一个近似的椭圆。

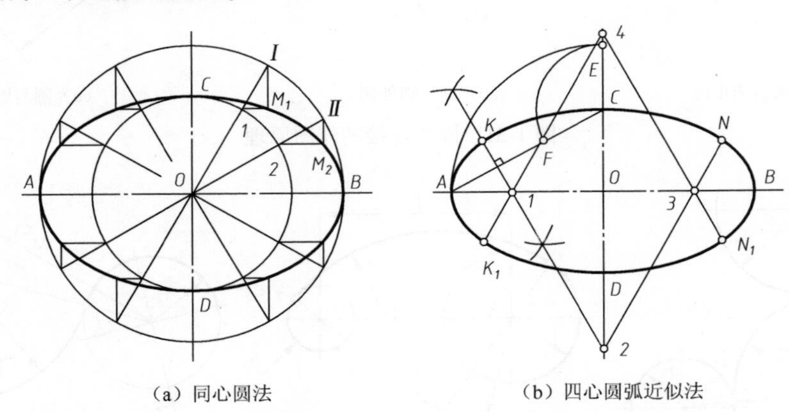

（a）同心圆法　　（b）四心圆弧近似法

图 1-33　椭圆的画法

2. 圆的渐开线

一直线（圆的切线）在圆周上作连续无滑动的滚动，则该直线上任一点的轨迹即为这个圆的渐开线。已知直径为 *D* 的圆周，如图 1-34 所示，首先将圆周展开（过圆上一点作圆的切线，长度为圆的周长 π*D*），将圆周及其展开线分为相同等分（该例为 12 等分）。过圆周上各等分点作圆的切线，并自切点开始，使其长度依次等于圆周的 1/12、2/12、……，得Ⅰ、Ⅱ、……点，光滑连接各点所得曲线即为渐开线。

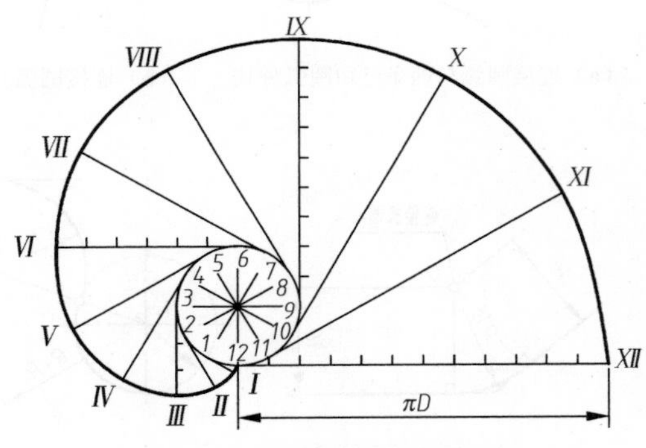

图 1-34　圆的渐开线的画法

扫一扫

§1.4　平面图形的尺寸分析及画图步骤

平面图形可以简化为由若干段直线和圆弧光滑连接而成。构成平面图形的各线段的大小及其各要素间的相对位置都由图中尺寸确定。因此，绘制平面图形时，应根据图中所注尺寸确定画图步骤。标注平面图形的尺寸时，应根据各线段的连接关系确定需要标注的尺寸，做到“正确、完整、清晰”，使所注尺寸既符合国家标准《机械制图》的规定，又要保证图形的尺寸齐全（即不遗漏、不重复），否则都会给生产带来困难和损失。

1.4.1　平面图形的尺寸分析

1. 尺寸基准

确定图形中各线段长度和位置的测量起点称为尺寸基准。平面图形中至少在上下、左右两个方向上，应各有一个基准。一般对称图形的对称线、圆的中心线、图形的某一边界线（如重要的轮廓线）等均可作为尺寸基准，如图 1-35 所示。

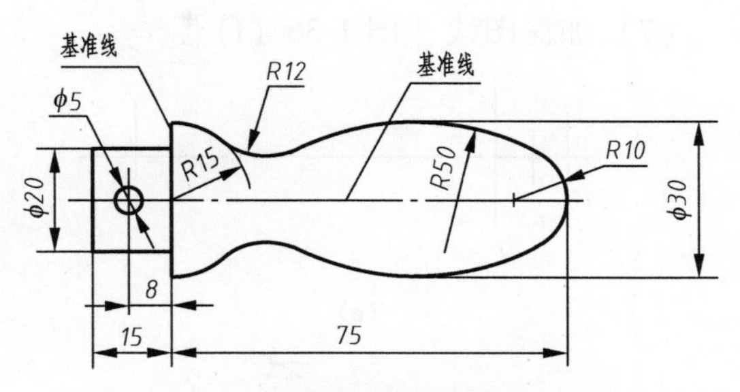

图 1-35　平面图形的线段和尺寸分析

2. 尺寸分类

平面图形的尺寸按其在图中所起的作用可分为定形尺寸和定位尺寸两类。

（1）定形尺寸。确定平面图形上各线段长度或线框形状大小的尺寸称为定形尺寸，如直线的长度、圆及圆弧的直径（半径）、角度尺寸等。图 1-35 中的 ϕ20、ϕ5、*R*15、*R*12 等为定形尺寸。

（2）定位尺寸。平面图形中确定各线段与基准间距离的尺寸称为定位尺寸。图 1-35 中确定 ϕ5 小圆位置的尺寸 8 和确定 *R*10 圆弧位置的尺寸 75 等为定位尺寸。

1.4.2　平面图形的线段分析

线段分析就是从几何角度研究线段与尺寸的关系，从而确定画图步骤。平面图形中的线段，根据其定位尺寸是否齐全，可分为已知线段、中间线段和连接线段三种。

1. 已知线段

凡是定形尺寸和定位尺寸齐全的线段称为已知线段，如图 1-35 中的 ϕ5、*R*15、*R*10 的圆弧和长度为 15 和 ϕ20 的直线等。

2. 连接线段

只有定形尺寸而无定位尺寸的线段称为连接线段。连接线段需根据与其相邻的两条线段的相切关系，用几何作图的方法绘制，如图 1-35 中 *R*12 的圆弧。

3. 中间线段

有定形尺寸和定位尺寸但定位尺寸不全的线段称为中间线段。中间线段也需要根据与其相邻的已知线段的相切关系绘制。如图 1-35 中 *R*50 的圆弧，该圆弧只有一个定位尺寸 ϕ30，据此不能确定其圆心位置，还需根据它与已知圆弧 *R*10 的相切关系作图确定圆心。

1.4.3　平面图形的画图步骤

一般是根据平面图形的尺寸，对平面图形进行线段分析，按线段分析的结果确定画图步骤。现归纳如下：

（1）根据平面图形的尺寸作线段分析，并确定平面图形的基准。

（2）绘制基准线［图 1-36（a）］。

（3）绘制已知线段［图 1-36（b）］。

（4）绘制中间线段［图 1-36（c）］。

(5) 绘制连接线段［图 1-36（d）］。

(6) 标注尺寸，检查全图［图 1-36（e）］。

(7) 加深图线［图 1-36（f）］。

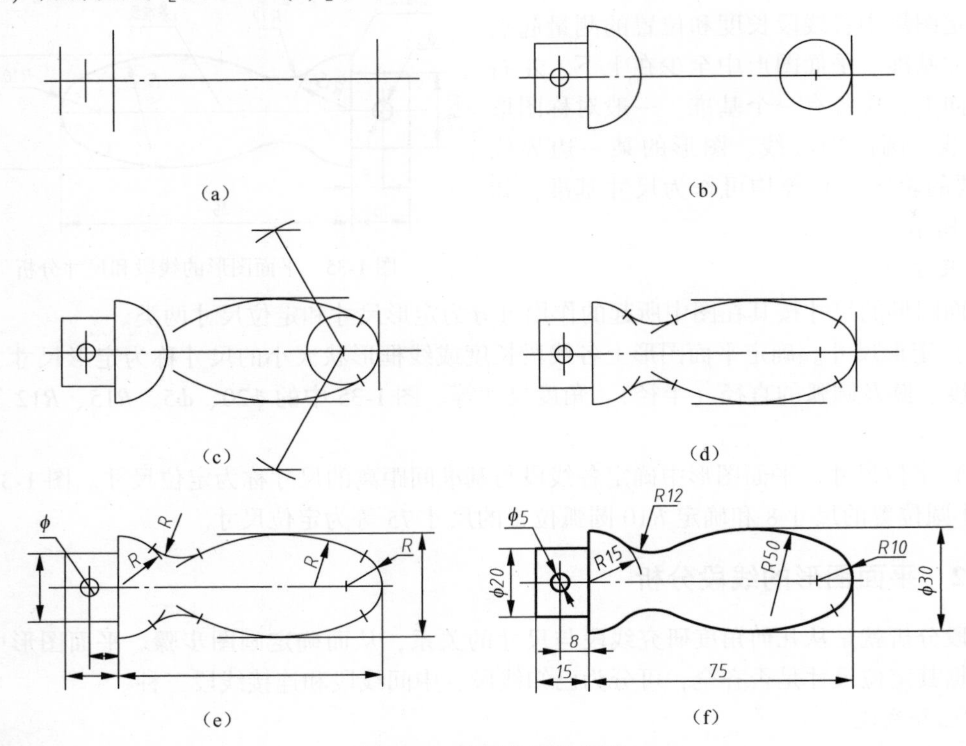

图 1-36 手柄的画图步骤

1.4.4 平面图形的尺寸标注

平面图形的尺寸标注的要求是：正确、完整、清晰。

1. 正确

平面图形的尺寸标注必须符合国家标准《机械制图》的规定。

2. 完整

尺寸标注要齐全，即尺寸不重复、不遗漏。不遗漏图形中各要素的定形和定位尺寸；不重复标注可以按已标注的尺寸计算出的尺寸、不重复标注可根据相切关系画出的连接线段的定位尺寸。在平面图形的尺寸标注中，保证尺寸完整的一般规律是：在两条已知线段之间，可以有任意段中间线段，但必须且只有一段连接线段。

3. 清晰

尺寸注写清晰，位置明显，布局整齐。

通过下面的例子说明使平面图形的尺寸标注正确、完整、清晰的一般方法和步骤。

例 1-1 标注图 1-37 所示平面图形的尺寸。

(1) 分析图形，确定基准。图形由左下的双层矩形线框和右上的两同心圆及三段圆弧组成。可以同心圆的中心线为主要基准，也可以外层矩形线框的底边和左侧边界线为主要基准。

本例以两同心圆的中心线为主要基准［图 1-37（a）］。

（2）标注已知线段的尺寸［图 1-37（a）］。两同心圆的中心线定为主要基准，则两同心圆的位置由基准确定，所以两同心圆虽为已知线段，但不标注定位尺寸，仅标注定形尺寸 $\phi30$、$\phi16$；水平方向标注 90，竖直方向标注 74，以确定矩形线框与主要基准的相对位置，外层矩形线框的定形尺寸为 54、24；标注水平尺寸 10 以确定内、外层矩形线框的相对位置，内层矩形线框的定形尺寸为 34、14。

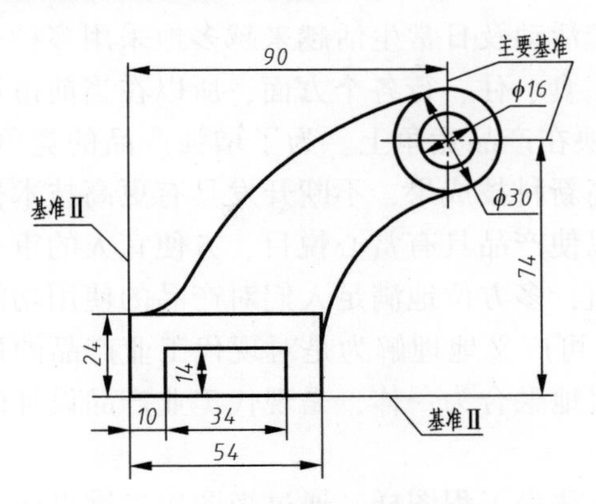

（a）基准及已知线段的尺寸

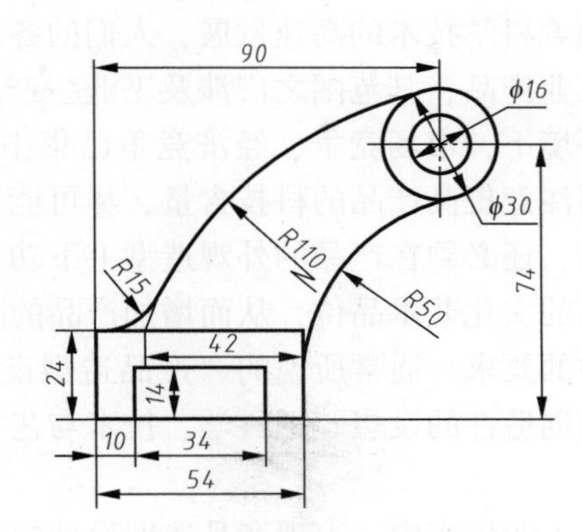

（b）连接线段及中间线段的尺寸

图 1-37　平面图形的尺寸标注

（3）标注其他线段的所需尺寸［图 1-37（b）］。圆弧 $R50$ 与 $\phi30$ 的圆及外层矩形线框的右侧边界线相切，其圆心位置可根据此相切条件确定，故 $R50$ 为连接线段，不需标注圆心位置的定位尺寸。在两已知线段 $\phi30$ 的圆和外层矩形框的上边线之间，有圆弧 $R110$ 和圆弧 $R15$ 两段线段，按尺寸标注必须完整的要求，两段线段中只能有一段连接线段，另一段应是中间线段。该两段线段定位尺寸的标注决定了线段的种类，所以此处定位尺寸的标注可有多种标注方案供选择。图 1-38 为其中三种不同的标注方案，采用哪一种标注方案，应以所注尺寸便于作图和在生产中便于度量为原则。

（4）按正确、完整、清晰的要求校核所注尺寸。

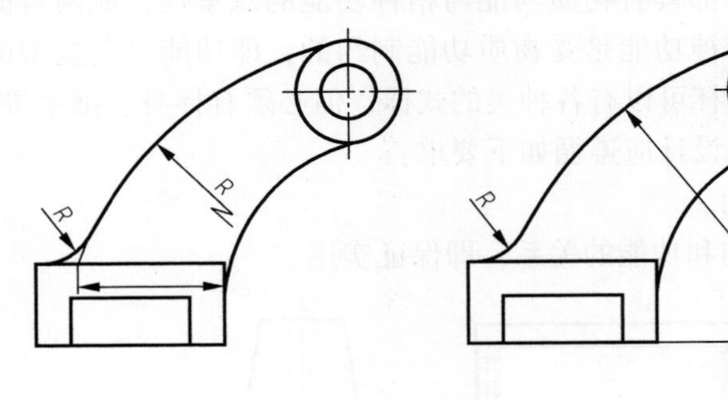

（a）圆弧 $R110$ 为连接线段

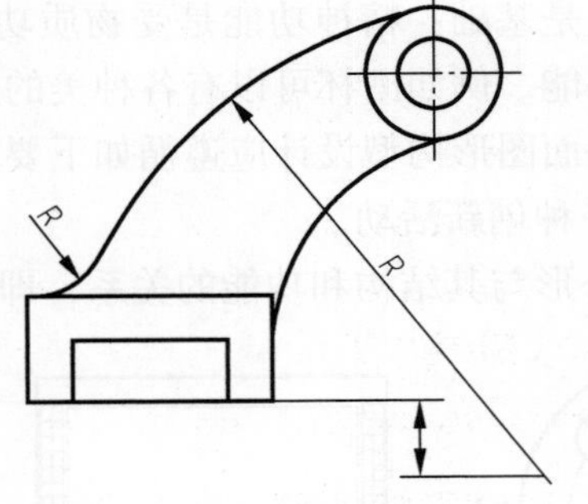

（b）圆弧 $R15$ 为连接线段

（c）圆弧 $R110$ 为连接线段

图 1-38　连接弧的三种不同尺寸注法

§1.5　平面图形的构型

1.5.1　概述

随着科学技术的高速发展，人们的各种生产活动及日常生活越来越多地采用多种多样的现代工业产品，其范围之广涉及工业生产及衣、食、住、行各个方面，所以在当前市场经济的大环境下，市场竞争、经济竞争已集中地反映在产品竞争上。为了增强产品的竞争能力，不但要注意提高产品的科技含量，尽可能采用高新科技成果，不断开发具有更高技术性能的新产品，还必须在产品的外观造型上下功夫，以使产品具有赏心悦目、方便宜人的审美特性和较高的文化艺术品位，从而增加产品的附加值，多方位地满足人们对产品的使用功能和环境条件的要求。通常所说的“产品造型设计”，可广义地理解为是对现代工业产品的形象塑造提出创造性的设想。把科学、技术与艺术有机地融合为一体，是现代工业产品设计的发展方向。

在工业生产中，表现产品造型设计的基本方法是工程图样，通过视图用二维平面图形反映产品在某个方向上的外形轮廓实形。图 1-39 就是一些大家都非常熟悉的产品的某一个视图。这些视图都能反映产品外形轮廓的形状特征。所以在工业产品设计中，平面图形构型设计是指产品的外形轮廓设计。其设计原则与工业设计的总原则是一致的，即实用、经济、美观。平面图形构型设计是运用工业设计的新概念、新理论和新方法，设计和创造现代工业产品的具体实践过程。但产品造型设计不仅涉及产品本身的功能、结构、材料、工艺、形态、色彩、表面处理与装饰，还涉及与人相关、与生态环境相关的各个方面，范围非常广泛，而平面图形构型设计仅是其中的一个重要方面，侧重点是实用和美观，即以产品的使用目的为出发点，在保证使用功能的基础上，考虑产品的外形轮廓，使其不但体现产品本身的特色，而且体现并符合时代和社会的审美情趣，将冰冷的机器、沉闷的工作化为艺术享受，以满足人们使用时的精神需求。也就是说每件产品都具有物质功能与精神功能的双重性，就两者的关系来说，物质功能是首要的，是基础；精神功能是受物质功能制约的，即功能决定造型的基本形态，形态的美不能破坏功能。例如酒杯可以有各种美的式样，但必须有杯身、把手等，要容量适度、使用方便。因此平面图形构型设计应遵循如下要求：

（1）平面图形构型设计是一种创新活动。

（2）设计中必须注意产品外形与其结构和功能的关系，即保证实用。

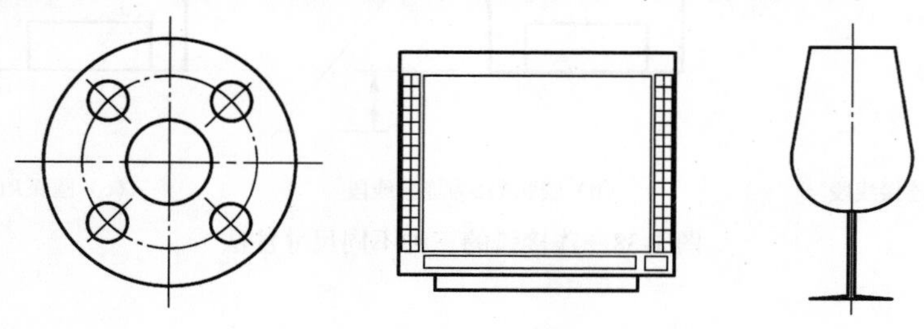

图 1-39　常见产品外形轮廓

（3）设计使产品外形宜人，与环境协调一致，且满足生产和使用的要求。

1.5.2　平面图形构型设计举例

例 1-2　分析轴承盖外形轮廓的构型过程。

图 1-40 是轴承盖垂直于轴线方向投射所得视图，由图可看出图 1-40（a）中方案 A 所示轴承盖的外形最简单，其主体由圆柱构成，就功能而言，完全可满足实用的要求。方案 B 是在方案 A 的基础上，缩小主体圆柱的直径，将安装孔变化为与主体圆柱分离的四个小圆柱 [图 1-40（b）]。但方案 B 所示结构仅在理论上成立，因为小圆柱与大圆柱的连接关系为相切，即由视图看是点连接，从空间看是线连接，这种结构在实际制造过程中不可能实现。为此，可将小圆柱的圆心向大圆柱的圆心靠近，增大小圆柱与大圆柱的接触面，得方案 C，如图 1-40（c）所示。如果具备了机械零件加工工艺方面的常识，可知大、小圆柱连接处的尖角，在制造过程中由于内应力的作用会产生裂纹，为此将连接处改为圆角，得方案 D，如图 1-40（d）所示。将连接处设计为圆角是机械零件设计中解决此类问题的常用方法之一，故在方案 B 的基础上，直接用圆弧将大、小圆柱连接起来可得方案 E，如图 1-40（e）所示。

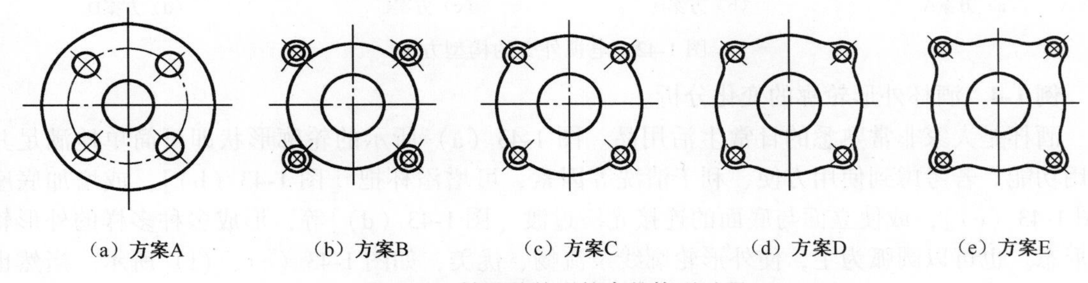

图 1-40　轴承盖外形轮廓的构型过程

将上述轴承盖的外形轮廓构型方案作一比较，各个方案都满足功能的需求，若考虑加工工艺的因素，则方案 B、C 均不可取。另外方案 D、E 与方案 A 比较，其体积明显小，不仅可节省材料，减轻重量，最主要的是可使整个机器的结构紧凑。

按照上述思路，通过改变主体结构的形状，如矩形、三角形、菱形等，可得到其他形状的盘盖类零件（或箱体类零件的底座），如图 1-41 所示。

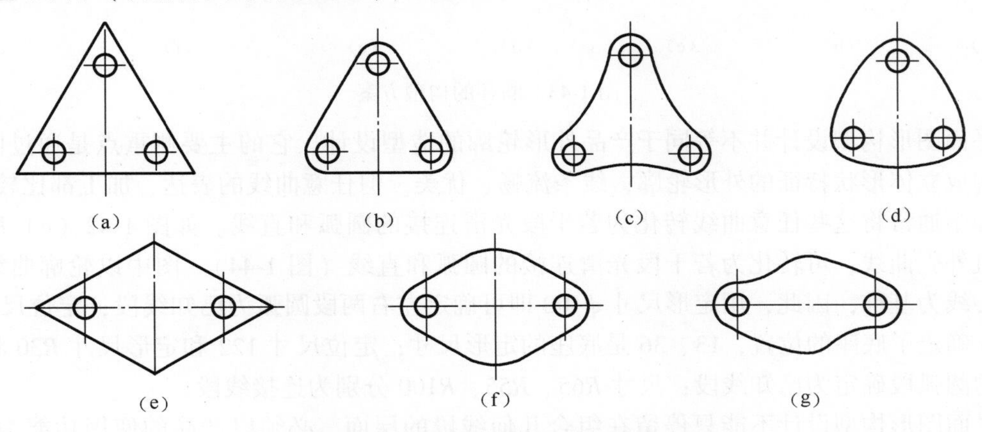

图 1-41　盘盖类零件的构型方案

例 1-3 分析电视机外壳的外形轮廓构型过程。

图 1-42（a）为早期电视机外壳的轮廓图，其轮廓线以直线为主，给人以生硬、单调的感觉。在图 1-42（b）的构型中，添加了圆弧过渡，打破以直线为主的单调感觉，并使轮廓线条柔美、流畅。电视机外壳的轮廓也可采用象形化设计，即将人们日常生活中熟悉的、给人以美感的外形轮廓进行艺术抽象，如图 1-42（c）、（d）所示，使电视机外壳的造型更加生动、活泼，产生一种亲和力，不再是冷冰冰的机器，给人以亲切、自然的感觉，以提高产品的竞争力。但是在做艺术处理时，还应考虑产品的使用环境，使其外形轮廓既落落大方又能与环境浑然一体，起到装点、美化环境，增加个人品位和艺术情调的作用。

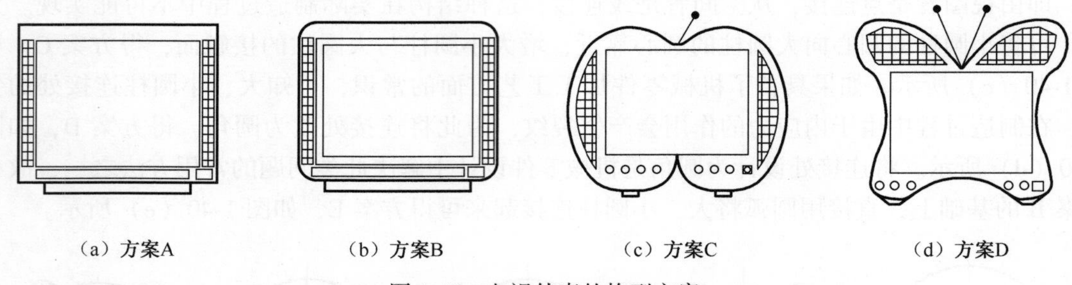

（a）方案A　（b）方案B　（c）方案C　（d）方案D

图 1-42　电视外壳的构型方案

例 1-4 酒杯外形轮廓的变化分析。

酒杯是大家非常熟悉的日常生活用品。图 1-43（a）所示的轮廓形状即可简单地满足其使用功能。若考虑到使用方便、利于清洗等因素，可增添杯把［图 1-43（b）］，或增加底座［图 1-43（c）］，或使立面与底面的连接光滑过渡［图 1-43（d）］等，形成多种多样的外形轮廓形态。也可以圆弧为主，使外形轮廓线条流畅、优美，如图 1-43（e）、（f）所示。当然也可以外形轮廓的新颖、奇特制胜，提高产品的竞争力，如图 1-43（g）所示。

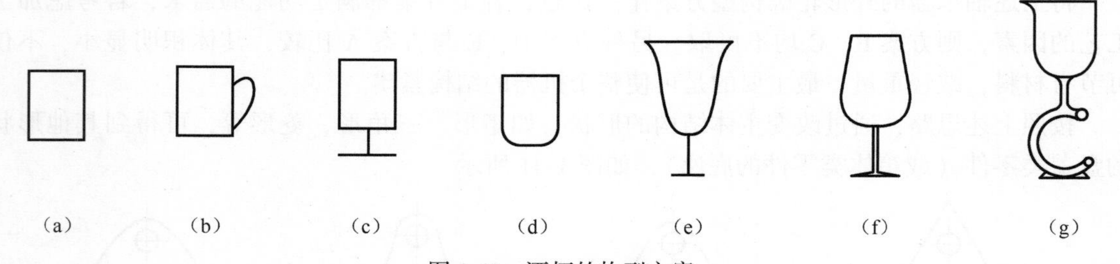

（a）　（b）　（c）　（d）　（e）　（f）　（g）

图 1-43　酒杯的构型方案

平面图形构型设计并不等同于产品外形轮廓的造型设计，它的主要侧重点是通过曲线连接使构成立体形状特征的外形轮廓，线条流畅、优美。但任意曲线的表达、加工都比较困难，在工程中通常将这些任意曲线转化为若干段光滑连接的圆弧和直线。如图 1-42（c）所示的电视机外壳曲线，可转化为若干段光滑连接的圆弧和直线（图 1-44）。图中以轮廓曲线的对称中心线为基准，因此，用定形尺寸 $\phi400$ 即可确定左右两段圆弧为已知线段；定位尺寸 150 和 206 确定了底座的位置，13、36 是底座的定形尺寸；定位尺寸 122 和定形尺寸 $R30$ 将顶部凹陷的圆弧段确定为已知线段；尺寸 $R65$、$R55$、$R100$ 分别为连接线段。

平面图形构型设计不能只停留在组合几何线段的层面，必须以产品的使用功能为基础，

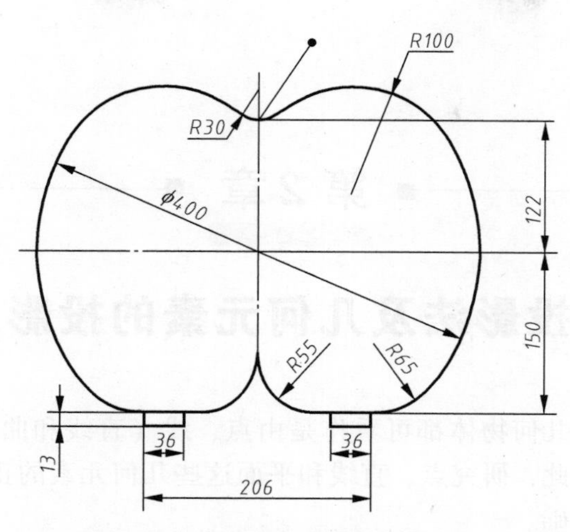

图 1-44　标注物体的轮廓尺寸

使之成为有源之水。通常机械零件轮廓的平面图形构型设计，多以使用功能为出发点，考虑加工工艺、结构、重量、材料等因素。而日常生活用品也多以产品的使用功能为出发点，但人性化的因素考虑得更多一些，如形态是否优美，文化艺术品位、艺术情调以及与周围环境的关系等。

复习思考题

1. 在图样中书写的字体有哪些要求？字体的字号代表什么？长仿宋字有哪些字号？长仿宋字的高与宽之间有何关系？

2. 什么是斜度？什么是锥度？怎样作出∠1∶15 的斜度和◁1∶15 的锥度？

3. 画徒手草图的意义是什么？徒手草图应达到哪几点要求？在绘制徒手草图时，怎样画长直线、短直线、水平线、铅垂线以及与水平方向成 30°、45°、60°的线？

4. 圆弧连接指什么？在图样中的圆弧连接处为什么必须要准确作出切点？平面图形中圆弧连接处的线段分为哪三类？区分的根据是什么？作图时应按什么顺序画这三类线段？

5. 试说明画仪器图的方法和步骤。

第2章 投影法及几何元素的投影

根据几何学的观点，几何物体都可看作是由点、线（直线和曲线）、面（平面和曲面）这些几何元素构成的。因此，研究点、直线和平面这些几何元素的正投影规律和投影特性是研究工程物体图示法的基础。

§2.1 投影法概述

扫一扫

2.1.1 投影法的基本概念

人们在日常生活中可以看到，当光线照射物体时会在特定的面如地面或墙壁上产生影子，如图2-1所示。经过科学的总结和理论的抽象，如果把光源发出的光线称为投射线，地面等称为投影面，那么投射线、物体和投影面便形成了一个投影体系，影子就是物体的投影。这种得到空间物体在平面上图形的方法叫投影法。工程上常用各种投影法来绘制不同用途的图样。

2.1.2 投影法分类

1. 中心投影法

如图2-2所示，如果所有的投射线都由有限远处的空间点 S 发出，则称 S 为投影中心，而相应的投影法称为中心投影法。

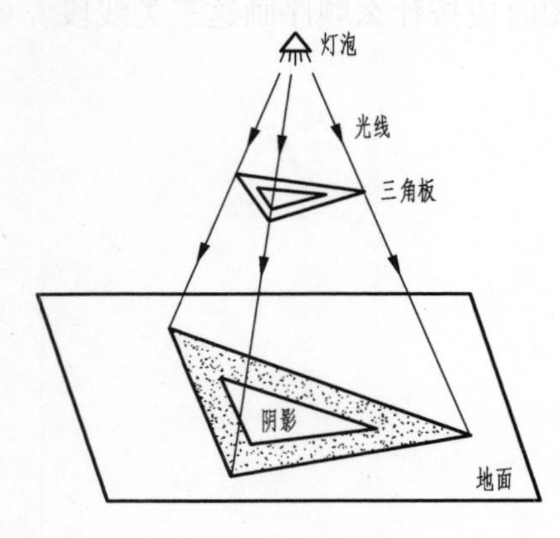

图2-1　投影法

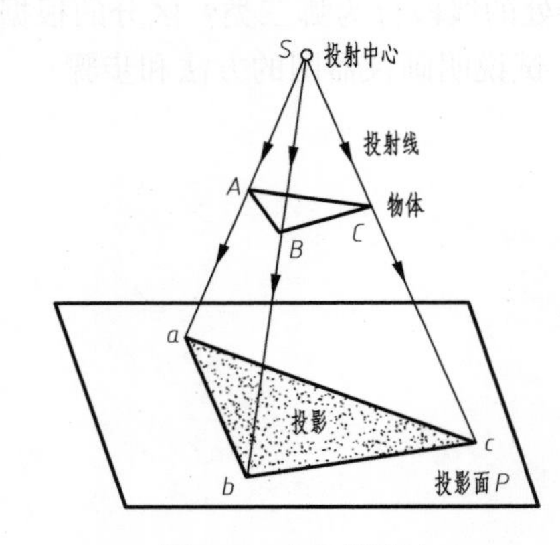

图2-2　中心投影法

2. 平行投影法

在图 2-2 中若将投影中心 S 移至无穷远处，则投射线将互相平行，这种投影法称为平行投影法，如图 2-3 所示。平行投影法根据投影方向是否垂直于投影面分为正投影法和斜投影法。投射线倾斜于投影面的叫平行斜投影法，如图 2-3（a）所示；投射线垂直于投影面的叫平行正投影法，简称正投影法，如图 2-3（b）所示。

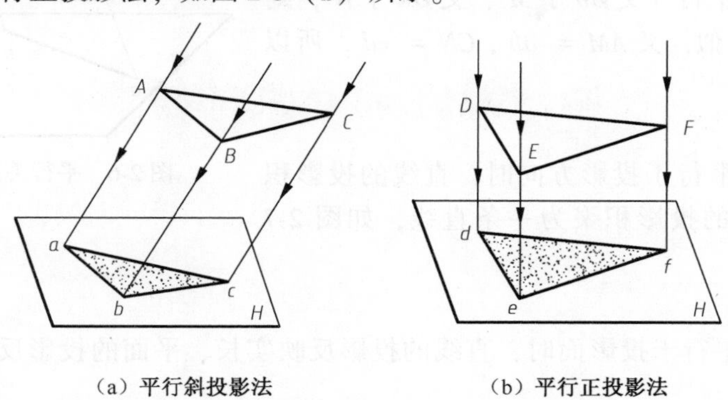

（a）平行斜投影法　　（b）平行正投影法

图 2-3 平行投影法

2.1.3 平行投影的基本特性

空间几何元素——点、线、面经平行投影后，其投影具有 7 个特性：同素性、从属性、平行性、定比性、积聚性、实形性和类似性。这 7 个特性是图示工程物体和图解空间几何问题的基本依据。

1. 同素性

一般情况下，空间几何元素与其投影间都有同素关系，即点的投影仍为点、线段的投影仍为线段、面的投影仍为面，如图 2-4 所示。

2. 从属性

点在线段上，则点的投影一定在该线段的投影上。如图 2-5 所示，点 M 在线段 AB 上，那么点 M 的投影 m 也一定在线段 AB 的投影 ab 上。

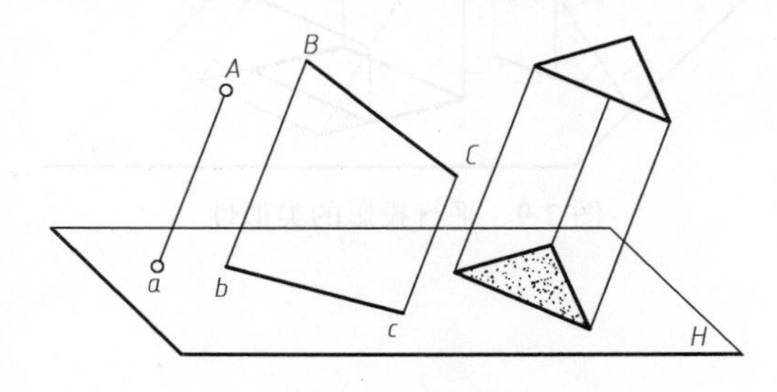

图 2-4 同素性

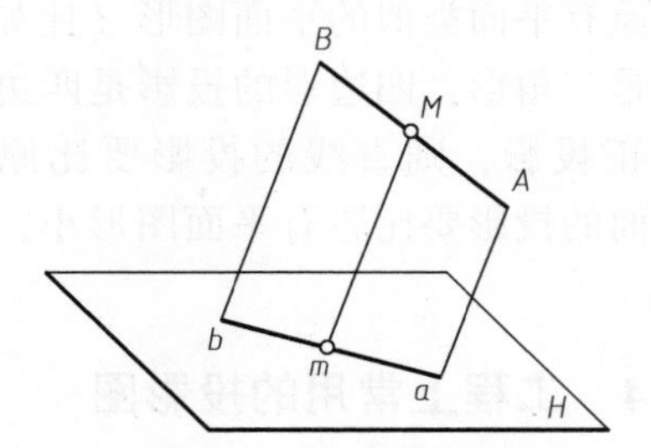

图 2-5 从属性和定比关系

3. 平行性

空间两平行直线，其投影亦平行。如图 2-6 所示，空间直线 $AB \parallel CD$，因 $Bb \parallel Dd$，所以，投影面 $AabB$ 与 $CcdD$ 平行，故第三个平面 H 与它们的交线 ab 与 cd 也平行。

4. 定比性

点分线段之比在投影后保持不变。如图 2-5 所示，投射线 Aa、Mm 及 Bb 相互平行，根据平面几何知识，它们被两条直线 AB、ab 相截后所分线段应该成比例，即 $AM:MB=am:mb$。

两条平行直线之比与其投影之比保持不变。如图 2-6 所示，直线 $AB\parallel CD$，如过 A、C 两点分别作直线 AM、CN 与 ab、cd 平行并交 Bb 于 M、交 Dd 于 N，则 $\triangle ABM$ 与 $\triangle CDN$ 相似，又 $AM=ab$，$CN=cd$，所以 $AB:CD=ab:cd$。

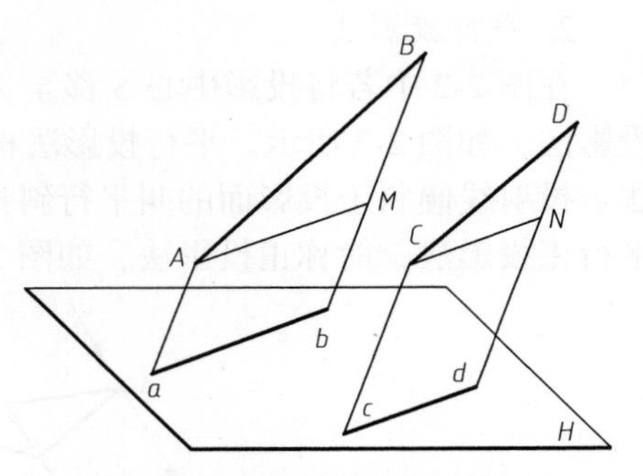

图 2-6　平行关系和定比关系

5. 积聚性

当直线或平面平行于投影方向时，直线的投影积聚为一个点，平面的投影积聚为一条直线，如图 2-7 所示。

6. 实形性

当直线或平面平行于投影面时，直线的投影反映实长、平面的投影反映实形，如图 2-8 所示。

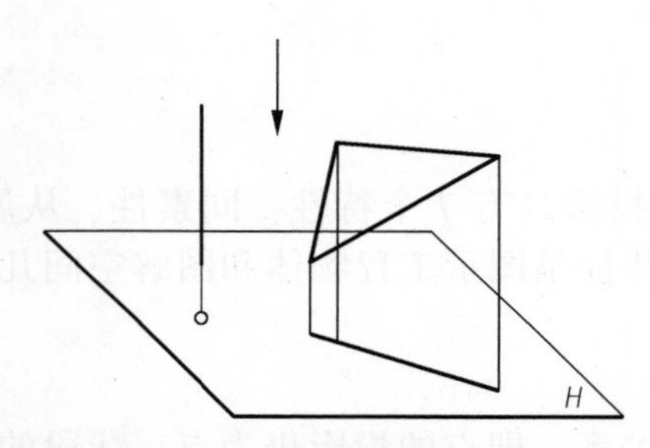

图 2-7　平行投影的积聚性

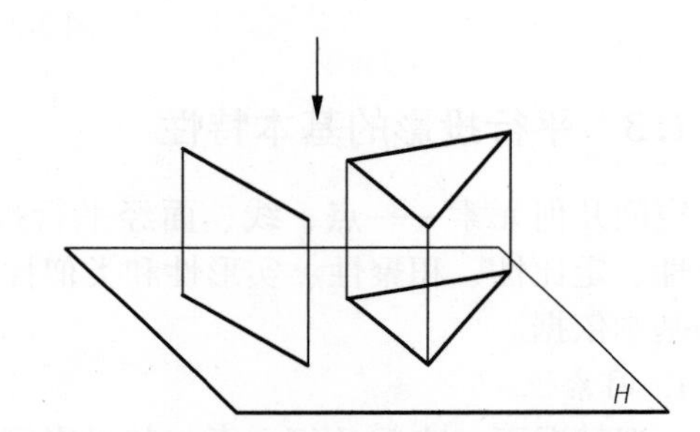

图 2-8　平行投影的实形性

7. 类似性

当直线或平面倾斜于投影面时，其投影为其类似形，即直线的投影仍为直线，平面的投影是与原有平面类似的平面图形（比如三角形的投影是三角形，四边形的投影是四边形等）。如果是正投影，则直线的投影要比原有直线短，平面的投影要比原有平面图形小，如图 2-9 所示。

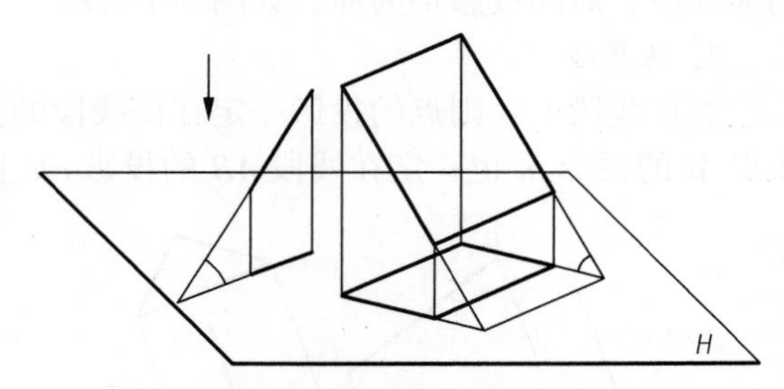

图 2-9　平行投影的类似性

2.1.4　工程上常用的投影图

1. 轴测投影图

轴测投影图简称轴测图，是用平行投影法将空间几何形体及描述其空间位置的直角坐标系一起向一个投影面上投影，所得的图形称为轴测投影图。轴测图是机械工程中常用的辅助图样。如图 2-10 所示，立方体连同其直角坐标 $O-XYZ$ 一同向投影面 P 投影得到立方体的轴测图及轴测投影轴 O_1X_1、O_1Y_1 和 O_1Z_1。

2. 透视图

透视图是按中心投影法绘制的投影图。由于该投影图接近于视觉映象，具有图形逼真、直观性强的特点，故常作为建筑、桥梁等各种土木工程建筑物的辅助图样。图2-11是几何体的透视图，由于采用中心投影法，空间本身平行的直线投影后却不平行了。另外，它也不能直接反映物体真实的几何形状和大小。

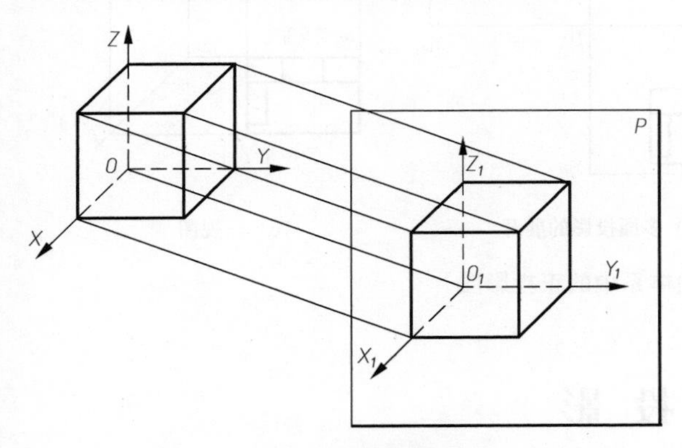

图2-10 轴测投影图

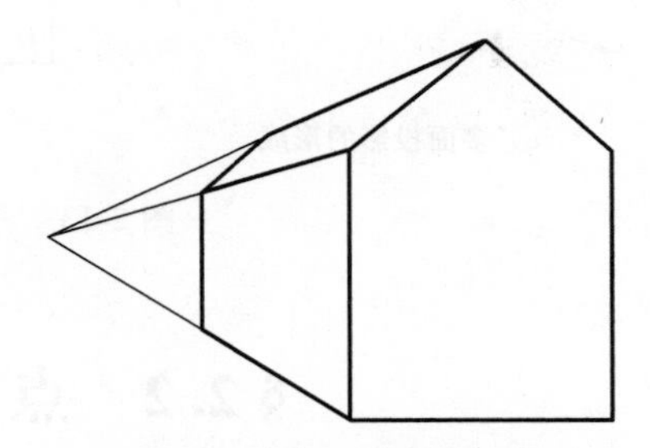

图2-11 几何体的透视图

透视图虽然直观性强，但作图较复杂且度量性较差。随着计算机绘图技术的发展，用计算机绘制透视图可极大地降低人工作图的繁杂性。因此，在某些场合（如工艺美术及宣传广告图样中）常采用透视图，以取其直观性强的优点。

3. 标高投影图

标高投影图常用来表示不规则曲面，如船舶、汽车的外形曲面以及地形等。如图2-12所示，它是用正投影法，将一组与投影面平行的平面与曲面的交线投影到投影面上，并在相应的投影上用数字标注出交线到投影面的距离，故称为标高投影图。

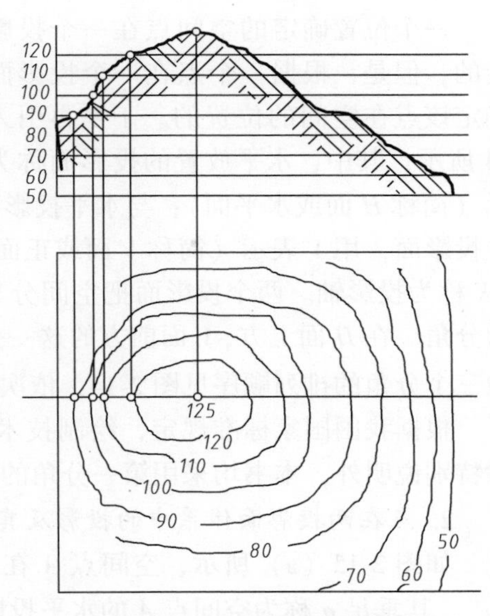

图2-12 地形标高投影图

4. 多面正投影图

用正投影法将物体向一个或多个相互垂直的投影面进行投影，所得到的图样称为多面正投影图，简称为正投影图。对多个投影面进行投影，分别得到物体的投影后，将各个投影和投影面一起按一定规则展开到一个平面上，得到物体的多面正投影图。如图2-13(a)所示，三个互相垂直的投影面V、H和W形成一个三投影面体系，将物体分别向三个投影面进行投影，然后保持V面不动，让H面和W面分别绕它们与V面的交线沿图中箭头方向旋转，直至与V面重合，见图2-13(b)。在实际绘图时通常不画投影面的边界线，如图2-13(c)所示。

虽然多面正投影图立体感较差，但由于其度量性好，作图简便，符合生产对工程图样的要求，故在工程上应用最为广泛，也是本课程学习的重点。

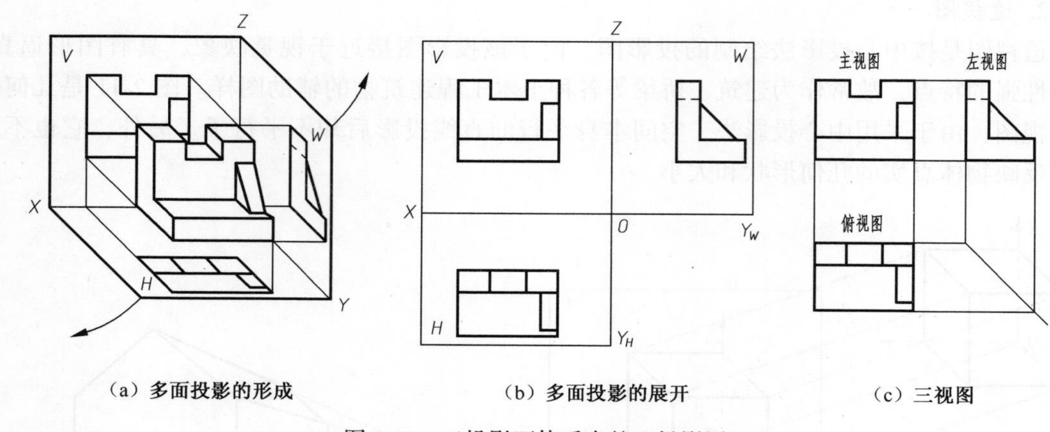

（a）多面投影的形成　（b）多面投影的展开　（c）三视图

图 2-13　三投影面体系中的正投影图

§2.2　点 的 投 影

2.2.1　点在两投影面体系中的投影

1. 两投影面体系的建立

一个位置确定的空间点在一个投影面上的投影是唯一确定的；但是，根据一个点在一个投影面上的投影是不能唯一确定该点在空间的位置的。于是再引入一个投影面，如图 2-14 所示，其中，水平放置的投影面称为水平投影面，用 H 表示（简称 H 面或水平面）；与水平投影面垂直的投影面称为正立投影面，用 V 表示（简称 V 面或正面）；两个投影面的交线 OX 称为投影轴。两个投影面把空间分为四部分，称每一部分为分角。在 H 面上方，V 面前方的这一分角称为第一分角，其他三个分角的排列顺序见图 2-14，依次为第二分角、第三分角和第四分角。

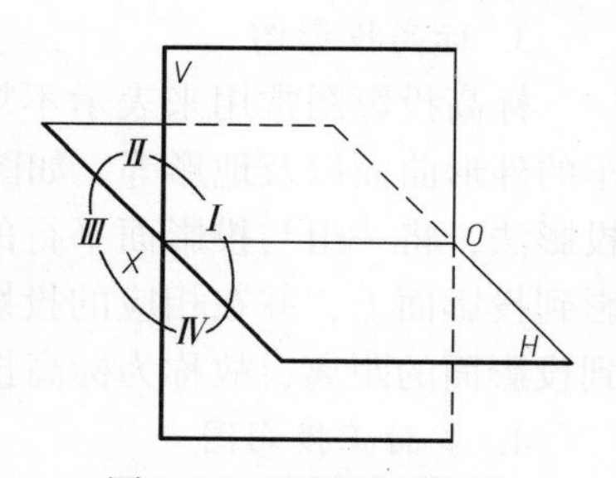

图 2-14　两投影面体系

根据我国国家标准规定，绘制技术图样时，应按正投影法绘制，并采用第一分角画法。除特别说明外，本书均采用第一分角的投影。

2. 点在两投影面体系中的投影及其投影规律

如图 2-15（a）所示，空间点 A 在第一分角内，由点 A 分别向 H 面和 V 面作垂线 Aa 、Aa' ，其垂足 a 称为空间点 A 的水平投影，垂足 a' 称为空间点 A 的正面投影。反过来，如果分别过水平投影点 a 和正面投影点 a' 作 H 面和 V 面的垂线，则这两条垂线必交于点 A 。因此，点的两个投影可以唯一确定点在空间的位置。

按照以下规则将点 A 的两个投影画在同一平面上：保持 V 面不动，将 H 面绕 OX 轴向下旋转 90°，使之与 V 面重合，如图 2-15（b）所示。通常在投影图中省略投影面的框线和名称，仅画出投影轴 OX ，如图 2-15（c）所示。

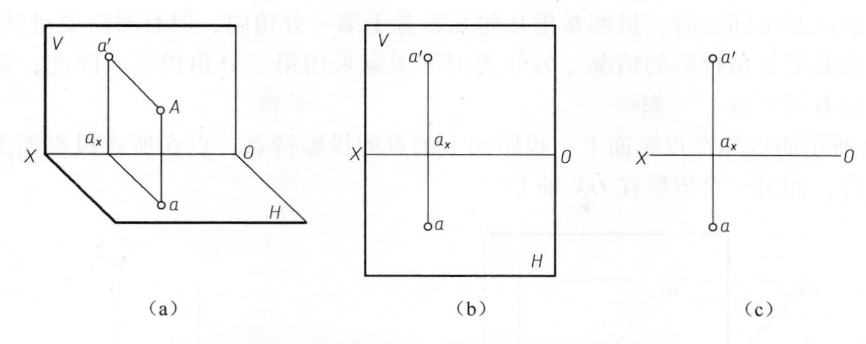

(a) (b) (c)

图 2-15 两投影面体系中第一分角内点的投影图

从图 2-15 可以看出，自点 A 向投影面 H 和 V 所作的垂线 Aa 与 Aa' 确定一平面，矩形 $Aa'a_xa$ 垂直于 H 面、V 面和 OX 轴，所以，当 H 面向下旋转 90° 与 V 面重合时，a'、a_x 和 a 三点必在与 OX 轴垂直的同一直线上，并有 $aa_x=Aa'$（Aa' 是点 A 到 V 面的距离），$a'a_x=Aa$（Aa 是点 A 到 H 面的距离），而投影图中的 aa' 称为投影连线，用细实线画出。

由此可以得出，点在两投影面体系中的投影规律如下：

（1）点的水平投影与正面投影的连线必垂直于 OX 轴，即 $a'a \perp OX$。

（2）点的水平投影到 OX 轴的距离等于该点到 V 面的距离；点的正面投影到 OX 轴的距离等于该点到 H 面的距离。即 $aa_x = Aa'$，$a'a_x = Aa$。

上述规律不仅适用于点在第一分角的投影，对于其他分角内点的投影也同样适用。如图 2-16（a）所示，分别在第一、第二、第三和第四分角内的四个点 A、B、C、D 和它们的投影 a、b、c、d、a'、b'、c'、d'，投影面展开后得到其投影图，如图 2-16（b）所示。

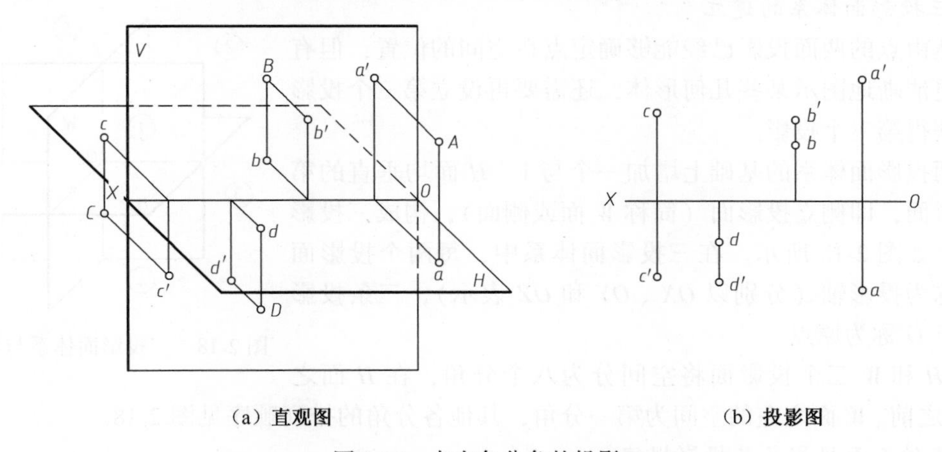

（a）直观图 （b）投影图

图 2-16 点在各分角的投影

从图 2-16 得到点在不同分角的投影规律如下：

（1）如果点的正面投影在 OX 轴的上方，则该点必在第一或第二分角内。并且，如果其水平投影在 OX 轴的下方，则该点必在第一分角；反之，在第二分角。

（2）如果点的正面投影在 OX 轴的下方，则该点必在第三或第四分角内。并且，如果其水平投影在 OX 轴的上方，该点必在第三分角；反之，在第四分角。

在用图解法解决问题时，虽然常把几何元素置于第一分角内，但有时需要对其进行延长，这样将会出现其他分角投影的情况。另外美国等国家采用第三分角投影，因此，需要对第三分角投影也应有所了解。

图 2-17 所示的点均在投影面上，投影面上的点的投影特点：点在所在投影面上的投影与该点本身重合，而另一个投影在 OX 轴上。

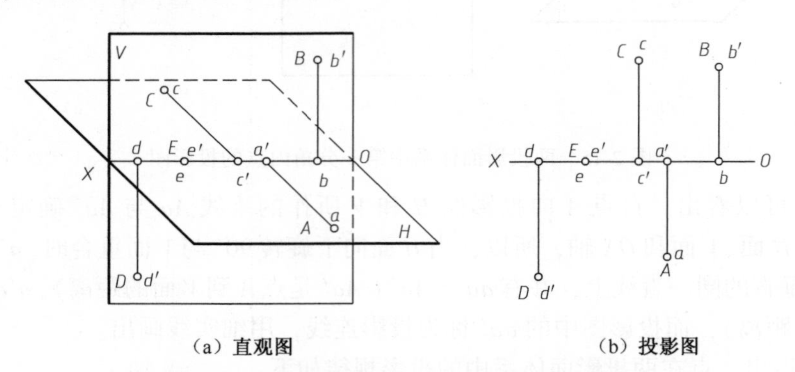

（a）直观图　　（b）投影图

图 2-17　点在各投影面上或投影轴上的投影

投影轴上点的投影则更简单，其两个投影都与空间点重合。如 OX 轴上的点 E，它的水平投影 e、正面投影 e' 都与 E 点本身重合。

点的投影特性和投影规律是研究其余各种几何元素的投影规律的基础，必须牢固掌握。

2.2.2　点在三投影面体系中的投影

1. 三投影面体系的建立

虽然由点的两面投影已经能够确定点在空间的位置，但有时为了更清晰地图示某些几何形体，还需要再设立第三个投影面，以获得第三个投影。

在两投影面体系的基础上增加一个与 V、H 面均垂直的第三个投影面，即侧立投影面（简称 W 面或侧面），构成三投影面体系，如图 2-18 所示。在三投影面体系中，每两个投影面的交线称为投影轴（分别以 OX、OY 和 OZ 表示），三条投影轴的交点 O 称为原点。

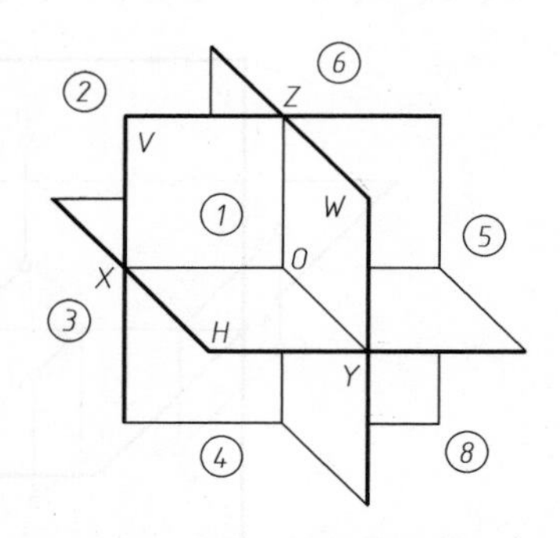

图 2-18　三投影面体系与其分角

V、H 和 W 三个投影面将空间分为八个分角，在 H 面之上、V 面之前、W 面之左的空间为第一分角，其他各分角的排列顺序见图 2-18。

2. 点的三面投影及其投影规律

设在第一分角内有一点 A，如图 2-19（a）所示，由点 A 分别向 V、H 和 W 面作垂线，其垂足 a'、a 和 a'' 即为空间点 A 的三个投影，其中 a'' 为点 A 在 W 面上的投影，称为侧面投影（用小写字母加两撇表示，如 a''、b''、c'' 等）。

三投影面体系的展开规则如下：保持 V 面不动，将 H 面绕 OX 轴向下旋转、W 面绕 OZ 轴向右旋转，使三个投影面重合。如图 2-19（b）所示，在展开过程中，需沿 OY 轴将 H 面和 W 面分开，相应地，OY 轴也分为 H 面上的 OY_H 和 W 面上的 OY_W；但必须注意 OY_H 与 OY_W 在空间仍是同一条投影轴。省略投影面线框和名称，则得到其三面投影图，如图 2-19（c）所示。

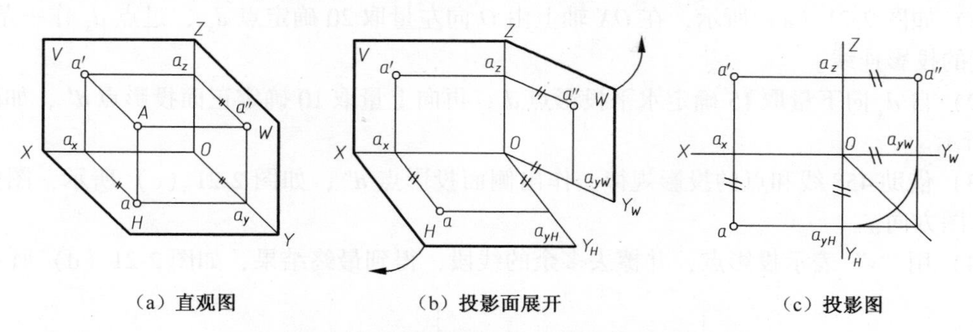

（a）直观图　（b）投影面展开　（c）投影图

图 2-19　三面体系中第一分角点的投影图

从图 2-19 可以看出，由点 A 向 V、H 和 W 面所作的三条垂线形成三个矩形 Aaa_ya''、$Aa'a_za''$、$Aa'a_xa$，它们分别与 V、H、W 面平行，与 OY、OZ、OX 轴垂直。由此得出点的投影规律如下：

（1）$a'a \perp OX$，即点的正面投影和水平投影的连线垂直于 OX 轴。

（2）$a'a'' \perp OZ$，即点的正面投影和侧面投影的连线垂直于 OZ 轴。

（3）$aa_x = a''a_z$，即点的水平投影到 OX 轴的距离等于该点的侧面投影到 OZ 轴的距离。

3. 点的三面投影与直角坐标之间的关系

从图 2-20 可以看出，点 $A(X_A, Y_A, Z_A)$ 的空间位置可由点 A 至三个投影面的距离 Aa''、Aa' 和 Aa 来确定。如果把三个投影面 V、H 和 W 当作坐标面，三个投影轴 OX、OY 和 OZ 当作坐标轴，三轴的交点 O 当作坐标原点，则点 A 至三投影面的距离就是点 A 的三个坐标。

在投影图 2-20（b）中，空间点的三个坐标表现在以下线段之中：

（1）$X_A = aa_{yH} = a'a_z = a_xO = Aa''$，是空间点 A 到 W 面的距离。

（2）$Y_A = aa_x = a''a_z = a_yO = Aa'$，是空间点 A 到 V 面的距离。

（3）$Z_A = a'a_x = a''a_{yW} = a_zO = Aa$，是空间点 A 到 H 面的距离。

为了作图方便，可自点 O 作一条 45° 辅助线以保证点的水平投影与侧面投影之间 Y 坐标相等的关系，见图 2-20（b）。

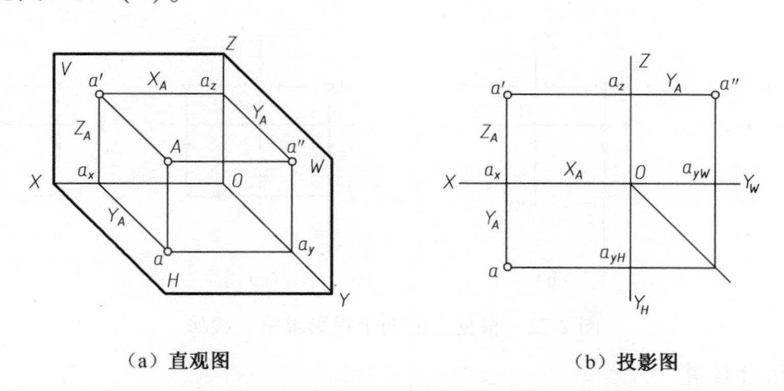

（a）直观图　（b）投影图

图 2-20　点的三面投影与直角坐标

例 2-1　已知空间点 D 的坐标（20，15，10），试作出其投影图。

【作图步骤】

（1）如图 2-21（a）所示，在 OX 轴上由 O 向左量取 20 确定点 d_x，过点 d_x 作一条与 OX 轴垂直的投影连线。

（2）自 d_x 向下量取 15 确定水平投影点 d，再向上量取 10 确定正面投影点 d'，如图 2-21（b）所示。

（3）借助 45° 线和点的投影规律，作出侧面投影点 d''，如图 2-21（c）所示，图中箭头表示作图方向。

（4）用"∘"表示投影点，并擦去多余的线段，得到最终结果，如图 2-21（d）所示。

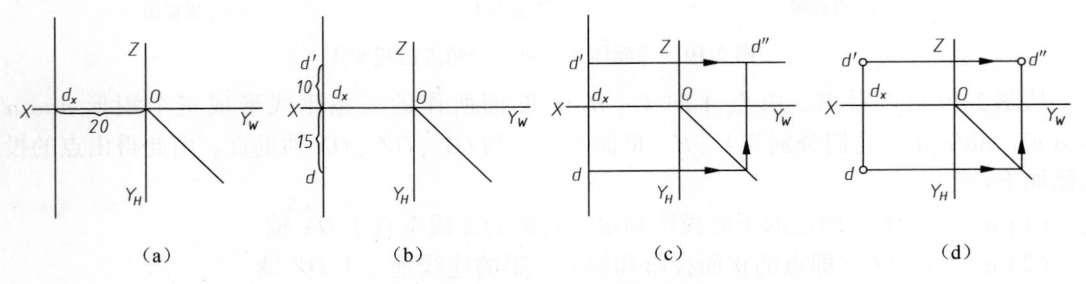

图 2-21　已知坐标，作投影图

例 2-2　已知点 B 的正面投影 b' 及侧面投影 b''，如图 2-22（a）所示，试求其水平投影 b。

【分析】根据点的三面投影规律，b 与 b' 的连线应该与 OX 轴垂直，因此 b 一定在过 b' 而又与 OX 轴垂直的直线上；又由于 b 到 OX 的距离等于 b'' 到 OZ 轴的距离，故可在 bb' 连线上截取 b，使 $b_xb = b_zb''$（实际作图时，常用 45° 辅助线来保证这一相等关系）。

【作图步骤】

（1）过 b' 作直线垂直于 OX 轴，如图 2-22（b）所示。

（2）过 b'' 作 OY_W 的垂线，并延长与 45° 辅助线相交；再过该交点作 OY_H 的垂线，延长与（1）中所作线段相交，交点即为 b，如图 2-22（c）所示。

（3）用"∘"表示投影点，并擦去多余的线段，如图 2-22（d）所示。

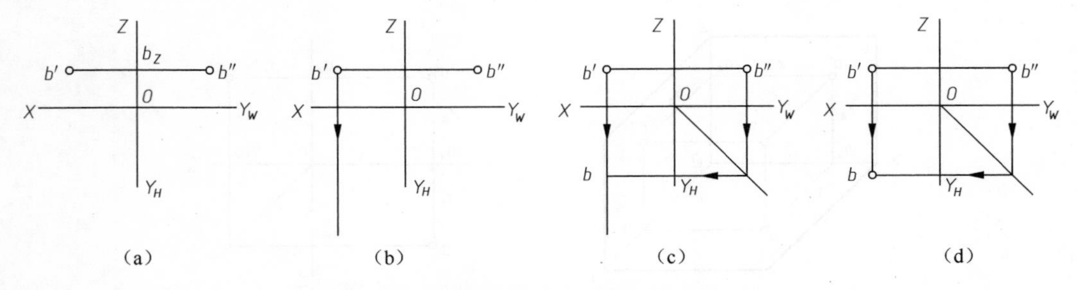

图 2-22　根据点的两个投影求第三投影

4. 两点的相对位置

空间两点的相对位置关系指的是它们之间的上下、左右、前后关系。图 2-23 给定空间两点 $A(X_A, Y_A, Z_A)$ 和 $B(X_B, Y_B, Z_B)$ 的投影图，如何根据投影图判断该两点在空间的位置关系呢？

从图中可以看出，因为 $X_B < X_A$，点 B 处于点 A 的右方，而点 A 相对的处于点 B 的左方。也就是说，通过比较两点的 X 坐标值的大小可以确定两点的左、右位置。同样，由其 Y 坐标值和 Z 坐标值的大小也可以相应地确定其前后位置和上下位置。对图 2-23 而言，$Y_B < Y_A$，点 B 在点 A 的后方；$Z_B > Z_A$，点 B 在点 A 的上方。

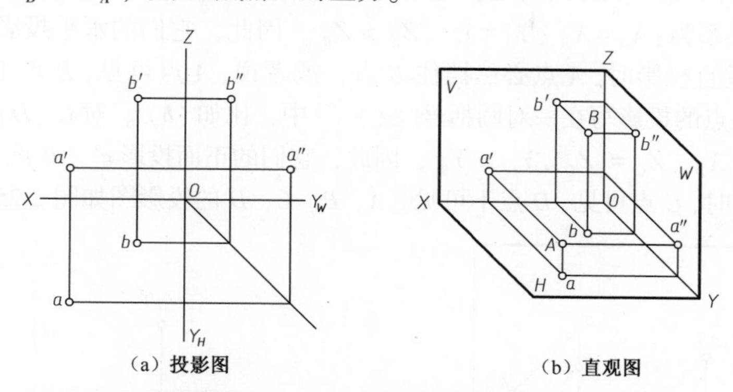

（a）投影图　　（b）直观图

图 2-23　A、B 两点的相对位置

在给定两点的位置的情况下，根据其坐标值的大小，可以确定它们的相对位置。反之，如果已知两点的相对位置以及其中一个点的投影，也能确定另一点的投影。

例 2-3　如图 2-24（a）所示，已知点 A 的两面投影 a 和 a'，以及点 B 在点 A 的右方 10 mm、上方 8 mm、前方 6 mm，试确定点 B 的投影。

【分析】　由于 A 点位置已知，因此它是确定点 B 的参照依据。根据点 B 在点 A 的右方 10 mm，可由点 a_x 向右在 OX 轴上量取 10 mm，从而确定 bb' 连线的位置；但这时 b 和 b' 的具体位置还定不下来。由于点 B 在点 A 上方 8 mm，因此，b' 点应在 a' 点 Z 坐标的基础上再向上量取 8 mm。同样，b 点应在 a 点 Y 坐标基础上再向前量 6 mm。

【作图步骤】

（1）由 a_x 沿 OX 轴向右量取 10 mm，并作线垂直于 OX 轴，如图 2-24（b）所示。

（2）过 a' 作水平线与（1）中所作的垂线相交，然后由交点向上量取 8 mm，即得点 B 的正面投影 b'；过 a 作水平线与（1）中所作的垂线相交，然后由交点向下方量取 6 mm，即得水平投影 b，如图 2-24（c）所示。

（3）用“。”表示投影点，并擦去多余的线段，如图 2-24（d）所示。

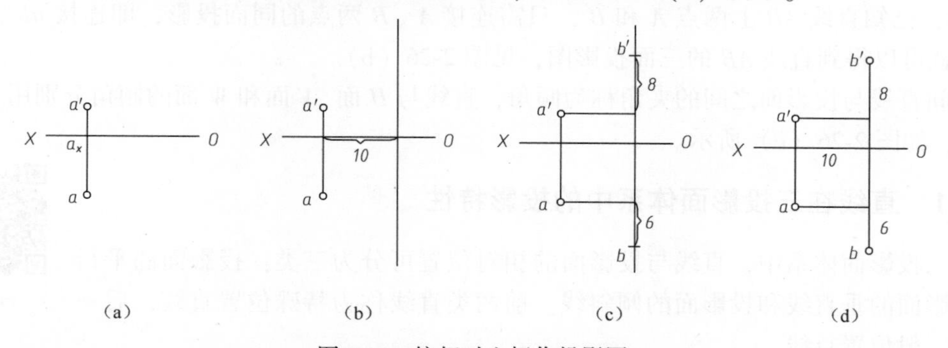

（a）　（b）　（c）　（d）

图 2-24　按相对坐标作投影图

5. 重影点及其投影的可见性

如果两个点在空间的位置处于某一投影面的同一条投射线上，则它们在该投影面上的投影必然重合，称这两点为该投影面的重影点。如图 2-25（a）中的 A 、B 两点为 H 面的重影点，C 、D 两点为 V 面的重影点。

两点重影必然出现相互遮挡问题，这里称之为可见性。由图 2-25（a）可以看出，A 、B 两点之间的坐标关系为：$X_A = X_B$ 、$Y_A = Y_B$ 、$Z_A > Z_B$ ，因此，它们的水平投影 a 、b 重合；当其向 H 面自上向下垂直投影时，A 点必然挡住 B 点；或者说，A 点可见，B 点不可见。为区别起见，通常把不可见点的投影写在一对圆括号“（）”中，比如（b）。对 C 、D 两点来说，它们之间的关系为：$X_C = X_D$ 、$Z_C = Z_D$ 、$Y_C > Y_D$ ，因此，它们的正面投影 c' 、d' 重合；当它们向 V 面由前向后垂直投影时，C 点可见，D 点不可见。A、B、C、D 的投影图如图 2-25（b）所示。

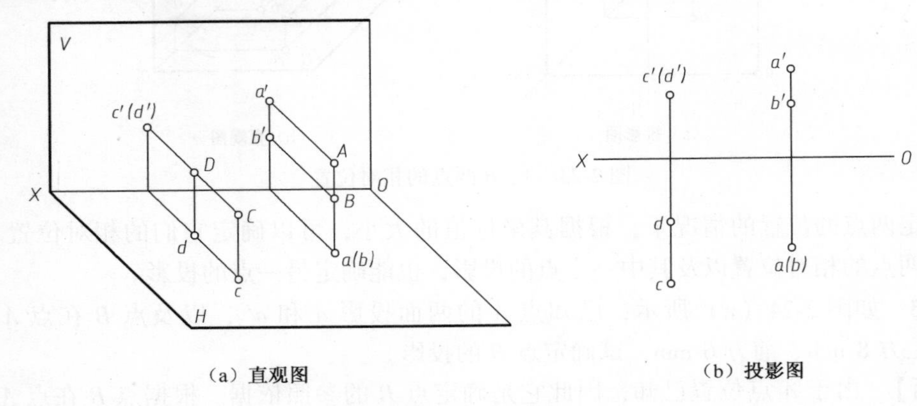

（a）直观图　　（b）投影图

图 2-25　重影点

通过以上分析可知，如果第一分角内的两个空间点在某一投影面上的投影重合，则在垂直于该投影面的方向上，坐标值较大的那个点，在该投影面上的投影是可见的。

§2.3　直线的投影

直线的投影一般仍为直线。根据两点确定一条直线的性质，作直线的投影时，通过作出确定该直线的任意两点的投影，再将这两点的同面投影相连，便可得到直线的投影。如图 2-26 所示，已知直线 AB 上两点 A 和 B ，只需连接 A 、B 两点的同面投影，即连接 ab 、$a'b'$ 和 $a''b''$ ，就可以得到直线 AB 的三面投影图，见图 2-26（b）。

空间直线与投影面之间的夹角称为倾角，直线与 H 面、V 面和 W 面的倾角分别用 α 、β 和 γ 表示，如图 2-26（c）所示。

2.3.1　直线在三投影面体系中的投影特性

在三投影面体系中，直线与投影面的相对位置可分为三类：投影面的平行线、投影面的垂直线和投影面的倾斜线。前两类直线称为特殊位置直线，后一类称为一般位置直线。

扫一扫

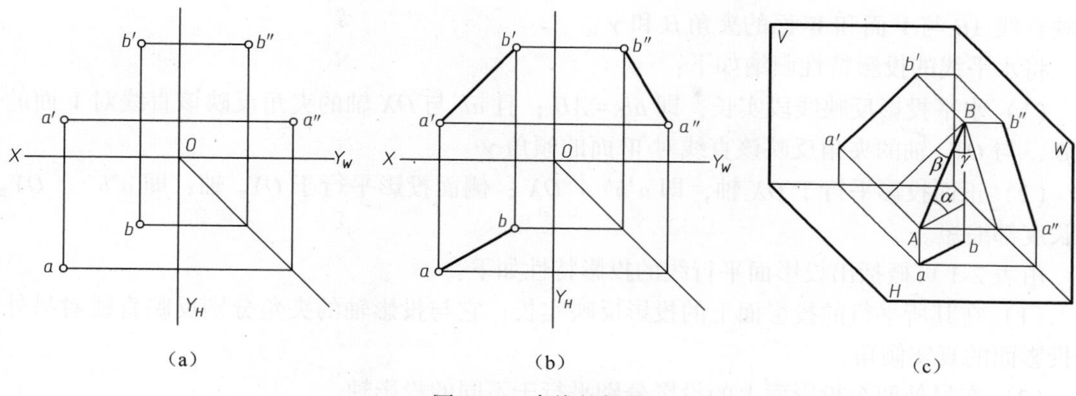

图 2-26　直线的投影

1. 投影面的平行线

平行于一个投影面而倾斜于另外两个投影面的直线称为投影面平行线，其中与 H 面平行的直线称为水平线，与 V 面平行的直线称为正平线，与 W 面平行的直线称为侧平线。它们的投影特性见表 2-1。下面以水平线 AB 为例（参照表 2-1）来介绍其投影特性。

表 2-1　投影面的平行线

名称	水　平　线	正　平　线	侧　平　线
特征	// H，对 V、W 倾斜	// V，对 H、W 倾斜	// W，对 V、H 倾斜
直观图	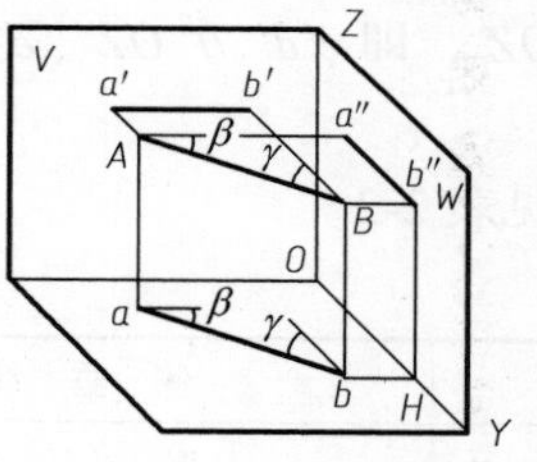	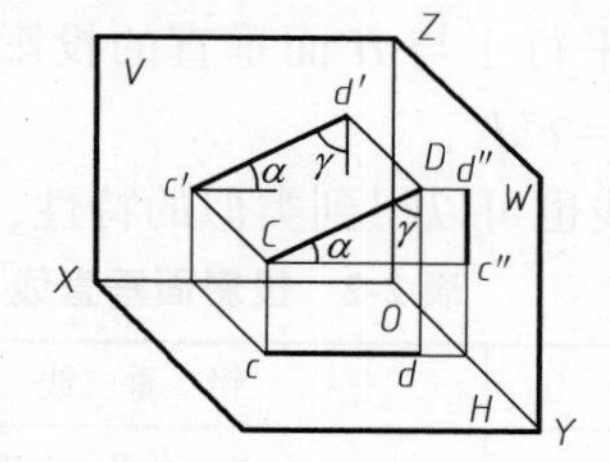	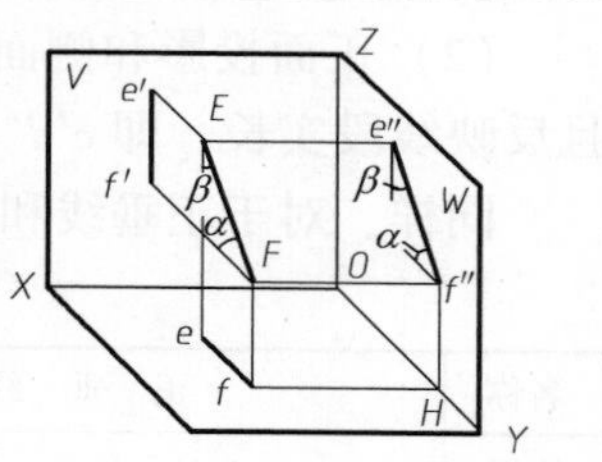
投影图	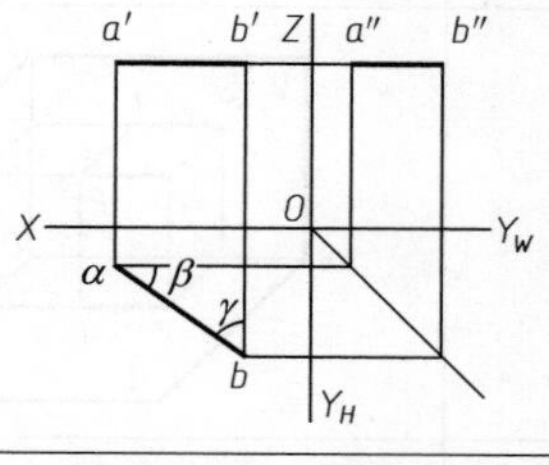	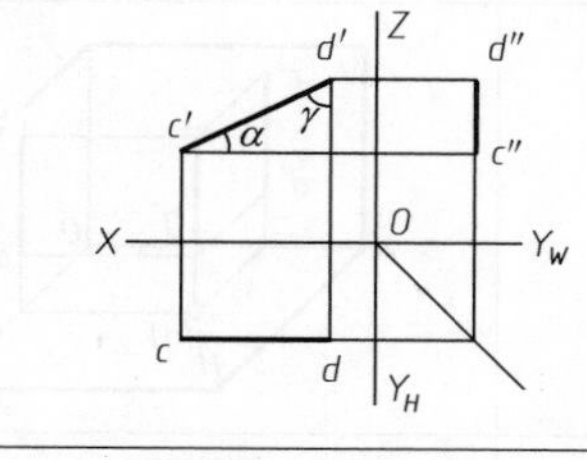	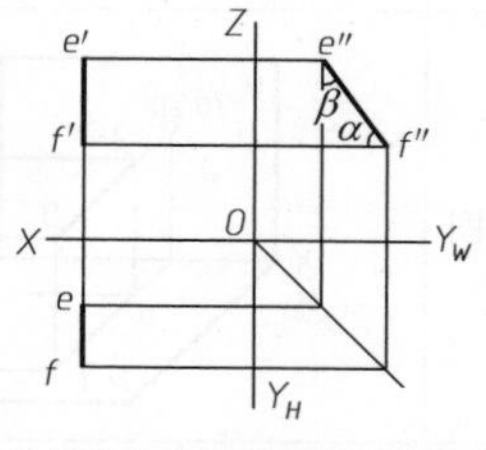
投影特性	1. 水平投影反映实长，与 OX、OY_H 轴的夹角，反映对 V 面、W 面的真实倾角 β、γ。 2. 正面投影平行于 OX 轴，侧面投影平行于 OY_W 轴，长度缩短	1. 正面投影反映实长，与 OX、OZ 轴的夹角，反映对 H 面、W 面的真实倾角 α、γ。 2. 水平投影平行于 OX 轴，侧面投影平行于 OZ 轴，长度缩短	1. 侧面投影反映实长，与 OZ、OY_W 轴的夹角，反映对 V 面、H 面的真实倾角 α、β。 2. 正面投影平行于 OZ 轴，水平投影平行于 OY_H 轴，长度缩短

AB 平行于 H 面，根据平行投影的基本性质——实形性，AB 的水平投影长 ab 等于其实长。AB 倾斜于 V 面和 W 面，根据平行投影的基本性质——相似性，AB 的正面投影长和侧面投影长均小于其实长。因为 $a'b'$ // OX、$a''b''$ // OY、ab // AB，因此，ab 与 OX、OY 轴之间的夹角

反映直线 AB 与 V 面和 W 面的夹角 β 和 γ 。

将水平线的投影特性归纳如下：

（1）水平投影反映线段实长，即 $ab = AB$ ；且 ab 与 OX 轴的夹角反映该直线对 V 面的倾角 β ，与 OY_H 轴的夹角反映该直线对 W 面的倾角 γ 。

（2）正面投影平行于 OX 轴，即 $a'b' \parallel OX$ ；侧面投影平行于 OY_W 轴，即 $a''b'' \parallel OY_W$ ，且长度都缩短。

由表 2-1 可概括出投影面平行线的投影特性如下：

（1）在其所平行的投影面上的投影反映实长；它与投影轴的夹角分别反映直线对另外两个投影面的真实倾角。

（2）在另外两个投影面上的投影分别平行于不同的投影轴。

2. 投影面的垂直线

垂直于一个投影面的直线（必然平行于另外两个投影面）称为投影面垂直线。垂直于 H 面的直线称为铅垂线，垂直于 V 面的直线称为正垂线，垂直于 W 面的直线称为侧垂线。下面以铅垂线 CD 为例（参照表 2-2）来介绍其投影特性。

因铅垂线 CD 垂直于 H 面，故当其向 H 面投影时，水平投影积聚为一个点；因它又同时平行于 V 面和 W 面，所以，CD 必平行于 V 面和 W 面的交线 OZ 轴且在这两个面上的投影反映其实长，即 $c'd' = CD = c''d''$ 。因此，其投影特性可以归纳如下：

（1）水平投影积聚为一点，即 c 与 d 重合。

（2）正面投影和侧面投影平行于与 H 面垂直的投影轴 OZ ，即 $c'd' \parallel OZ$ 、$c''d'' \parallel OZ$ ；且反映线段实长，即 $c'd' = CD = c''d''$ 。

同样，对于正垂线和侧垂线也可以得到类似的特性，参见表 2-2。

表 2-2 投影面垂直线

名称	正 垂 线	铅 垂 线	侧 垂 线
特征	$\perp V, \parallel H, \parallel W$	$\perp H, \parallel V, \parallel W$	$\perp W, \parallel V, \parallel H$
直观图	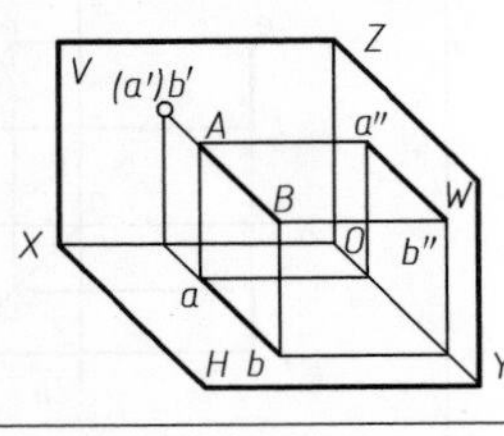	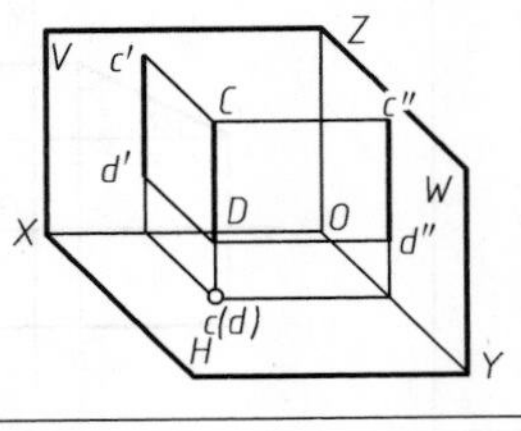	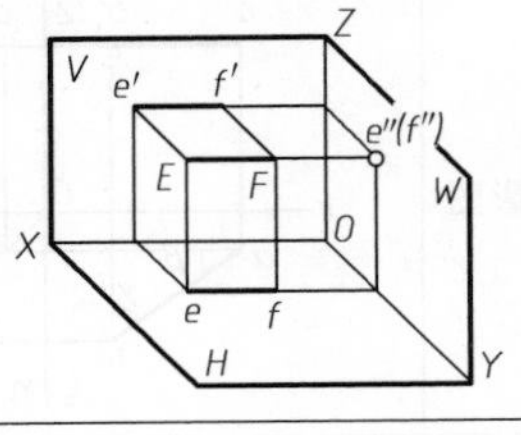
投影图	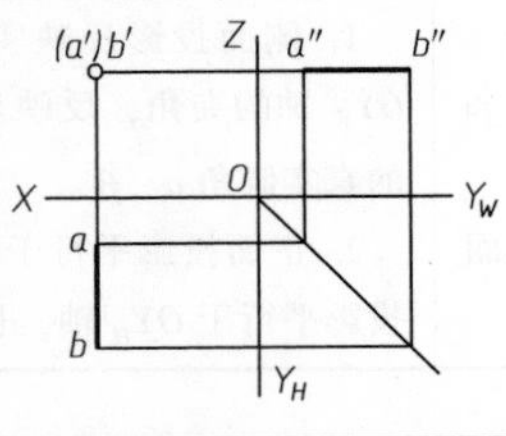	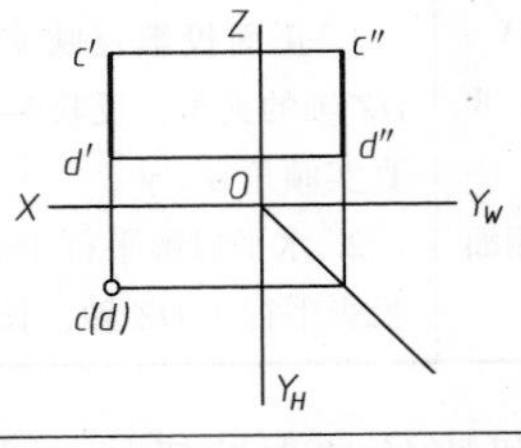	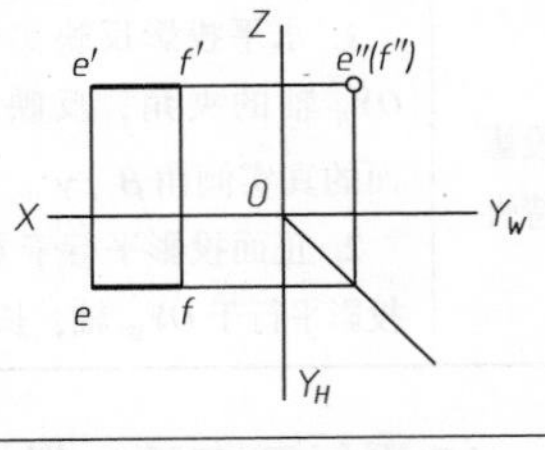
投影特性	1. 正面投影积聚成一点。 2. 水平投影、侧面投影分别平行于 OY_H 、OY_W 轴，并反映其实长	1. 水平投影积聚成一点。 2. 正面投影、侧面投影平行于 OZ 轴，并反映其实长	1. 侧面投影积聚成一点。 2. 正面投影、水平投影平行于 OX 轴，并反映其实长

由表 2-2 可概括出投影面垂直线的投影特性如下：

（1）在其所垂直的投影面上的投影积聚为一点。

（2）在另外两个投影面上的投影分别垂直于不同的投影轴，且反映实长。

3. 一般位置直线

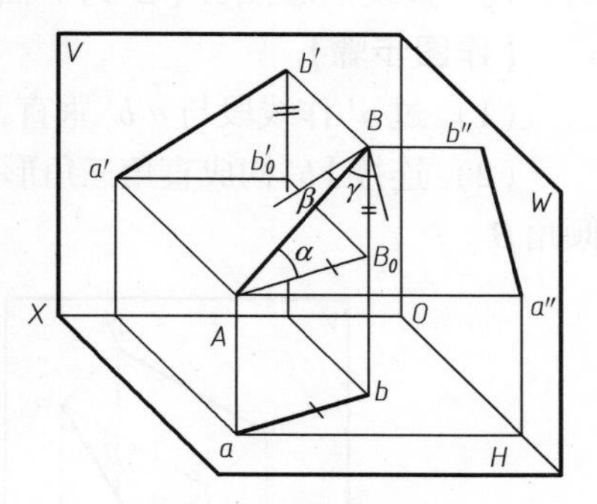

图 2-27　一般位置直线

一般位置直线相对于三个投影面都是倾斜的。如图 2-27 所示，如果过点 A 作线段 $AB_0 /\!/ ab$，交 Bb 于 B_0，则 $AB_0 = ab$。在 $Rt\triangle AB_0B$ 中，AB_0 为直角边，其长度小于 AB，所以，$ab < AB$，而 $\angle BAB_0$ 反映直线 AB 与投影面 H 的夹角 α。因此，ab 与 OX、OY 的夹角都不反映倾角 α。同理，AB 在其他两个投影面的投影也存在类似特性。故可归纳出一般位置直线的投影特性如下：

（1）三个投影都与投影轴倾斜且都小于其实长。

（2）各个投影与投影轴的夹角都不反映直线对投影面的倾角。

由上述得知，一般位置直线的投影图不反映线段的实长及其与投影面的倾角。但在工程上，又常常需要在投影图上用作图的方法求出线段的实长及其与投影面的倾角，下面将介绍这一问题的图解方法。

4. 直角三角形法求一般位置直线的实长及其对投影面的倾角

（1）分析。如图 2-27 所示，在直角三角形 AB_0B 中，斜边 AB 就是要求的实长，$\angle BAB_0$ 反映其与 H 面的倾角 α。如果能够在平面上构造出这个直角三角形，问题就解决了。由于两个直角边的长度具有关系 $AB_0 = ab$ 和 $BB_0 = b'b_0' = Z_B - Z_A$（直线两端点 A 和 B 到水平投影面的距离之差），因此其长度可以直接从投影图上量取。这样，由这两个直角边便可以直接作出直角三角形 AB_0B。

（2）作图方法。如图 2-28（a）所示，过任意一点 B_0 作两条相互垂直的射线，在这两条线上从 B_0 起分别截取 ab 长和 $Z_B - Z_A$ 长（图中分别用记号“\”和“=”标记），得到 A、B 两点，连接 A、B 两点形成直角三角形。为了简便作图，常以投影图中现有的线作为一个直角边，如图 2-28（b）、（c）所示。

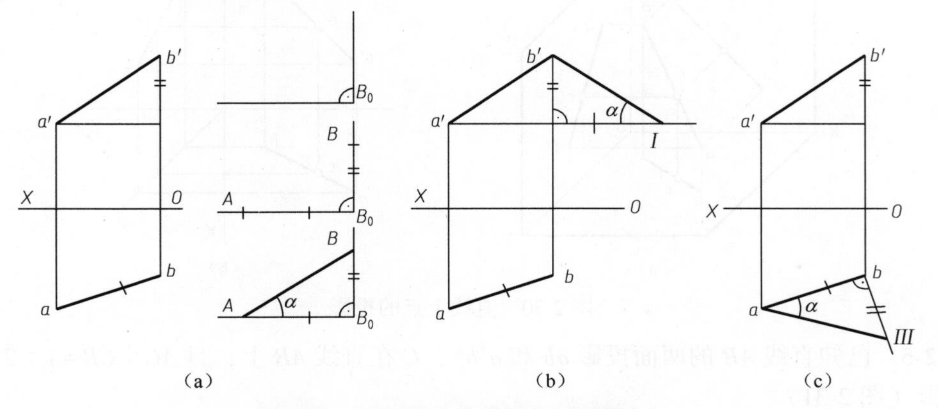

图 2-28　一般位置线段的实长及倾角 α

例 2-4 用作图法求线段 AB 的实长及 β 角。

【分析】 如图 2-29（a）所示，过 B 点作 $BA_0 /\!/ b'a'$，交 Aa' 于 A_0，构成直角 $\triangle AA_0B$，其斜边 AB 是所求实长，$\angle ABA_0$ 反映夹角 β。两条直角边的长度已知，即 $BA_0 = a'b'$，$AA_0 = Y_A - Y_B$（直线两端点 A、B 到 V 面的距离差），可在投影图上量取。

【作图步骤】

（1）过 a' 作线段与 $a'b'$ 垂直，并在该线段上截取 $a'\text{I} = aa_0$ 定下 I 点，如图 2-29（b）所示。

（2）连接 Ib' 构成直角三角形，如图 2-29（c）所示。Ib' 为 AB 实长，$\angle a'b'\text{I}$ 等于 AB 与 V 面的倾角 β。

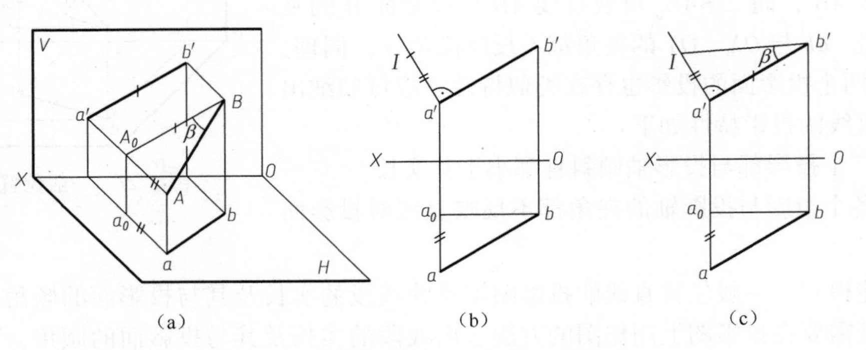

图 2-29 求一般位置线段的实长及倾角 β

同理，线段与 W 面的夹角 γ 也可以同样求出，只不过这时需要利用侧面投影，其原理和作图方法与前述相同。

扫一扫

2.3.2 直线上的点

如图 2-30 所示，点 C 在直线 AB 上。根据平行投影的基本性质，则 C 点在向三个投影面投影过程中，投影点 c、c' 和 c'' 必定分别在直线 AB 的同面投影 ab、$a'b'$ 和 $a''b''$ 上，并且 $AC:CB = ac:cb = a'c':c'b' = a''c'':c''b''$。因此，可得出以下结论：点在直线上，则点的各个投影必在该直线的同面投影上，且该点分两线段长度之比等于其各段投影长度之比。

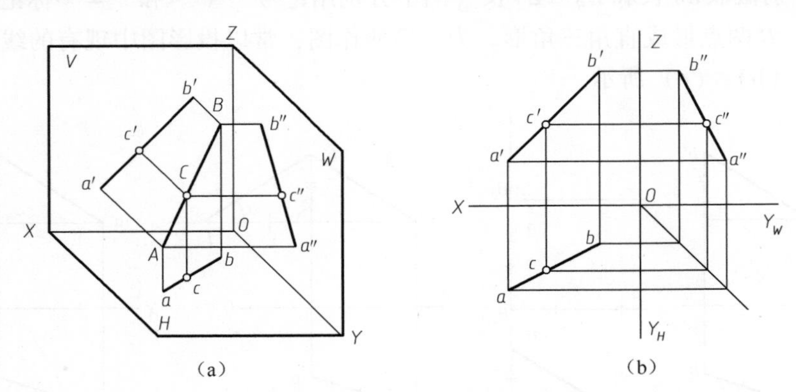

图 2-30 直线上点的投影

例 2-5 已知直线 AB 的两面投影 ab 和 $a'b'$，C 在直线 AB 上，且 $AC:CB=1:2$。求作 C 点的投影（图 2-31）。

【分析】　根据直线上点的投影特性，因此有 $ac:cb=a'c':c'b'=1:2$ 的比例关系。

【作图步骤】

（1）将 ab 三等分，得到 c 点，如图 2-31 所示。

（2）根据点的投影规律，可确定 c'，c 和 c' 即为所求。

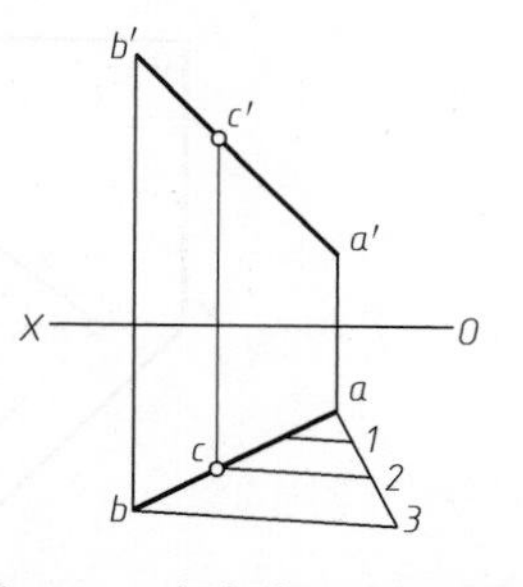

图 2-31　求直线上点的投影

例 2-6　已知侧平线 AB 的两面投影和该直线上 S 点的正面投影 s'，如图 2-32（a）所示，求其水平投影 s。

【分析】　根据直线上点的投影特性，即点在直线上，其投影应在直线的同面投影上。可以肯定 s 点应该在 ab 上；但这时的 ab 处于特殊位置，仅利用这一投影特性，尚无法确定 s 点的确切位置。此时不妨换个角度来考虑，一种方式仍利用直线的两面投影和上述点在直线上的投影性质，即首先求出其 AB 的侧面投影 $a''b''$ 和 S 点的侧面投影 s''，然后用点的投影规律由 s''、s' 求出 s 点；另一种方式是进一步利用点在直线上投影的后续性质，即点分线段成比例（$a's':s'b'=as:sb$）。

【作图步骤】

方法一：

（1）由 AB 的两面投影 ab 和 $a'b'$ 求出侧面投影 $a''b''$，如图 2-32（b）所示。

（2）利用直线上点的投影特性，确定 s'' 点，如图 2-32（c）所示。

（3）利用点的三面投影规律，确定 s 点，如图 2-32（d）所示。

方法二：

（1）过 a 任作一条辅助线，在该线段上量取 $as_0=a's'$、$s_0b_0=s'b$，如图 2-32（e）所示。

（2）连接 b_0b，并由 s_0 作 $s_0s \parallel b_0b$，交 ab 于 s 点，如图 2-32（f）所示。

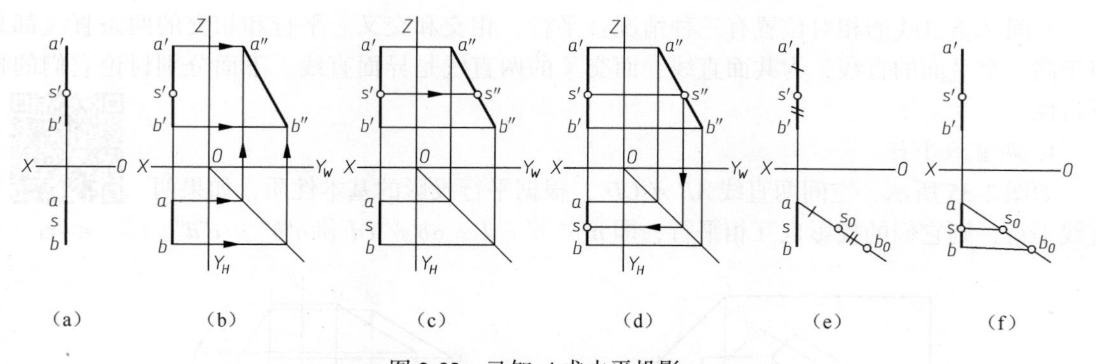

图 2-32　已知 s' 求水平投影 s

2.3.3　直线的迹点

直线与投影面的交点称为直线的迹点。如图 2-33 所示，直线与水平面 H 的交点称为水平迹点，记为 $M(m, m', m'')$；直线与正面 V 的交点称为正面迹点，记为 $N(n, n', n'')$；直线与侧面 W 的交点称为侧面迹点，记为 $S(s, s', s'')$（图中没有示出侧面迹点 S）。

由于迹点是直线与投影面的交点，所以，迹点既是直线上的点，也是投影面上的点。因此，迹点的投影必然同时具有直线上的点和投影面上的点的投影特性。如图 2-33 所示，水平

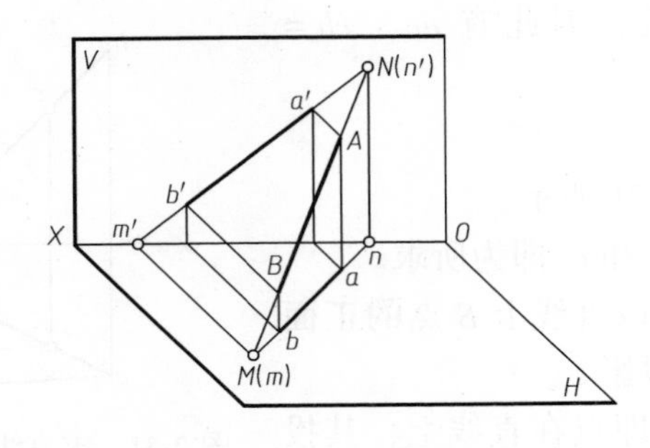

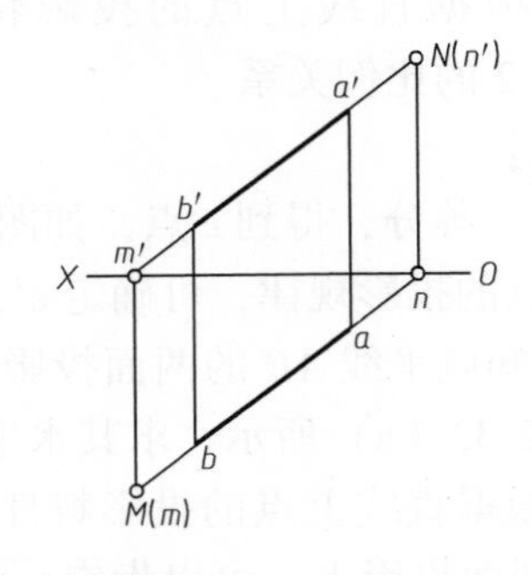

图 2-33　直线的正面迹点与水平迹点

迹点 M 是 H 面上的点，所以，其 Z 坐标为零，即其正面投影 m' 必在 OX 轴上；又由于迹点 M 是直线 AB 上的点，故 m' 一定在 $a'b'$ 上。这样，m' 就应该是 OX 轴与 $a'b'$ 的交点。因此，求直线 AB 的水平迹点 M 的作图步骤如下：

（1）延长直线 AB 的正面投影 $a'b'$ 与 OX 轴相交，其交点就是水平迹点 M 的正面投影 m'，如图 2-34 所示。

（2）自 m' 作 OX 轴的垂线与 ab 的延长线相交，即得水平迹点 M 的水平投影 m（M 点与 m 重合）。

同样，求直线 AB 的正面迹点 N 时，必须先延长直线 AB 的水平投影 ab 与 OX 轴相交（由于作图过程与上述类似，故图 2-34 中只给出最后结果）。

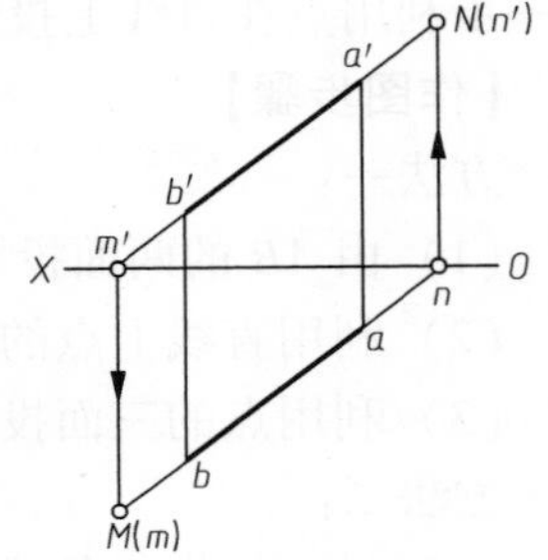

图 2-34　求直线 AB 的迹点

2.3.4　两直线的相对位置

空间两条直线的相对位置有三种情况：平行、相交和交叉。平行和相交的两条直线都是属于同一个平面的直线，为共面直线；而交叉的两直线是异面直线。下面分别讨论它们的投影特性。

扫一扫

1. 两直线平行

如图 2-35 所示，空间两直线 $AB // CD$，根据平行投影的基本性质，如果两直线平行，则它们的投影也互相平行，即 $a'b' // c'd'$、$ab // cd$ 和 $a''b'' // c''d''$。

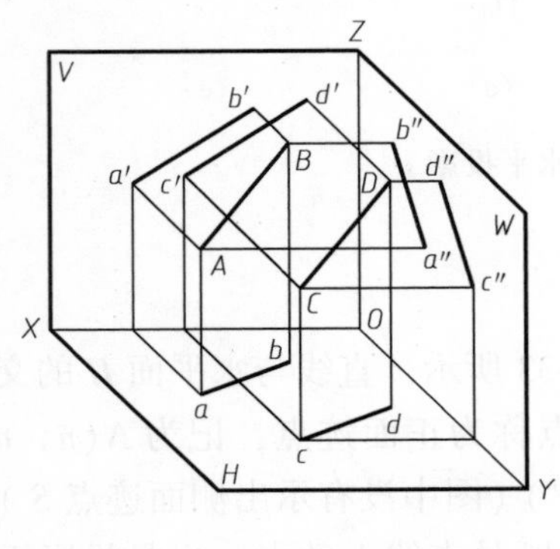

（a）直观图

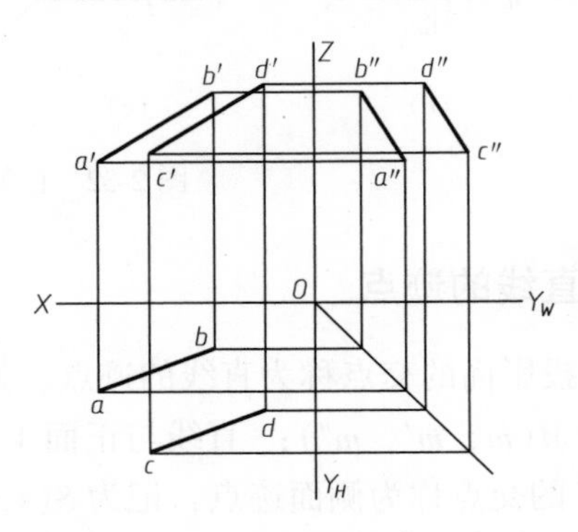

（b）投影图

图 2-35　两直线平行

例2-7　图2-36（a）给出两条侧平线AB、CD的两面投影，其中，$ab \parallel cd$、$a'b' \parallel c'd'$，试判断两直线AB与CD是否平行？

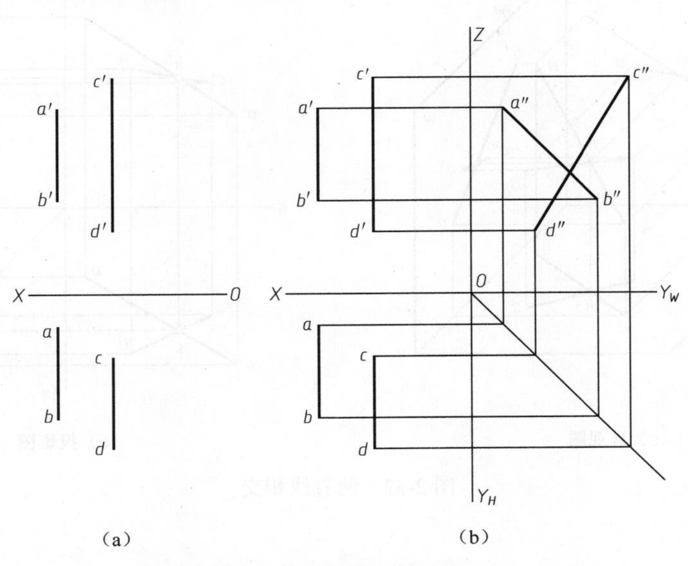

（a）　　　　　　　（b）

图2-36　判断两直线是否平行

【分析】　由于侧平线的正面投影平行于OZ轴、水平投影平行于OY_H轴，所以，两条侧平线AB与CD的正面投影和水平投影都互相平行是必然的，即$ab \parallel cd$、$a'b' \parallel c'd'$。但并不能由此得出任何结论，关键要看AB与CD的侧面投影怎么样？如果侧面投影$a''b''$与$c''d''$平行，则AB与CD平行；否则，就不平行。

【作图步骤】

（1）依据图2-36（a）分别求出其侧面投影，见图2-36（b）。

（2）检查侧面投影$a''b''$与$c''d''$是否平行。图2-36（b）中$a''b''$与$c''d''$不平行，故AB与CD不平行。

2. 两直线相交

如图2-37所示，空间两直线AB与CD相交于点K。由于交点K是两直线仅有的一个公共点，所以K点的水平投影k一定是ab与cd的交点。同样，k'是$a'b'$与$c'd'$的交点、k''是$a''b''$与$c''d''$的交点。因为k、k'和k''是同一点K的三面投影，所以，它们必然符合点的投影规律。由此可得相交两直线的投影特性如下：若两直线相交，则它们的三对同面投影都相交，且交点的投影符合点的投影规律。反之，若两直线的三对同面投影都相交，且交点的投影符合点的投影规律，则此两直线在空间必定相交。

例2-8　如图2-38（a）所示，AB为一般位置直线，CD为侧平线，试判别这两条直线是否相交？

【分析】　从图2-38（a）可以看出，其正面投影和水平投影都是相交的，但鉴于CD为侧平线这一特殊性，故此时还不能断定相交。这时可以形成两种思路：①进一步检查侧面投影的情况；②检查现有的两个交点是否满足交点的投影规律。因此，形成了两种不同的判别方法。

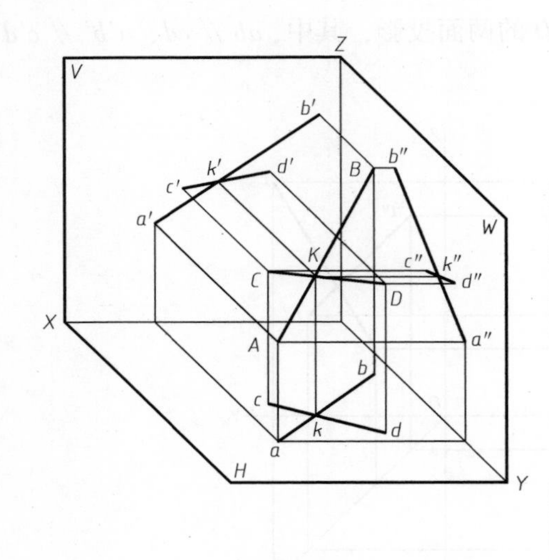

（a）直观图

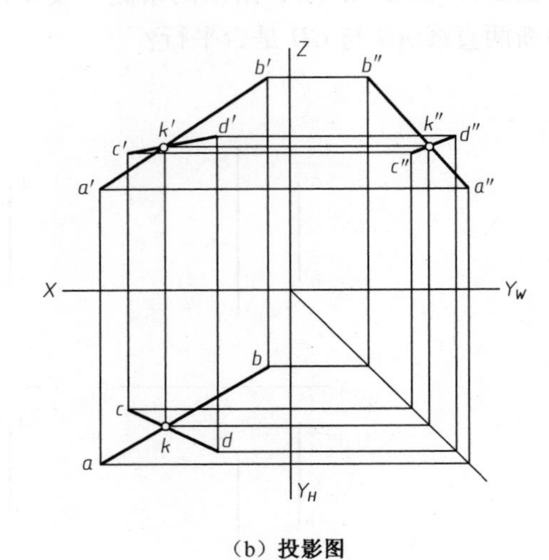

（b）投影图

图 2-37 两直线相交

【作图步骤】

方法一：

（1）根据给定的两面投影，求出直线 AB 与 CD 的侧面投影 $a''b''$ 与 $c''d''$，如图 2-38（b）所示。

（2）检查侧面投影，判别两直线是否相交。

虽然图 2-38（b）中 $a'b'$ 与 $c'd'$ 相交，但此时的三个同面投影的交点并不符合点的投影规律（侧面投影的交点与正面投影的交点不在同一条垂直于 OZ 轴的连线上），故可判定 AB 与 CD 不相交。

方法二：

（1）过 c 任作一条直线段，在该线上分别截取 $cE_0 = c'e'$、$E_0D_0 = e'd'$。

（2）分别连接 e 与 E_0、d 与 D_0，并检查其是否平行。

显然，图 2-38（c）中 eE_0 与 dD_0 不平行。这说明 E 点不在直线 CD 上，故 AB 与 CD 不相交。

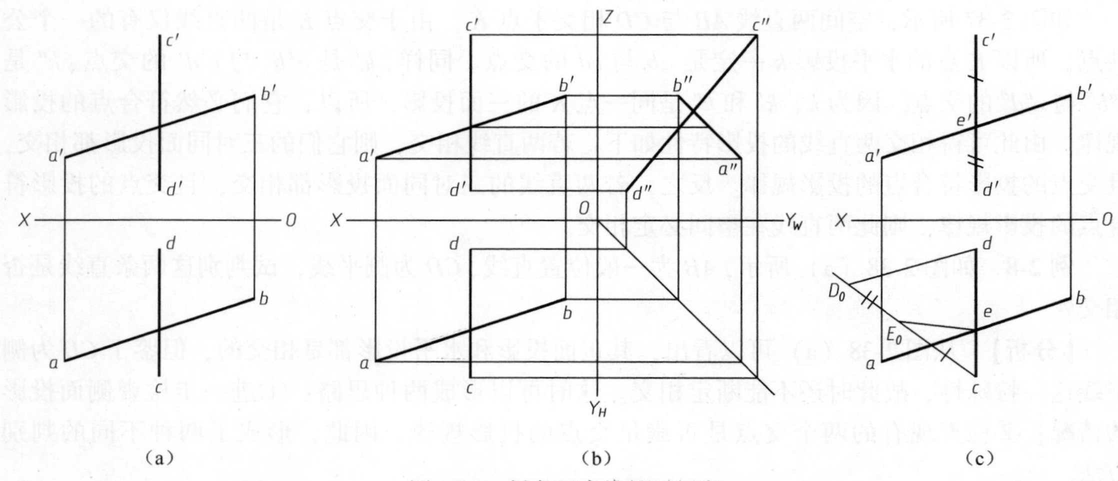

（a） （b） （c）

图 2-38 判定两直线是否相交

如果两条直线都是一般位置直线，根据两直线的任意两个投影，即可判定两直线是否相交。但是，如果两直线中有一条直线平行于某一投影面，则必须看直线所平行的投影面上的投影是否相交以及交点是否符合点的投影规律。此外，也可以利用点分线段成定比的性质进行判定。

3. 两直线交叉

如果空间两直线既不平行也不相交，则称为两直线交叉。交叉两直线不存在共有点，但会存在重影点。交叉两直线的投影有时可表现为三对同面投影相交，但交点的投影不符合点的投影规律，如图 2-38（b）所示；也可以表现为两对同面投影相交，一对同面投影平行，如图 2-39 所示，或一对同面投影相交，其余两对投影平行，如图 2-36（b）所示。根据以上特点就能确切地判别空间两直线是否为交叉两直线。对于两条一般位置直线，只需要两对同面投影就可以进行判别，如图 2-39 所示。

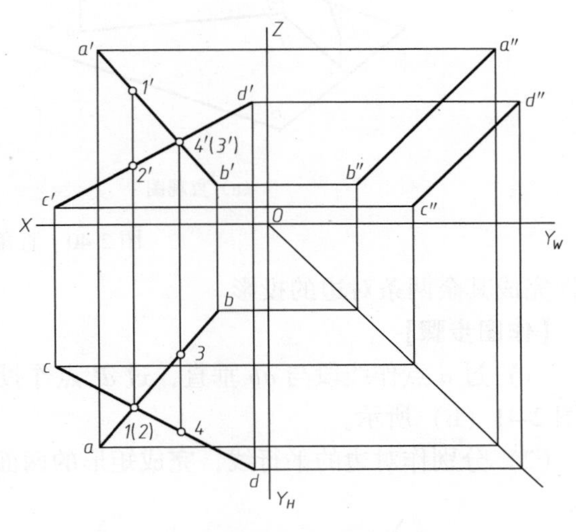

图 2-39　两直线交叉

交叉两直线同面投影的交点是空间一条直线（如 AB）上的某点与另一条直线（如 CD）上的某点对该投影面投影的重影点。比如，图 2-39 中 ab 和 cd 的交点实际上是 AB 上的 Ⅰ 点与 CD 上的 Ⅱ 点对 H 面投影的重影点。由于 $Z_{\mathrm{I}} > Z_{\mathrm{II}}$，所以垂直于 H 面从上向下看时，Ⅰ 点可见、Ⅱ 点不可见。同理，$a'b'$ 和 $c'd'$ 的交点，实际上也是 AB 直线上的 Ⅲ 点与 CD 直线上的 Ⅳ 点对 V 面投影的重影点。由于 $Y_{\mathrm{III}} < Y_{\mathrm{IV}}$，故垂直于 V 面从前向后看时，Ⅲ 点不可见、Ⅳ 点可见。

2.3.5　直角投影定理

当两条互相垂直的直线同时平行于某一投影面时，在该投影面上的投影反映直角；如果这两条直线都不平行于投影面，其投影不是直角；若其中有一条直线平行于投影面，其投影又如何呢？

如图 2-40（a）所示，相交两直线 $AB \perp BC$，其中 $AB /\!/ H$ 面，BC 倾斜于 H 面。因为 $AB /\!/ H$ 面，所以，$ab /\!/ AB$、$AB \perp Bb$，又 $AB \perp BC$，则直线 $AB \perp$ 平面 $BbcC$，即 $ab \perp$ 平面 $BbcC$，因此，$ab \perp bc$。其投影图如图 2-40（b）所示。反之，若 $ab \perp bc$ 且 $AB /\!/ H$ 面，则同样可证 $AB \perp BC$。

由此可得出结论：两条互相垂直的直线（相交或交叉），如其中有一条直线平行于某一投影面，则两直线在该投影面上的投影仍互相垂直。反之，若两条直线在某一投影面上的投影互相垂直，且其中有一条直线是该投影面的平行线，则这两条直线在空间必定互相垂直。通常称此为直角投影定理。

例 2-9　已知矩形 $ABCD$ 的边 AB 为水平线，试完成图 2-41（a）中矩形的两面投影。

【分析】　由于矩形的邻边互相垂直，而 AB 又为水平线，根据直角投影定理，ad 应与 ab 垂直，因此，AD 的两面投影确定。因为矩形的对边互相平行，故可以借助平行两直线的投影

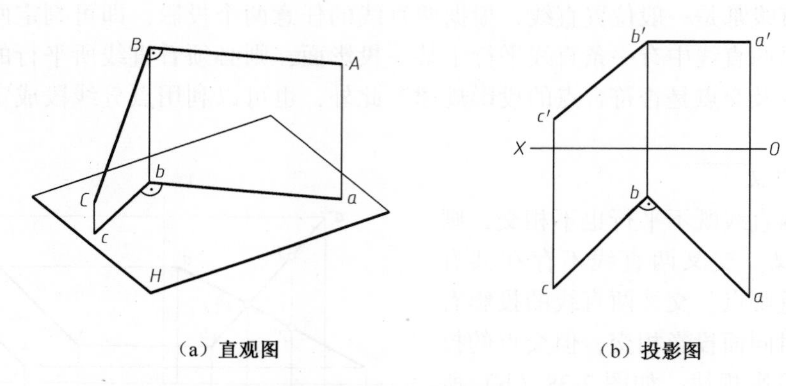

（a）直观图　　（b）投影图

图 2-40　直角投影定理

特性完成其余两条对边的投影。

【作图步骤】

（1）过 a 点作线段与 ab 垂直，过 d' 点作投影连线与 OX 轴垂直，两条垂线相交于点 d，如图 2-41（b）所示。

（2）分别作对边的平行线，完成矩形的两面投影，如图 2-41（c）所示。

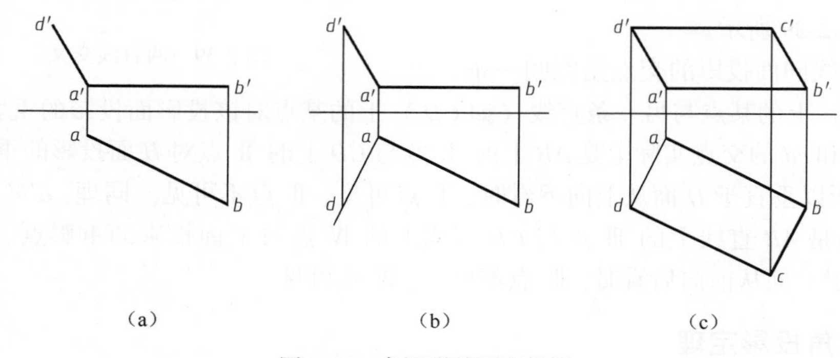

（a）　　（b）　　（c）

图 2-41　求矩形的两面投影

例 2-10　如图 2-42（a）所示，给定点 A 和水平线 MN，试在 MN 上确定点 B 与 C 构成等腰直角三角形 ABC，其中 $\angle B$ 为直角。

【分析】

（1）因为 BC 为一条直角边，则另一直角边为 AB，且 $AB \perp BC$。因为 BC 是水平线，根据直角投影定理，它们的水平投影应反映直角即 $ab \perp bc$，依此可以确定 AB 的两面投影，但还确定不了 BC。

（2）因为 BC 是水平线，其水平投影反映其实长，又知道 $BC = AB$。如果能知道 AB 的实长，问题也就解决了。因此，确定 AB 的投影后应求出 AB 的实长。

【作图步骤】

（1）过 a 点作线段垂直 mn 交于点 b，并过 b 作投影连线与 OX 轴垂直交 $m'n'$ 于 b'，连接 $a'b'$，如图 2-42（b）所示。

（2）利用直角三角形法求出直线 AB 的实长 a'Ⅰ，并在 mn 上截取 $bc = a'$Ⅰ 得点 c，并确定 c'，如图 2-42（b）所示。

（3）连接并加深 $\triangle ABC$ 的两面投影，如图2-42（c）所示。本题有两解，图中只示出一解。

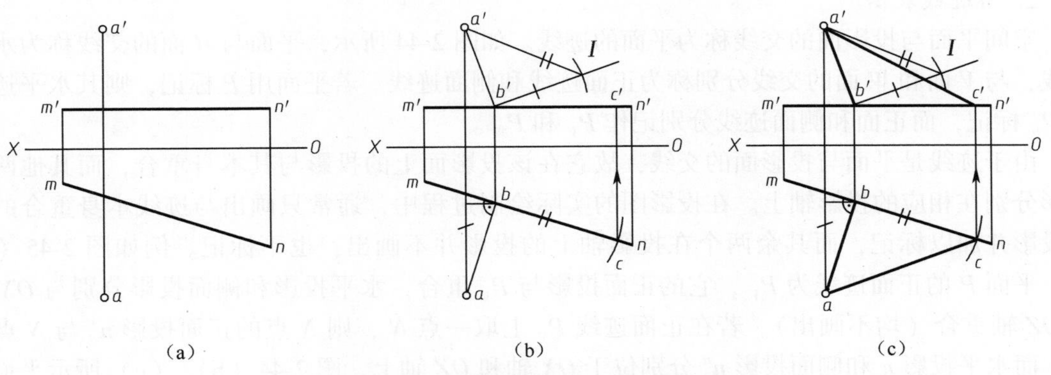

图2-42　完成等腰直角三角形的投影

§2.4　平面的投影

扫一扫

2.4.1　平面的表示法

1. 用几何元素表示平面

由初等几何可知，平面可以由一组几何元素确定，因此利用几何元素的投影可以表示平面。一个平面可由下列任一组几何元素确定：

（1）不在同一直线上的三点，见图2-43（a）。

（2）一条直线和直线外的一点，见图2-43（b）。

（3）相交两直线，见图2-43（c）。

（4）平行两直线，见图2-43（d）。

（5）任意平面图形，见图2-43（e）。

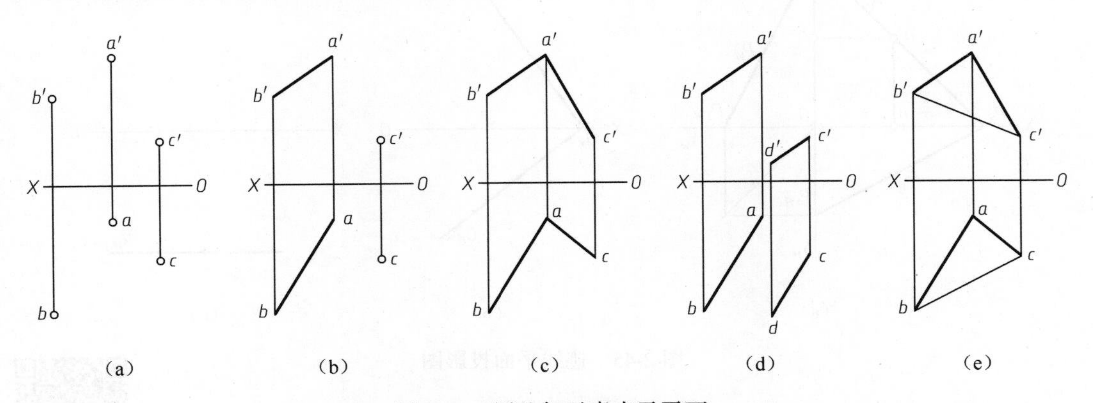

图2-43　用几何元素表示平面

上述几种平面的表示形式是可以相互转换的。对于一个平面来说，无论采用平面内的何种几何元素来表示，其空间位置是不变的。

2. 用迹线表示

空间平面与投影面的交线称为平面的迹线。如图 2-44 所示，平面与 H 面的交线称为水平迹线，与 V 面和 W 面的交线分别称为正面迹线和侧面迹线。若平面用 P 标记，则其水平迹线用 P_H 标记，而正面和侧面迹线分别记作 P_V 和 P_W。

由于迹线是平面与投影面的交线，故它在该投影面上的投影与其本身重合，而其他两个投影分别在相应的投影轴上。在投影图的实际绘制过程中，通常只画出与迹线本身重合的那个投影并加以标记，而其余两个在投影轴上的投影并不画出，也不标记。例如图 2-45（a）中，平面 P 的正面迹线为 P_V，它的正面投影与 P_V 重合，水平投影和侧面投影分别与 OX 轴和 OZ 轴重合（均不画出）。若在正面迹线 P_V 上取一点 N，则 N 点的正面投影 n' 与 N 点重合，而水平投影 n 和侧面投影 n'' 分别位于 OX 轴和 OZ 轴上。图 2-44（b）、（c）所示平面 Q 和 R 的迹线表示分别如图 2-45（b）、（c）所示。

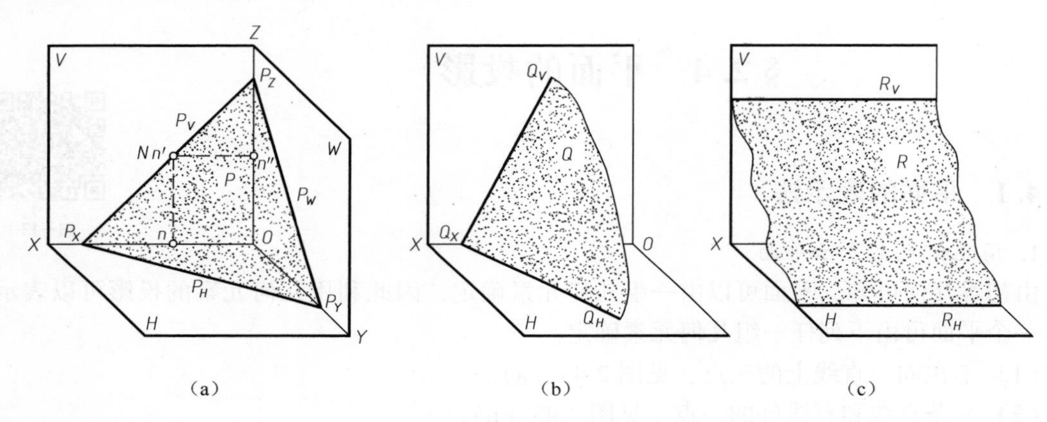

（a）（b）（c）

图 2-44 用迹线表示的平面

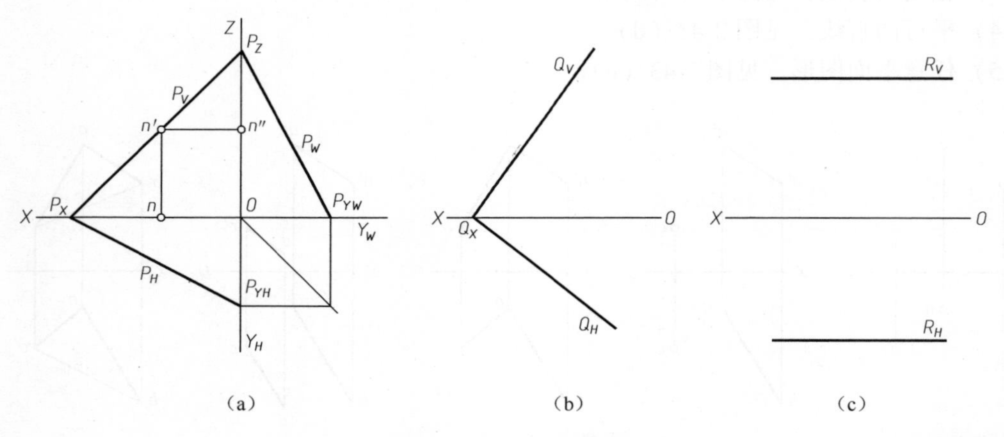

（a）（b）（c）

图 2-45 迹线平面投影图

2.4.2 平面对投影面的相对位置及其投影特性

根据平面与三个投影面之间的相对位置关系，可将平面分为三类：平行于

扫一扫

一个投影面的平面——投影面的平行面（简称平行面）、垂直于一个投影面而倾斜于另外两个投影面的平面——投影面的垂直面（简称垂直面）、对三个投影面都倾斜的平面——一般位置平面。其中，前两类平面统称为特殊位置平面。

平面与投影面的夹角称为倾角。平面与 H、V 和 W 面的倾角分别用 α、β 和 γ 表示。

1. 投影面的平行面

根据所平行的投影面的不同，平行面分为平行于 V 面、垂直于 H 面和 W 面的正平面，平行于 H 面、垂直于 V 面和 W 面的水平面，平行于 W 面、垂直于 V 面和 H 面的侧平面。其投影特性见表 2-3。

表 2-3 投影面的平行面的投影特性

名称	水平面	正平面	侧平面
特征	// H 面，同时 ⊥ 于 V 和 W	// V 面，同时 ⊥ 于 H 和 W	// W 面，同时 ⊥ 于 H 和 V
直观图	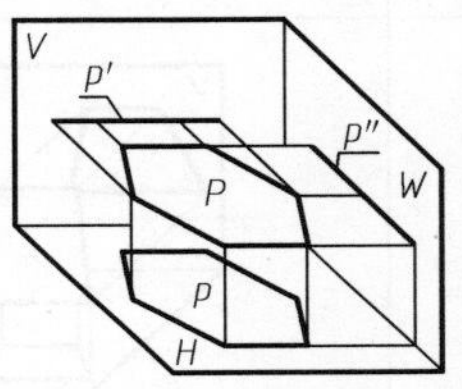	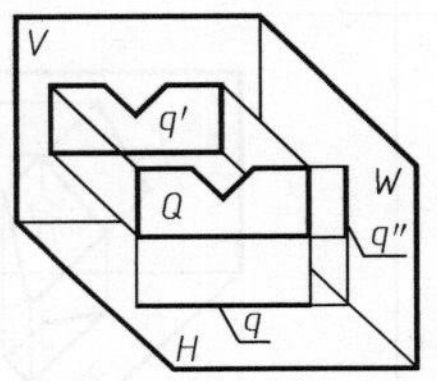	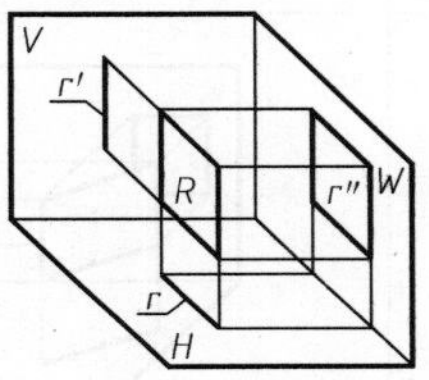
投影图	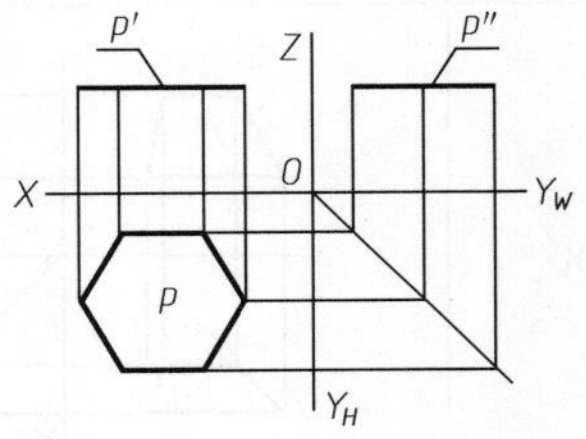	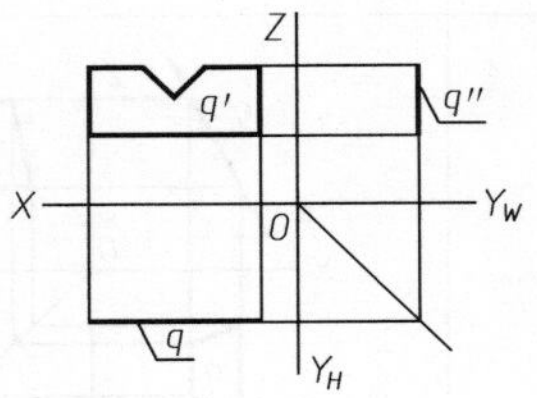	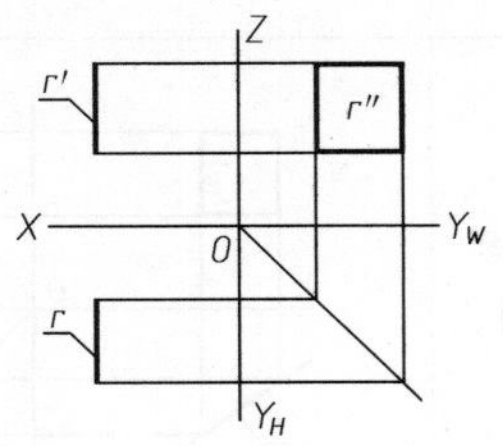
投影特性	1. 水平投影反映实形。 2. 正面和侧面投影都积聚成一直线段，且分别平行于 OX 和 OY_W 轴。 3. 用迹线表示时，正面和侧面迹线分别平行于 OX 和 OY_W 轴	1. 正面投影反映实形。 2. 水平投影和侧面投影积聚成一直线段，且分别平行于 OX 和 OZ 轴 3. 用迹线表示时，水平和侧面迹线分别平行于 OX 和 OZ 轴	1. 侧面投影反映实形。 2. 正面投影和水平投影积聚成一直线段，且分别平行于 OZ 和 OY_H 轴。 3. 用迹线表示时，正面和水平迹线分别平行于 OZ 和 OY_H 轴

归纳表 2-3 的内容，可得投影面的平行面的投影特性如下：

（1）在所平行的投影面上的投影反映实形。

（2）另外两个投影面上的投影都积聚成一直线段，且分别平行于相应的投影轴。

当用迹线表示平行面时，比如水平面，则没有水平迹线。如图 2-46 所示，正面迹线和侧面迹线仍保持水平面相应投影的特征，即分别平行于 OX 轴和 OY_W 轴。

2. 投影面的垂直面

垂直面分为垂直于 H 面、倾斜于 V 面和 W 面的铅垂面，垂直于 V 面、倾斜于 H 面和 W 面的正垂面，垂直于 W 面、倾斜于 V 面和 H 面的侧垂面。其投影特性见表 2-4。

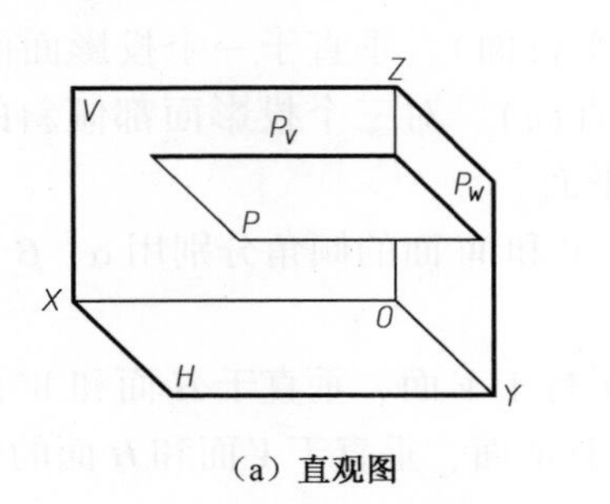

（a）直观图

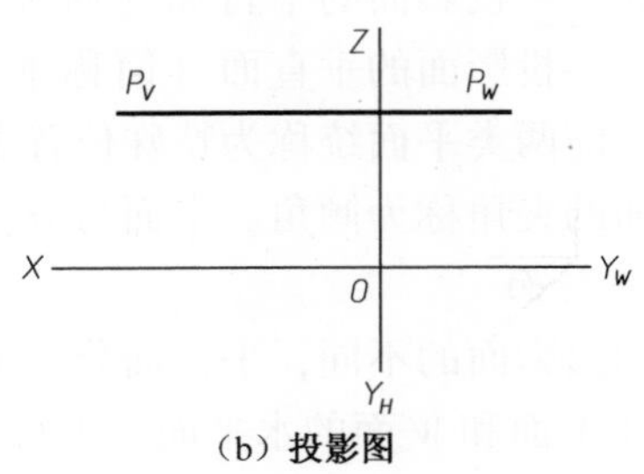

（b）投影图

图 2-46　水平面的迹线

表 2-4　投影面的垂直面的投影特性

名称	铅　垂　面	正　垂　面	侧　垂　面
特征	⊥ H 且与 V 面、W 面倾斜	⊥ V 且与 H 面、W 面倾斜	⊥ W 且与 H 面、V 面倾斜
直观图			
投影图			
投影特性	1. 水平投影积聚为一条倾斜直线段，该线段与 OX、OY_H 轴的夹角即为该平面与 V、W 面的倾角 β 和 γ。 2. 正面和侧面投影为其类似形	1. 正面投影积聚为一条倾斜直线段，该线段与 OX、OZ 轴的夹角即为该平面与 H、W 面的倾角 α 和 γ。 2. 水平投影和侧面投影为其类似形	1. 侧面投影积聚为一条倾斜直线段，该线段与 OY_W、OZ 轴的夹角即为该平面与 H、V 面的倾角 α 和 β。 2. 水平投影和正面投影为其类似形

归纳表 2-4 的内容，可得投影面的垂直面的投影特性如下：

（1）在其垂直的投影面上的投影积聚成一条倾斜的直线，其投影与投影轴的夹角分别反映平面对另外两个投影面的真实倾角。

（2）在另外两个投影面上的投影为原形的类似形。

3. 一般位置平面

如图 2-47 所示，一般位置平面倾斜于三个投影面 H、V 和 W，因此它的三个投影均为空间平面的类似形。也就是说，它的三个投影既没有积聚性，也不能反映实形，只能为空间图形的类似形。

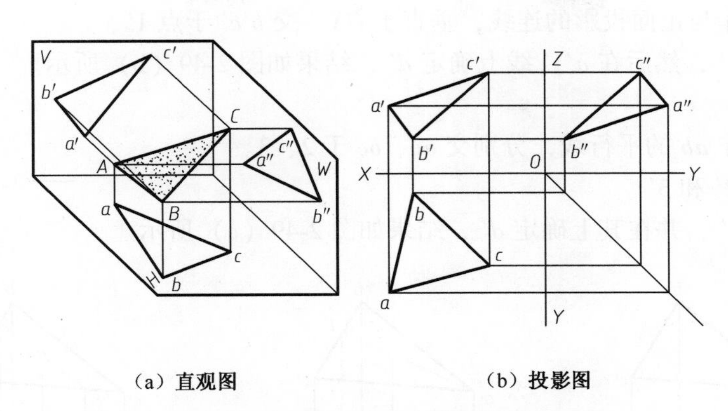

（a）直观图　　（b）投影图

图 2-47　一般位置平面的投影特性

扫一扫

2.4.3　平面内的点和直线

2.4.3.1　在特殊位置平面上定点、定线

特殊位置平面是指投影面的平行面与垂直面。由于这两种位置平面具有积聚性的投影，故在这类平面上定点和定线时，可以利用其积聚性的投影。

如图 2-48 所示，正平面 ABC 的水平投影积聚为直线段 abc 且平行于 OX 轴。如欲在此平面上取一点 $E(e, e')$ ，只要把 E 点的水平投影 e 取在 abc 线段或其延长线上，E 点就一定在 $\triangle ABC$ 所确定的平面内；对 $F(f, f')$ 点而言，其正面投影 f' 虽然在 $\triangle a'b'c'$ 之外，但其水平投影点 f 仍在平面的水平投影 abc 线上，所以，F 点一定在 $\triangle ABC$ 所确定的平面内。

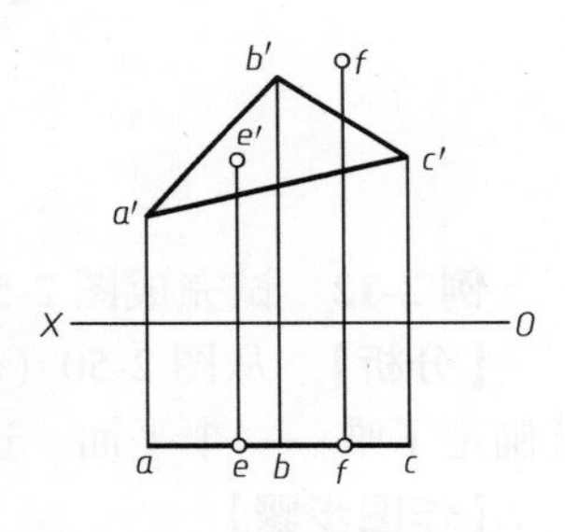

图 2-48　利用积聚性求点

在特殊位置平面上定线的方法与定点的方法相类似，此处不再赘述。

2.4.3.2　在一般位置平面上定点、定线

在平面的表示方法中，其中的几何元素表示就是用点和线，显然这些点和线都处于平面上。如果将面上的两点连成线段，则该线段仍属于这个平面；如果过平面内的一点作平面内一条直线的平行线，则所作的直线也属于这个平面；如果在平面内的一条线上找一个点，显然该点也在平面上。因此，要在一般位置平面上定点，通常先在平面上找一条过该点的直线，确定该直线的投影后再利用从属性确定点的投影。而在平面上取线，又要利用平面上的已知直线来取点。面上定点和定线之间就是这种相互依存的关系。

例 2-11　如图 2-49（a）所示，已知 $\triangle ABC$ 上一点 D 的水平投影 d ，求其正面投影 d' 。

【分析】　因为点 D 在 $\triangle ABC$ 面上，故点 D 一定在该面内的直线上，因此，先要在面上找一条通过点 D 的直线。由于过 D 点的直线，可以通过 $\triangle ABC$ 面上的两个已知点，也可以是平行于 $\triangle ABC$ 面上的一条已知直线，因此，有两种作图方法。

【作图步骤】

方法一：

（1）连接 ad ，并延长使之与 bc 相交于点 1。

(2) 自 1 点作与正面投影的连线，垂直于 OX，交 $b'c'$ 于点 $1'$ 。

(3) 连接 $a'1'$ ，然后在 $a'1'$ 线上确定 d' ，结果如图 2-49（b）所示。

方法二：

(1) 过 d 点作 ab 的平行线，分别交 ac、bc 于 2、3。

(2) 确定点 $2'$ 和 $3'$ 。

(3) 连接 $2'3'$ ，并在其上确定 d' ，结果如图 2-49（c）所示。

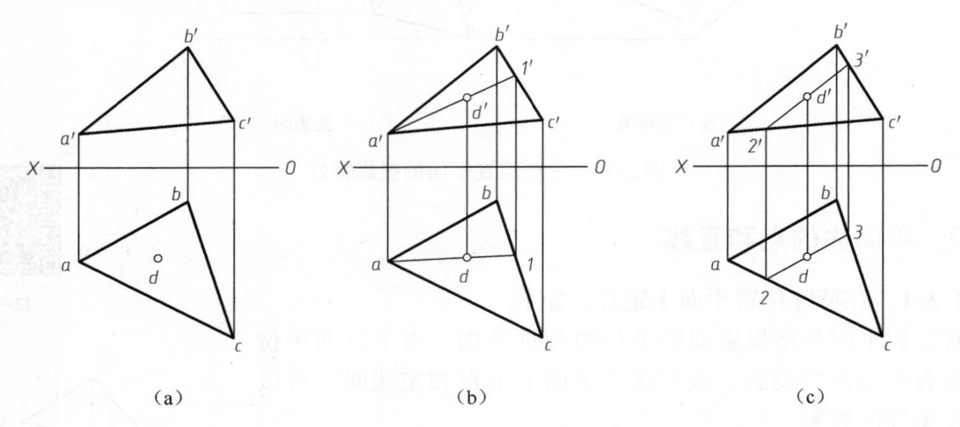

图 2-49　在平面上求点

例 2-12　试完成图 2-50（a）中平面四边形 $ABCD$ 的正面投影。

【分析】　从图 2-50（a）可以看出，点 A、B 和 C 三点的两面投影都已知，因此由这三点就确定了唯一一个平面。这样问题就转化为上例中面上定点的问题。

【作图步骤】

(1) 连接 ac、$a'c'$ 。

(2) 连接 bd 交 ac 于 1 点，自 1 点作与正面投影的连线交 $a'c'$ 于 $1'$ 。

(3) 在线 BⅠ 上确定 D 点，并连接相应边形成四边形，结果如图 2-50（b）所示。

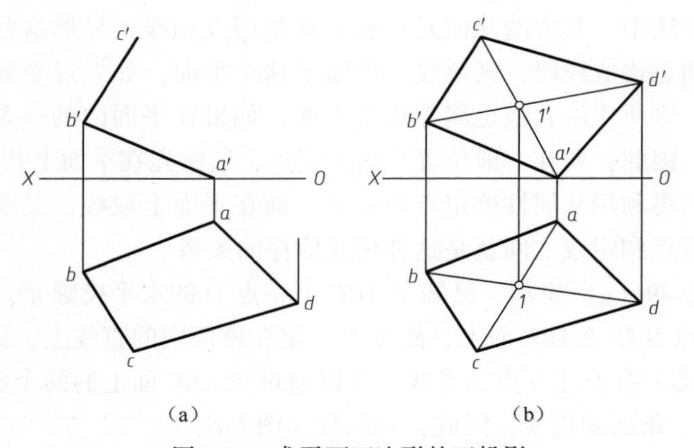

图 2-50　求平面四边形的正投影

2.4.3.3　平面内的特殊位置线

过平面上一点，在平面内可以作无数条方向不同的直线，但其中有一些是处于特殊位置的直线，如投影面的平行线，见图 2-51（a）；另一类特殊位置的直线是与相应的投影面的平行线垂直的直线，称为平面上的最大斜度线，见图 2-51（b）。

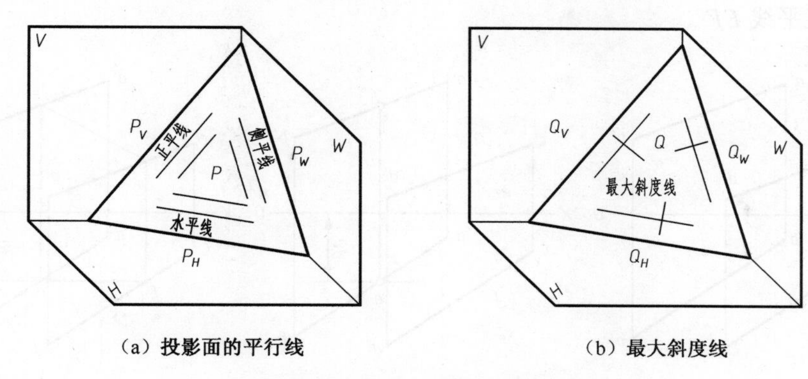

（a）投影面的平行线　　（b）最大斜度线

图 2-51 平面内的特殊位置线

1. 投影面的平行线

根据所平行的投影面的不同，平面上的投影面的平行线可分为水平线、正平线和侧平线，如图 2-51（a）所示。一个位置给定的平面，其投影面的平行线的方向是一定的，故一个平面上对一个投影面的所有平行线都平行于平面在该投影面上的迹线。比如，图 2-51（a）中平面 P 上的水平线均平行于其水平迹线 P_H、正平线均平行于其正面迹线 P_V 以及侧平线均平行于其侧面迹线 P_W。

由于这些投影面的平行线既平行于某个投影面，又在平面上，因此其投影具有投影面的平行线和面上直线的双重特征。

例 2-13 如图 2-52 所示，在 $\triangle ABC$ 平面内过 A 点作水平线 AD。

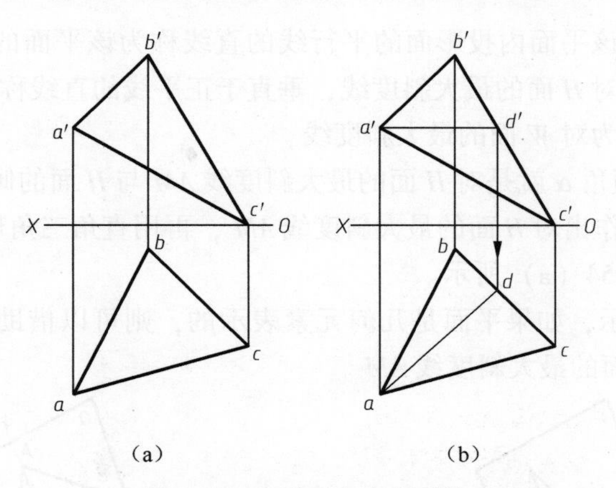

（a）　　（b）

图 2-52 在平面内取水平线

【分析】 由于 AD 是水平线，所以其正面投影应该平行于 OX 轴，但 d' 的具体位置还定不下来。因 AD 又是 $\triangle ABC$ 平面上的线，故 D 点应该在该平面内的一条线上。不妨设 D 点在 BC 上，则 D 点便唯一确定。

【作图步骤】

（1）过 a' 作一条与 OX 轴平行的直线，交 $b'c'$ 于 d'。

（2）在 bc 上确定 d 点，连接 ad 。

例 2-14 如图 2-53 所示，给定两平行直线 AB、CD ，试在该平面内作出一条距 V 面距离为 10 mm 的正平线 EF 。

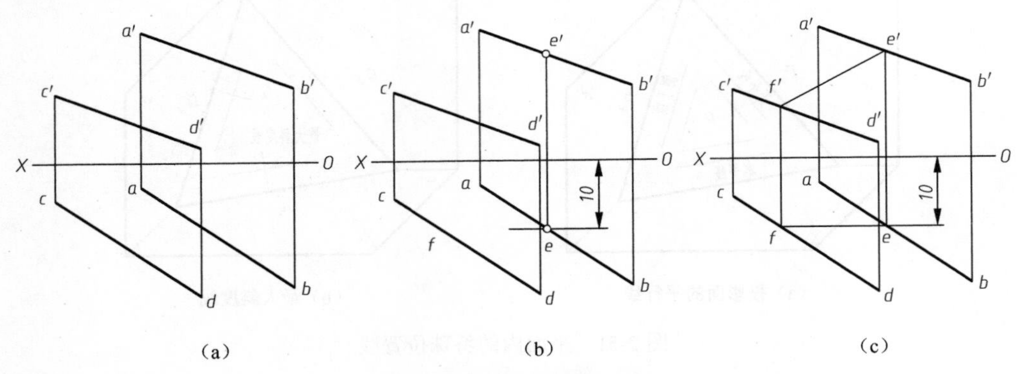

图 2-53 平面内的正平线

【分析】 如同例 2-13，过平面上的任一个给定点都可以作一条正平线，但是它并不是所求的，因为它到 V 面的距离不是 10 mm。由于正平线上的所有点到 V 面的距离都相等，因此，可以先在平面内一条已知直线（比如 AB ）上找出一个距 V 面距离为 10 mm 的点（比如 E ），然后，再过点作线。

【作图步骤】

（1）作一条与 OX 轴平行且距 V 面为 10 mm 的直线，交 ab 于点 e ，并在 $a'b'$ 上确定 e' 点。

（2）过 E 点作正平线 EF 的两面投影。

2. *最大斜度线

给定平面内垂直于该平面内投影面的平行线的直线称为该平面的最大斜度线。其中，垂直于水平线的直线称为对 H 面的最大斜度线，垂直于正平线的直线称为对 V 面的最大斜度线，垂直于侧平线的直线称为对 W 面的最大斜度线。

平面 P 对 H 面的倾角 α 就是对 H 面的最大斜度线 AM 与 H 面的倾角。因此，求平面 P 对 H 面的倾角 α 时，先要作出对 H 面的最大斜度线 AM ，再用直角三角形法求出线段 AM 对 H 面的倾角 α 即可，如图 2-54（a）所示。

如图 2-54（b）所示，如果平面是几何元素表示的，则可以借助平面内的任一条水平线（如 BD ）来作出对 H 面的最大斜度线 AM 。

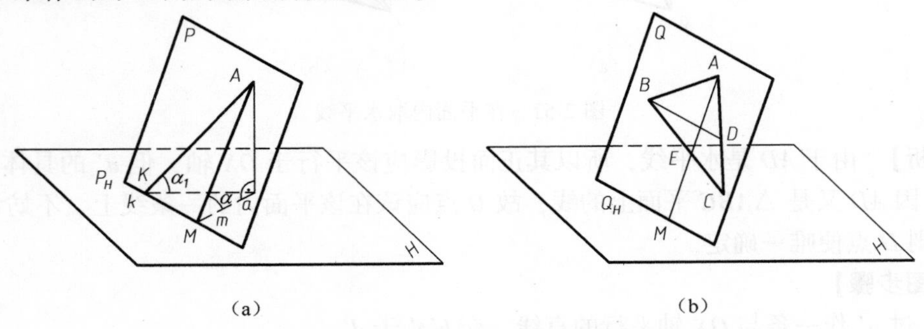

图 2-54 平面上的最大斜度线

同理，可以在平面内作出对 V 和 W 面的最大斜度线以及该平面对 V、W 面的倾角 β 和 γ 。

例 2-15　如图 2-55 所示，给定 $\triangle ABC$ 的两面投影，试求其与 H 面的倾角 α 。

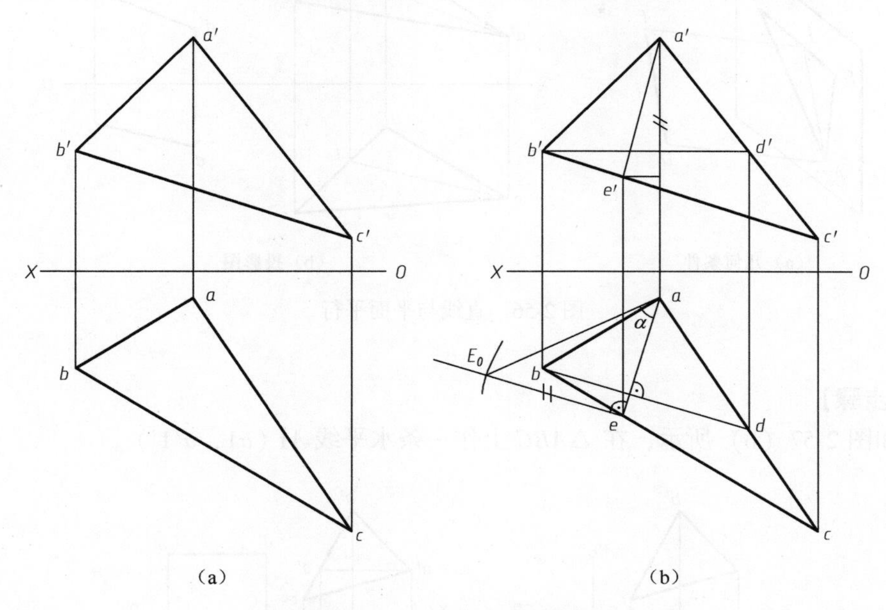

图 2-55　求平面对 H 面的倾角

【作图步骤】

（1）过 B 点作水平线 BD 。

（2）作最大斜度线 AE ，即过 a 点作直线垂直于 bd 交 bc 于 e ，并在 $b'c'$ 上确定 e' 。

（3）用直角三角形法求出直线 AE 对 H 面的倾角 α 。

§2.5　几何元素间的相对位置

2.5.1　平行问题

1. 直线与平面平行

根据几何学原理，如果平面外的一条直线平行于平面上的一条直线，则此平面外的直线就平行于该平面。如图 2-56（a）所示，$\triangle ABC$ 外的一条直线 DE 和该平面内的直线 AⅠ 平行，故直线 DE 和 $\triangle ABC$ 平面平行。

依据平行投影的基本特性——平行关系，在空间如果直线 DE 和 $\triangle ABC$ 内的直线 AⅠ 平行，那么在投影图中它们的同名投影仍然相互平行（即 $d'e' \parallel a'1'$、$de \parallel a1$），如图 2-56（b）所示。

推论：当直线与投影面的垂直面平行，则该平面有积聚性的投影与该直线的同面投影平行。

例 2-16　如图 2-57（a）所示，过 D 点作一条水平线与 $\triangle ABC$ 平行。

【分析】　过 D 点可作无数条直线与 $\triangle ABC$ 平行，但是过 D 点与 $\triangle ABC$ 平行的水平线只

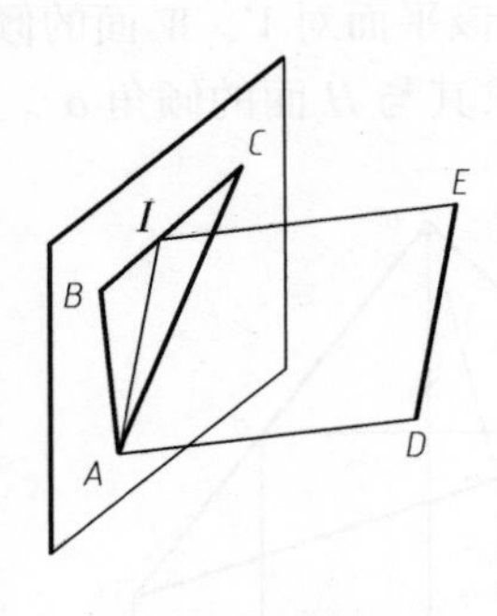

（a）几何条件

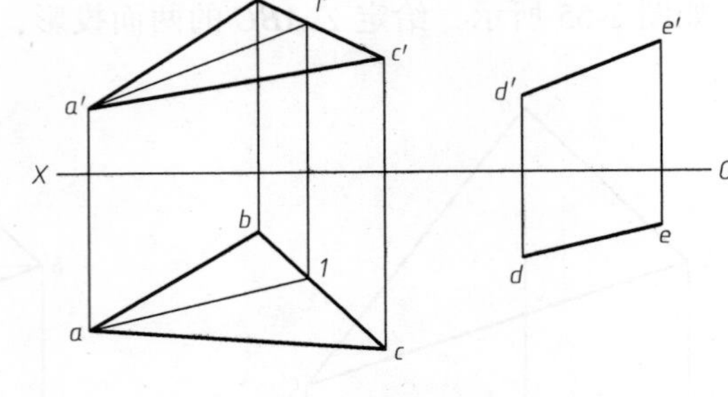

（b）投影图

图 2-56 直线与平面平行

有一条。

【作图步骤】

（1）如图 2-57（b）所示，在 △*ABC* 上作一条水平线 *A*Ⅰ（*a*1，*a*′1′）。

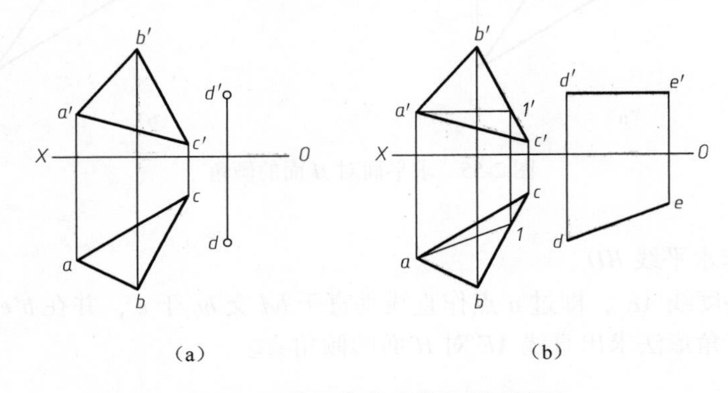

（a）　　　　（b）

图 2-57 过点作水平线平行于平面

（2）过 *D*(*d*，*d*′) 点作水平线 *A*Ⅰ 的平行线 *DE*，即 *d′e′* // *a*′1′ // *OX*，*de* // *a*1。

例 2-17 如图 2-58（a）所示，试包含直线 *EF* 作一个平面，使之平行于已知直线 *AB*。

【分析】 欲使所作的平面与 *AB* 平行，则该平面上必须有一条直线与 *AB* 平行，因此，不妨过 *EF* 上一点（如 *F*）作 *AB* 的平行线 *FG*，这样 *EF* 与 *FG* 两条相交直线便形成了一个平面。

【作图步骤】

（1）如图 2-58（b）所示，在 *EF* 线上任选一点，比如 *F*。

（2）过 *F* 点作 *f′g′* 和 *fg*，使 *f′g′* // *a′b′*、*fg* // *ab*。

2. 平面与平面平行

由立体几何知，如果一个平面内的两条相交直线分别与另一平面内的两条相交直线对应平行，那么这两个平面平行。如图 2-59（a）所示，由于 *AB* // *DE*、*AC* // *DF*，故 *P*、*Q* 两平面平行。

依据平行投影的基本特性——平行关系，在空间如果一个平面内的两条相交直线 *AB*、*AC* 分别与另一平面内的两条相交直线 *DE*、*DF* 对应平行，那么在投影图中这两对直线的同面

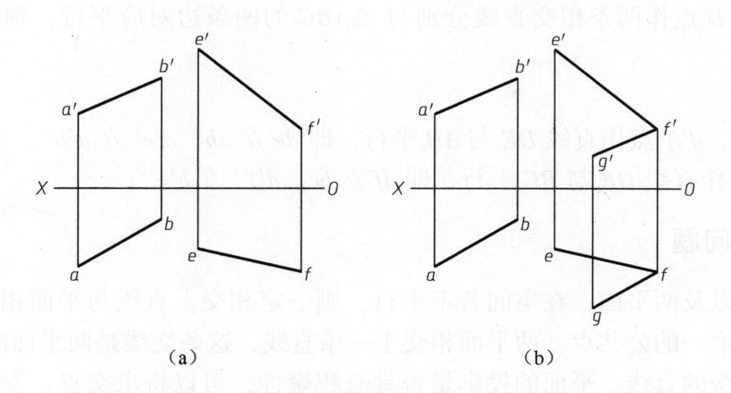

图 2-58　包含已知直线作平面平行于已知直线

投影也相互平行，即 $ab \parallel de$、$a'b' \parallel d'e'$，$ac \parallel df$、$a'c' \parallel d'f'$，如图 2-59（b）所示。

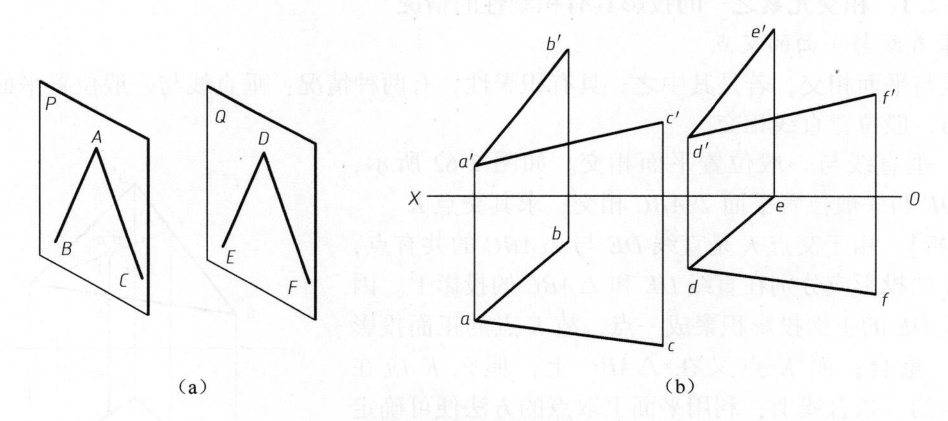

图 2-59　两平面平行

推论：如果两投影面的垂直面互相平行，那么它们具有积聚性的投影必然相互平行。

如图 2-60 所示，两个铅垂面 *ABGJ* 和 *CDEF* 相互平行，它们的水平投影积聚为互相平行的两条直线。

例 2-18　如图 2-61 所示，试过 *D* 点作一个平面与 △*ABC* 平行。

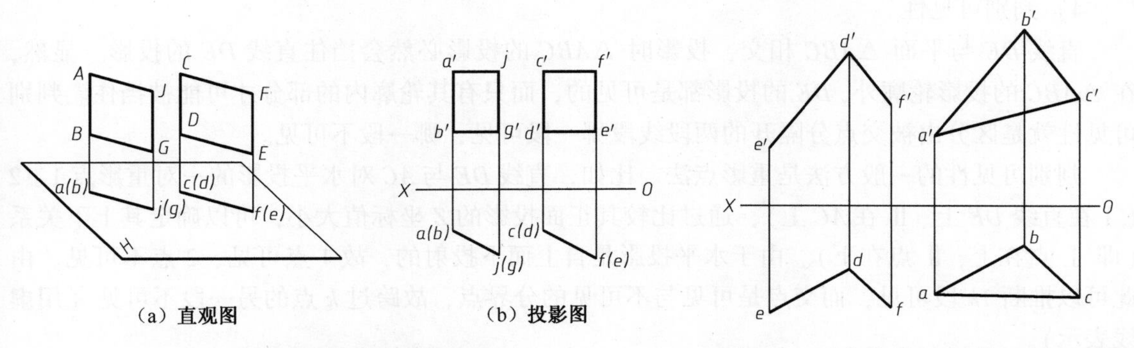

图 2-60　两投影面的垂直面平行　　　图 2-61　过点作平面，平行于已知平面

【分析】 过 D 点作两条相交直线分别与 $\triangle ABC$ 的两条边对应平行，则所形成的平面与 $\triangle ABC$ 平行。

【作图步骤】

（1）过 $D(d,\ d')$ 点作直线 DE 与 AB 平行，即 $de \parallel ab$、$d'e' \parallel a'b'$。

（2）过 D 点作直线 DF 与 BC 平行，即 $df \parallel bc$、$d'f' \parallel b'c'$。

2.5.2 相交问题

直线与平面以及两平面，在空间若不平行，则一定相交。直线与平面相交于一点，该交点是直线与平面唯一的公共点。两平面相交于一条直线，这条交线是两平面的公共线。

根据参与相交的直线、平面的投影是否具有积聚性，可以将求交点、交线的投影作图方法分为以下两类，即至少一个相交元素的投影具有积聚性的相交和两个相交元素的投影都没有积聚性的两个一般位置直线、平面相交。

2.5.2.1 相交元素之一的投影具有积聚性的情况

1. 求直线与平面的交点

直线与平面相交，若是其中之一具有积聚性，有两种情况：垂直线与一般位置平面相交，垂直面与一般位置直线相交。

（1）垂直线与一般位置平面相交。如图 2-62 所示，正垂线 DE 与一般位置平面 $\triangle ABC$ 相交，求其交点 K。

【分析】 由于交点 K 是直线 DE 与 $\triangle ABC$ 的共有点，故交点 K 的投影应分别在直线 DE 和 $\triangle ABC$ 的投影上。因为正垂线 DE 的正面投影积聚成一点，故 K 点的正面投影 k' 与 $d'e'$ 重合；而 K 点又在 $\triangle ABC$ 上，那么 K 应在 $\triangle ABC$ 内的一条直线上；利用平面上取点的方法便可确定 K 点的水平投影 k。

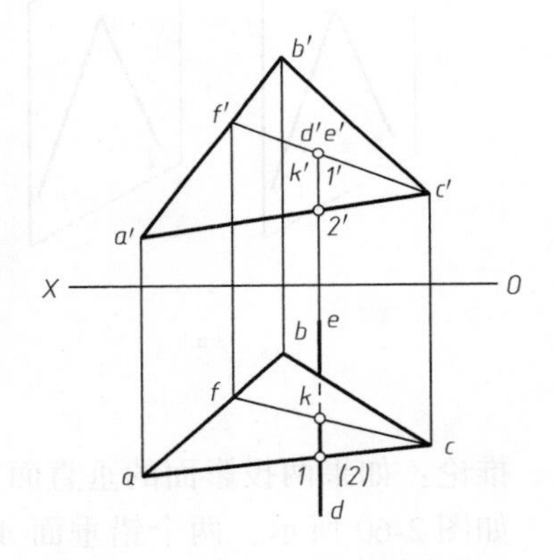

图 2-62 一般位置面与垂直线相交

【作图步骤】

1）确定交点 K 的正面投影 k'。

2）过 k' 作直线 $c'f'$，并作出其水平投影 cf。

3）cf 与 de 的交点即为 k。

4）判别可见性。

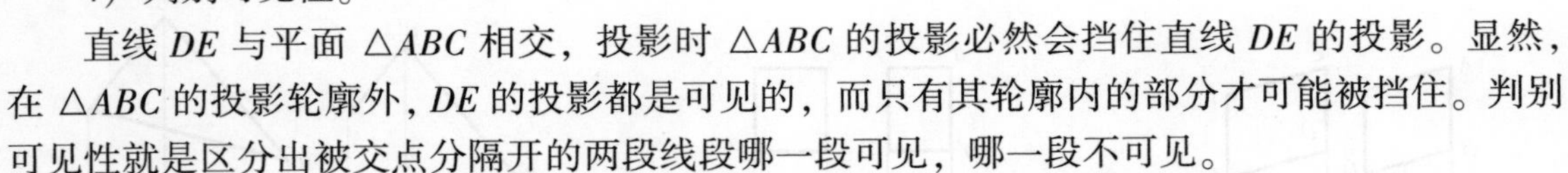

直线 DE 与平面 $\triangle ABC$ 相交，投影时 $\triangle ABC$ 的投影必然会挡住直线 DE 的投影。显然，在 $\triangle ABC$ 的投影轮廓外，DE 的投影都是可见的，而只有其轮廓内的部分才可能被挡住。判别可见性就是区分出被交点分隔开的两段线段哪一段可见，哪一段不可见。

判别可见性的一般方法是重影点法。比如，直线 DE 与 AC 对水平投影的一对重影点 1、2（Ⅰ在直线 DE 上、Ⅱ 在 AC 上），通过比较其正面投影的 Z 坐标值大小，可以确定其上下关系（即 Ⅰ 点在上，Ⅱ 点在下）。由于水平投影是自上而下投射的，故 1 点可见、2 点不可见。由此可以推断 $1k$ 段可见，而交点是可见与不可见的分界点，故跨过 k 点的另一段不可见（用虚线表示）。

（2）一般位置直线与投影面的垂直面相交。如图 2-63 所示，一般位置直线 EF 与铅垂面

ABC 相交，求其交点 *K* 。

【分析】 由于交点 *K* 是直线 *EF* 与平面 *ABC* 的共有点，故 *K* 点的投影应分别在直线 *EF* 与平面 *ABC* 的同面投影上。因为 *ABC* 的水平投影 *abc* 积聚为一条直线，故 *k* 应在该直线上；而 *k* 又在 *ef* 上，因此 *ef* 与 *abc* 的交点就是 *k* 。再根据线上定点，便可确定 *k′* 。

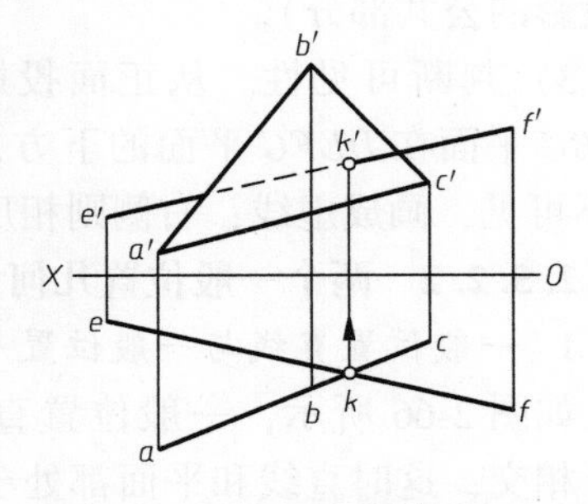

图 2-63　一般位置直线与投影面的垂直面相交

【作图步骤】

1）确定水平投影 *k* 。

2）由 *k* 在 *ef* 上确定 *k′* 。

3）判断可见性。

2. 求两平面的交线

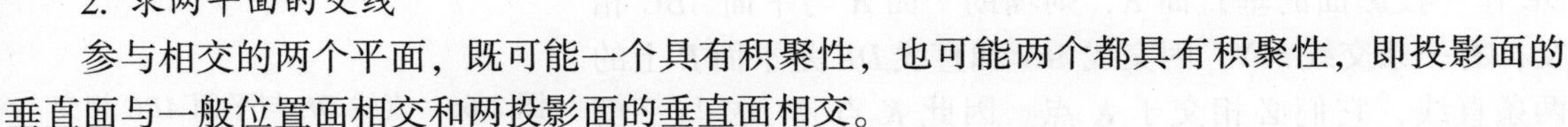

参与相交的两个平面，既可能一个具有积聚性，也可能两个都具有积聚性，即投影面的垂直面与一般位置面相交和两投影面的垂直面相交。

（1）投影面的垂直面与一般位置面相交。如图 2-64 所示，铅垂面 *DEF* 与一般位置面 △*ABC* 相交，试求其交线。

【分析】 因两平面的交线为直线，故只要能求出交线上的两个点，交线也就完全确定。如果把平面 △*ABC* 中的两条边 *AB* 和 *AC* 看成两条相交直线并让它们分别与铅垂面 *DEF* 相交，则将之转化为两次求一般位置直线与铅垂面相交问题。

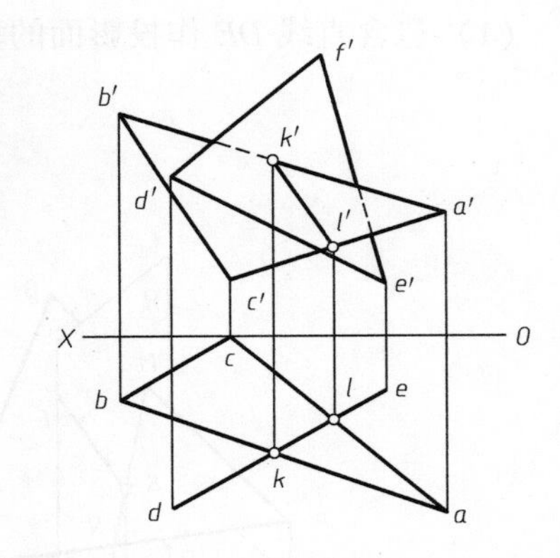

图 2-64　垂直面与一般位置平面相交

【作图步骤】

1）求 *AB* 与铅垂面 *DEF* 的交点 *K* 。

2）求 *AC* 与铅垂面 *DEF* 的交点 *L* 。

3）*k′l′* 和 *kl* 即为交线的两个投影。

4）判断可见性。

两平面相交就不像直线与平面相交那样，仅是平面挡直线，而是存在互相遮挡问题。但是，它们的判别方法是一样的，此处不再重复。

（2）两个投影面的垂直面相交。如图 2-65 所示，两个正垂面 △*ABC* 和 *DEFG* 相交。

【分析】 因为交线为两平面的公共线，故交线的投影仍处在平面投影的公共部分。而两个正垂面的正面投影都积聚为直线，它们只有一个公共点，因此该公共点就是交线的正面投影。正面投影积聚为一点，说明该交线为正垂线。

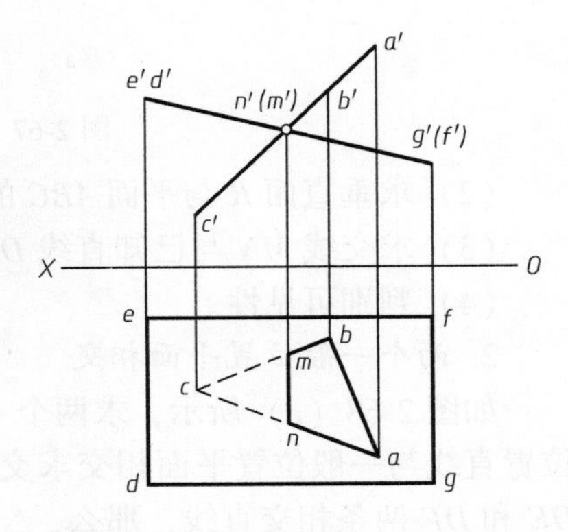

图 2-65　两个正垂面相交

【作图步骤】

1）根据积聚性确定正面投影 *m′n′* 。

2）由 *m′n′* 确定其水平投影 *mn*（注意：*mn* 是两平面水

平投影的公共部分）。

3）判断可见性。从正面投影可知，交线 *MN* 左侧，△*ABC* 平面在 *DEFG* 平面的下方，故在水平投影中 *mc* 和 *cn* 不可见，画成虚线；右侧则相反，画成粗实线。

2.5.2.2 两个一般位置几何元素相交

1. 一般位置直线与一般位置平面相交

如图 2-66 所示，一般位置直线 *DE* 与一般位置平面 *ABC* 相交，这时直线和平面都处于一般位置，在投影图上不能直接反映出交点的投影。在这种情况下，需要用辅助平面法来求交点，其原理如图 2-67（a）所示。包含直线 *DE* 作一投影面的垂直面 *R*，则辅助平面 *R* 与平面 *ABC* 相交，有一条交线 *MN*，因交线 *MN* 和直线 *DE* 是平面 *R* 上的两条直线，它们必相交于 *K* 点。因此 *K* 点是 *DE* 与平面 *ABC* 的公共点，即为所求的交点。

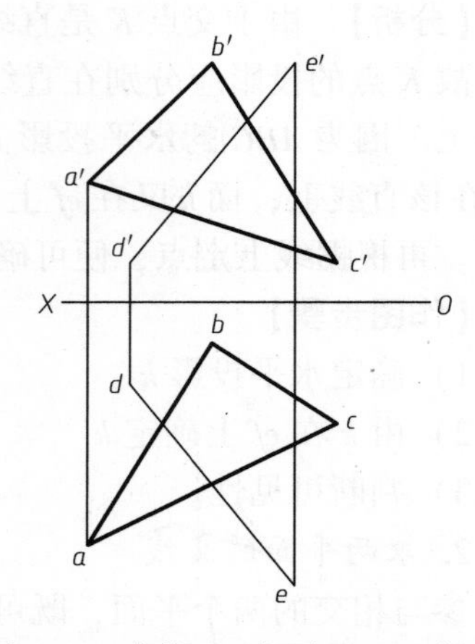

图 2-66 直线 *DE* 与平面 *ABC* 相交

【作图步骤】

（1）包含直线 *DE* 作投影面的垂直面 *R*，如图 2-67（b）所示。

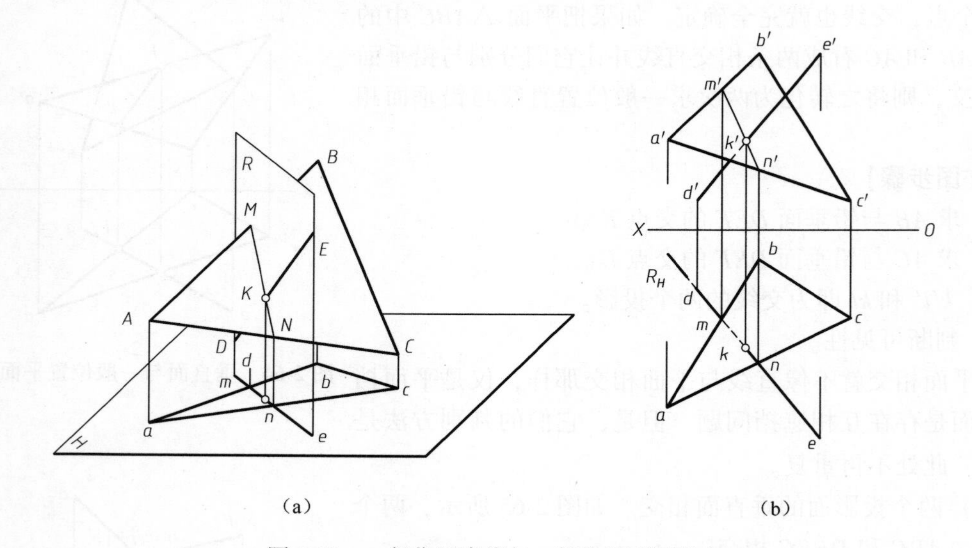

图 2-67 一般位置直线与一般位置平面相交

（2）求垂直面 *R* 与平面 *ABC* 的交线 *MN*。

（3）求交线 *MN* 与已知直线 *DE* 的交点 *K*，*K* 即为直线 *DE* 与平面 *ABC* 的交点。

（4）判别可见性。

2. 两个一般位置平面相交

如图 2-68（a）所示，求两个一般位置平面 △*ABC* 和 △*DEF* 的交线。可以利用上述一般位置直线与一般位置平面相交求交点问题的解决方法。如果把平面 △*DEF* 的边界看成直线 *DE* 和 *DF* 两条相交直线，那么，△*DEF* 与 △*ABC* 相交问题就转化为两条一般位置直线 *DE* 和 *DF* 分别与平面 △*ABC* 求交点问题。

【作图步骤】

（1）包含直线 DE 作铅垂面 R，求出 DE 与 $\triangle ABC$ 的交点 $K(k, k')$，如图 2-68（b）所示。

（2）包含 DF 作正垂面 S，求出 DF 与 $\triangle ABC$ 的交点 $L(l, l')$，如图 2-68（b）所示。

（3）连接 K、L 的同面投影，即 $k'l'$ 和 kl，如图 2-68（b）所示。

（4）判断可见性，如图 2-68（c）所示。

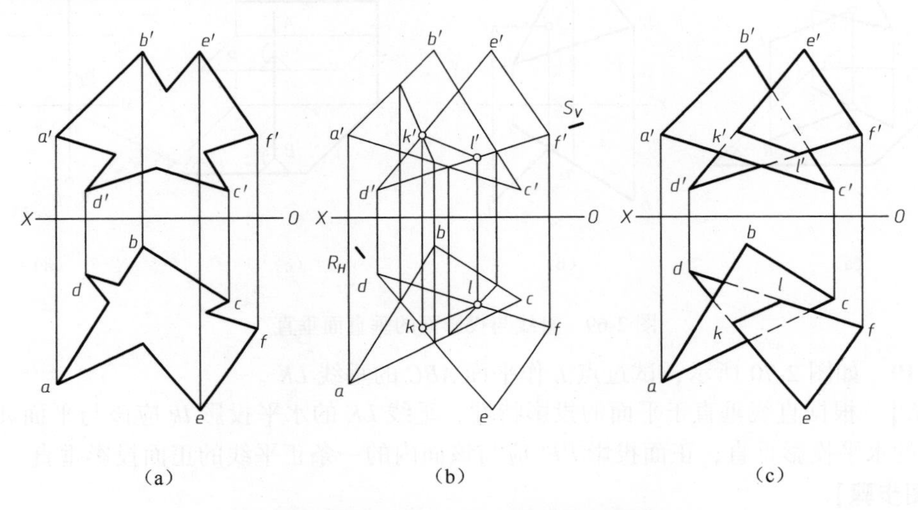

图 2-68　求两个一般位置平面的交线

2.5.3　垂直问题

垂直是相交的特殊情况。在求解有关几何元素的度量问题中，经常要用到垂直的概念。本章 2.3.5 节中介绍的“直角投影定理”是垂直问题的基础。本节将讨论直线与平面垂直以及两平面垂直的投影特性及作图方法。

1. 直线与平面垂直

根据几何学原理有：如果一条直线和一个平面内的两条相交直线都垂直，那么这条直线垂直于这个平面；如果一条直线垂直于一个平面，它必定垂直于平面上的所有直线。

将上述原理应用到投影图上，并结合直角投影定理，可得到如下的投影特性：

（1）若空间一直线垂直于某一平面，则在投影图中直线的水平投影垂直于该平面内水平线的水平投影、直线的正面投影垂直于该平面内正平线的正面投影、直线的侧面投影垂直于平面内侧平线的侧面投影。

（2）在投影图中，若一条直线在两个投影面（比如正面和水平面）上的投影，与某个平面上相应投影面的平行线（如正平线和水平线）的对应投影（如直线的正面投影与正平线的正面投影、直线的水平投影与水平线的水平投影）垂直，则这条直线与该平面在空间垂直。

对于两类特殊情况，即平面或直线与投影面垂直，上述投影特性仍同样有效，只不过其表现形式更为特殊。如图 2-69（a）所示，当平面 ABC 为铅垂面时，与之垂直的直线 KD 成为水平线。在投影图 2-69（b）中则表现为 $kd \perp abc$（abc 投影具有积聚性）。再如图 2-69（c）所示，当直线 AB 为铅垂线时，与之垂直的平面 P 为水平面。在投影图 2-69（d）中，直线 AB 表现为与正投影面平行，P 平面的正面投影具有积聚性且与直线 AB 的正面投影垂直。

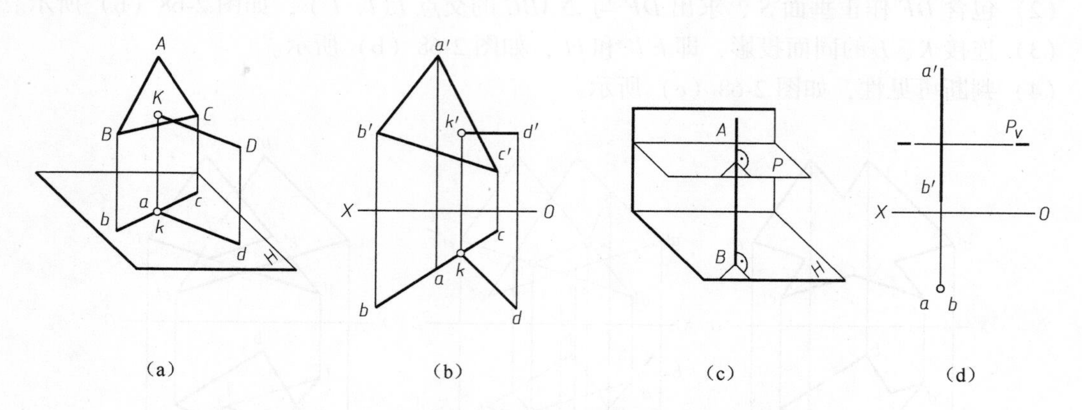

图 2-69　直线与投影面的垂直面垂直

例 2-19　如图 2-70 所示，试过点 L 作平面 ABC 的垂线 LK。

【分析】　根据直线垂直于平面的投影特性，垂线 LK 的水平投影 lk 应该与平面 ABC 内一条水平线的水平投影垂直，正面投影 $l'k'$ 应与该面内的一条正平线的正面投影垂直。

【作图步骤】

（1）在平面 ABC 内作一条正平线 BⅠ（$b1$，$b'1'$）。

（2）作 $l'k' \perp b'1'$。

（3）在平面 ABC 内作一条水平线 CⅡ（$c2$，$c'2'$）。

（4）作 $lk \perp c2$。

例 2-20　如图 2-71 所示，试过点 A 作一平面垂直于已知直线 EF。

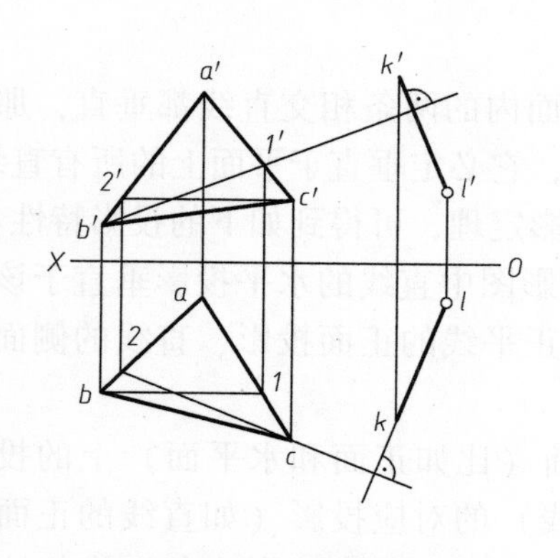

图 2-70　作平面的垂线

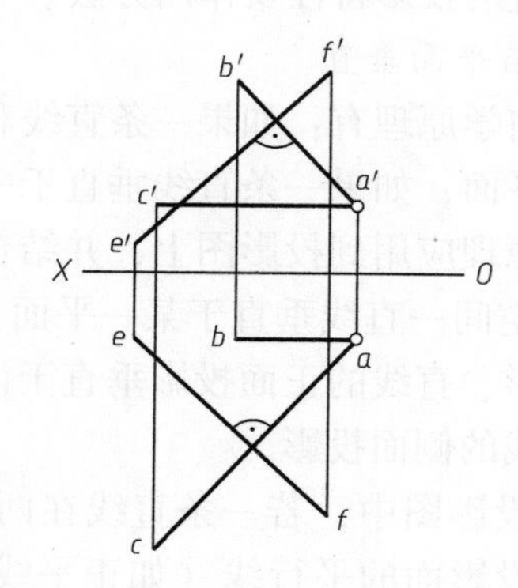

图 2-71　作平面垂直于已知直线

【分析】　欲过点 A 作一个平面与已知直线 EF 垂直，只需作出两条直线与 EF 垂直即可。根据直角投影定理，只有投影面的平行线与垂直的直线在所平行的投影面上的投影才反映垂直，因此只能作一条水平线和一条正平线分别与 EF 垂直。

【作图步骤】

(1) 作正平线 AB，使其与 EF 垂直，即 $a'b' \perp e'f'$。

(2) 作水平线 AC，使其与 EF 垂直，即 $ac \perp ef$。

(3) AB 和 AC 两相交直线所决定的平面即为所求。

2. 平面与平面垂直

由几何学原理可知，若一个平面通过另一平面的垂线，则这两个平面互相垂直；当两个平面垂直时，过第一个平面上一点所作的第二个平面的垂线必在第一个平面内。

如图 2-72（a）所示，直线 AB 垂直于 P 面，显然，包含 AB 所作的平面 R 和 Q 都垂直于 P 面。如果自 Q 平面上一点 M 向 P 面作垂线 MN，则 MN 一定也在 Q 平面内，如图 2-72（b）所示。

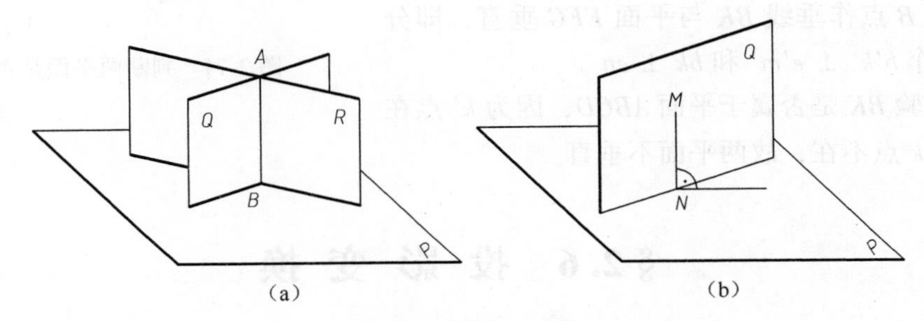

图 2-72 两平面垂直

按照这个条件就可用直线与一般位置平面垂直的投影特性来解决有关两个一般位置平面互相垂直的问题。

例 2-21 如图 2-73 所示，试过 E 点作一平面与 AB、CD 两条平行线所决定的平面垂直。

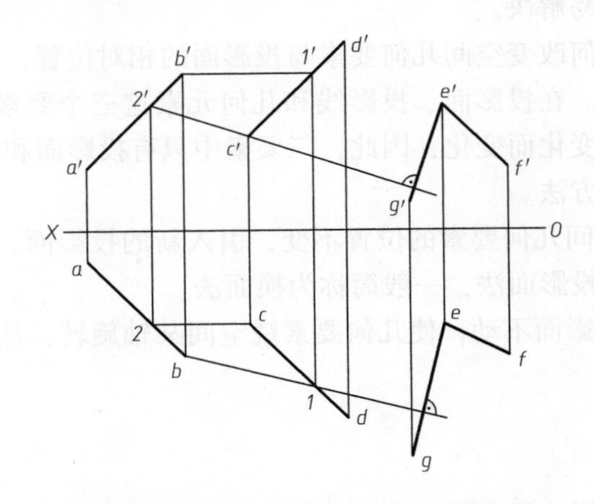

图 2-73 过点作平面垂直于已知平面

【分析】 过 E 点可作唯一一条直线与给定平面垂直，包含这条垂线的所有平面均垂直于已知平面，故本题有无穷多个解。

【作图步骤】

(1) 过 E 点，作垂线 EG 与给定平面垂直。在给定的平面上作水平线 BⅠ($b1$, $b'1'$)、正平线 CⅡ($c2$, $c'2'$)；分别过 e、e' 点作 $eg \perp b1$ 和 $e'g' \perp c'2'$。

（2）过 E 点任作一条直线 EF，则 EF 和 EG 所形成的平面必垂直于已知平面。

例 2-22 如图 2-74 所示，试检验平面 $ABCD$ 与平面 EFG 是否垂直。

【分析】 在平面 $ABCD$ 上任取一点（如 B），自 B 点作平面 EFG 的垂线 BK。如果 BK 属于平面 $ABCD$，则两平面垂直；否则不垂直。

【作图步骤】

（1）在平面 EFG 内作正平线 $EM(em, e'm')$ 和水平线 $EN(en, e'n')$。

（2）过 B 点作垂线 BK 与平面 EFG 垂直，即分别过 b'、b 作 $b'k' \perp e'm'$ 和 $bk \perp en$。

（3）检验 BK 是否属于平面 $ABCD$，因为 k' 点在 $a'd'$ 上，而 k 点不在，故两平面不垂直。

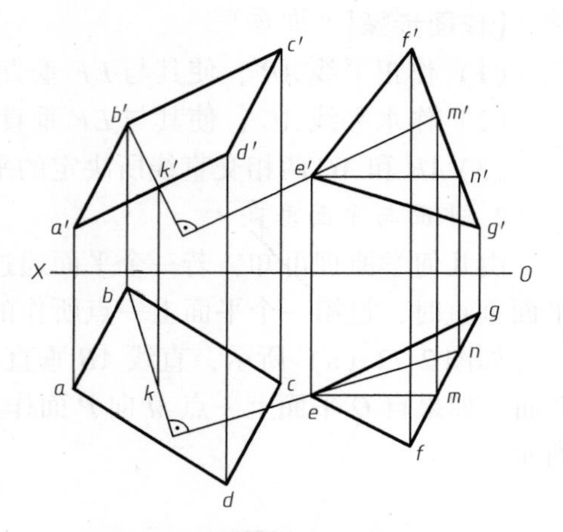

图 2-74 判断两平面是否垂直

§2.6 投 影 变 换

几何元素对投影面处于特殊位置时，其投影具有积聚性或反映直线实长、倾角，反映平面图形实形、几何元素间的距离、角度等特性，可以方便地解决空间度量问题和定位问题。几何元素对投影面处于一般位置时，其投影无前述特性。因此，若能把几何元素转化为特殊位置，有些问题就变得容易解决。

投影变换就是研究如何改变空间几何要素与投影面的相对位置，以获得良好的投影特性，有利于问题的解决或简化。在投影面、投影线和几何元素这三个要素中，投影线始终垂直于投影面，即随着投影面的变化而变化，因此，三要素中只有投影面和几何元素可以独立改变，这样便形成了两种不同的方法。

（1）换面法。保持空间几何要素的位置不变，引入新的投影面，使两者之间的相对位置发生变化。其全称为变换投影面法，一般简称为换面法。

（2）旋转法。保持投影面不动，使几何要素绕空间某轴旋转，从而改变两者之间的相对位置的方法叫作旋转法。

2.6.1 换面法

换面法中新投影面必须满足以下两个基本条件：

（1）新投影面垂直于某一原投影面。

（2）新投影面相对于空间几何元素处在有利于解题的位置。

2.6.1.1 点的换面及其规律

1. 一次换面

如图 2-75（a）所示，空间点 A 在 V/H 两投影面体系中的投影为 a' 和 a。若保留 V 面不动，引入一个与 V 面垂直的新投影面 H_1，则 H_1 与 V 形成新的两投影面体系 V/H_1。将点 A 向 H_1 面投影得到新投影 a_1。

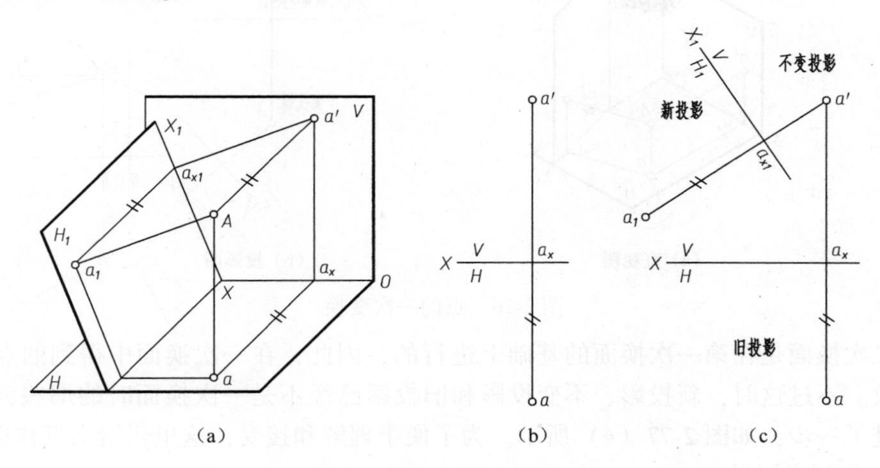

图 2-75 变换 H 面

为了便于描述与说明，这里引入几个新的名词或术语：

（1）新投影面、新投影。在原有投影面体系中新引入的投影面称为新投影面（如 H_1），在该投影面上的投影称为新投影（如 a_1）。

（2）不变投影面、不变投影。取自于原有投影面体系中的投影面称为不变投影面（如 V），在该投影面上的投影仍然保持不变，相应地称之为不变投影（如 a'）。

（3）旧投影面、旧投影。在新投影面体系中不再被使用的投影面（如 H）和投影（如 a），称为旧投影面和旧投影。

那么，新投影 a_1 与旧投影 a 、不变投影 a' 之间又有什么样的关系呢？在 V/H_1 体系中，四边形 $Aa'a_{x1}a_1$ 仍是矩形，$a'a_{x1}$ 和 a_1a_{x1} 均垂直于 V/H_1 投影体系的投影轴 X_1，并且交新轴 X_1 于点 a_{x1} 。点 A 到 V 面的距离等于 aa_x ，也等于 a_1a_{x1} 。因此，当 H_1 面绕 X_1 轴展开时，a' 和 a_1 的连线垂直于新投影轴 X_1，新投影到新轴的距离 a_1a_{x1} 等于旧投影到旧轴的距离 aa_x 。综上所述，得点的变换规律如下：

（1）点的新投影与不变投影的连线垂直于新投影轴。

（2）点的新投影到新投影轴的距离等于旧投影到旧投影轴的距离。

运用上述规律，对图 2-75（b）所示的投影图进行一次换面，其作图步骤如下：

（1）选取新投影轴 X_1。

（2）过不变投影 a' 向新投影轴 X_1 作垂线，交 X_1 轴于 a_{x1}。

（3）在垂线上量取 a_1a_{x1} 等于 aa_x ，得到新投影 a_1，见图 2-75（c）。

如图 2-76（a）所示，如用新投影面 V_1 代替投影面 V，也可以换面，如图 2-76（b）所示。

2. 二次换面

如图 2-77 所示，在图 2-76 所示的一次换面的基础上，再引入一个新的投影面（如 H_2）替换一次换面时的不变投影面（如 H），再次构成新投影体系 H_2/V_1。这种在一次换面的基础上，再次进行的换面称为二次换面。

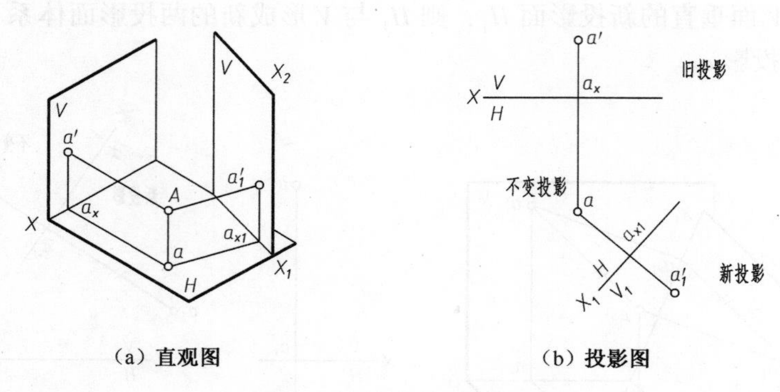

（a）直观图　　（b）投影图

图 2-76　点的一次变换

既然二次换面是在第一次换面的基础上进行的，因此，在一次换面中得到的点的变换规律仍然有效。不过这时，新投影、不变投影和旧投影已经不是一次换面时的那些，而是相应地向前迈进了一步，如图 2-77（c）所示。为了便于理解和接受，这里仍给出其作图步骤：

（1）选取新投影轴 X_2。

（2）过不变投影 a_1' 向新投影轴 X_2 作垂线，交 X_2 轴于 a_{x2}。

（3）在垂线上量取 a_2a_{x2} 等于 aa_{x1} 得到新投影 a_2。

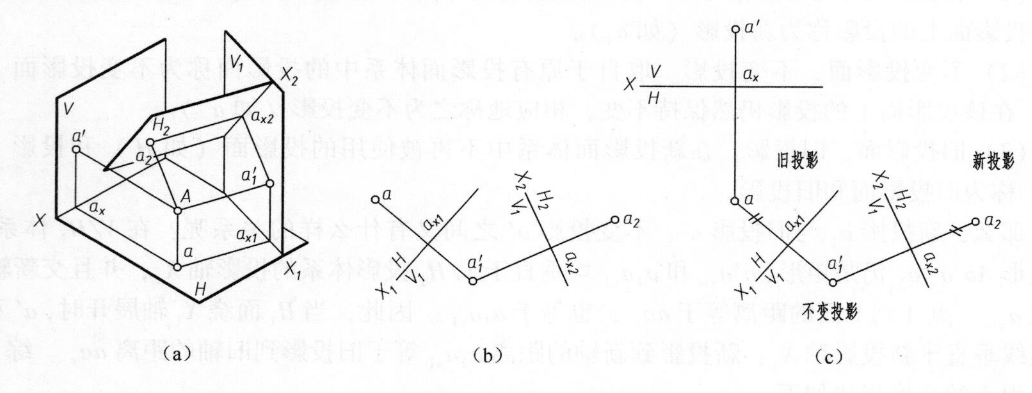

（a）　　（b）　　（c）

图 2-77　点的二次变换

2.6.1.2　直线的换面

直线的投影变换有下述三个基本问题。

1. 一般位置直线变换为投影面的平行线

【分析】　由于投影面的平行线与投影面平行，因此，引入的新投影面除了与不变投影面垂直外，还要与待变换直线平行（在投影图上反映为新的投影轴与直线的不变投影平行）。如图 2-78（a）所示，为了将一般位置直线 AB 换成投影面的平行线，引入新投影面 H_1。

【作图步骤】

（1）选择新投影轴 X_1，使其与 $a'b'$ 平行（在 $a'b'$ 的哪一侧以及距离远近都没有关系）。

（2）按点的变换规律作出点 a_1 和 b_1。

图 2-78（b）是根据图 2-78（a）得出，细心的读者可能会发现图 2-78（b）中两个投影面体系里的投影连线相互交叉。此处图线不多，还能分清楚，一旦问题复杂，极易出错。为

使图形清晰，在选择投影轴和展开方向时，应尽量避免重叠，如图 2-78（c）所示。

显然，变换后的直线 AB 在 V/H_1 体系中平行于 H_1 面，其投影 a_1b_1 反映直线 AB 的实长，a_1b_1 与 X_1 的夹角反映直线 AB 与 V 面的倾角 β。由于变换水平投影面时，V 面为不变投影面，直线 AB 与 V 面的倾角在换面前后保持不变，因此，新投影面不能随意引入。假如要求直线 AB 与 H 的倾角 α，这时 H 面就不能变，只能引入新的 V_1 面代替 V 面，如图 2-78（d）所示。

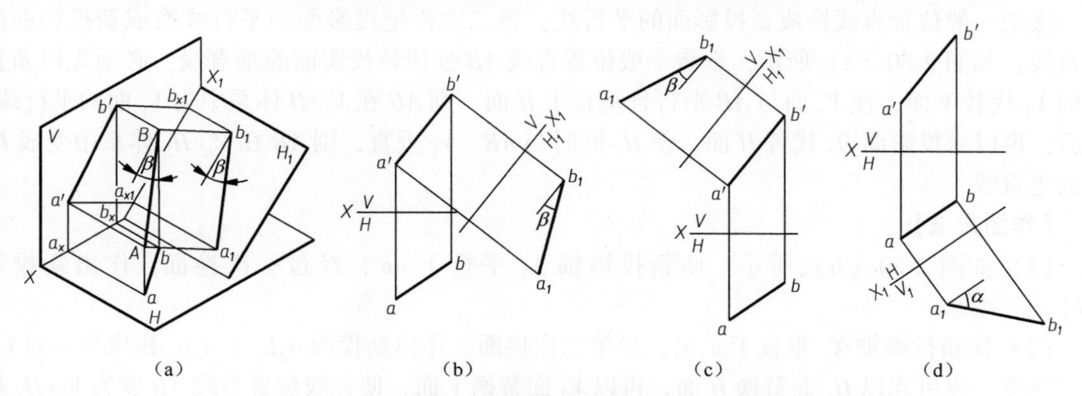

图 2-78　一般位置直线变换成投影面的平行线

2. *投影面的平行线变换为新投影面的垂直线*

【分析】 在旧投影体系 V/H 中，投影面的平行线平行于某一投影面，倾斜于另一投影面，故垂直于该平行线的新投影面必然垂直于其所平行的那个投影面。因此，在新投影面体系中，只能替换直线所倾斜的那个投影面。如图 2-79（a）所示，将正平线 AB 换成新投影面的垂直线，需以新投影面 H_1 代替 H。若使 H_1 垂直于 AB，则 H_1 必然垂直于 V 面。在 V/H_1 体系中，AB 则变为 H_1 面的垂直线。

【作图步骤】

（1）如图 2-79（b）所示，使新投影轴 X_1 垂直于 $a'b'$。

（2）依据点的变换规律，将 A、B 两点变换到 H_1 面上（a_1、b_1 两投影点重合，即直线 AB 积聚为一点）。

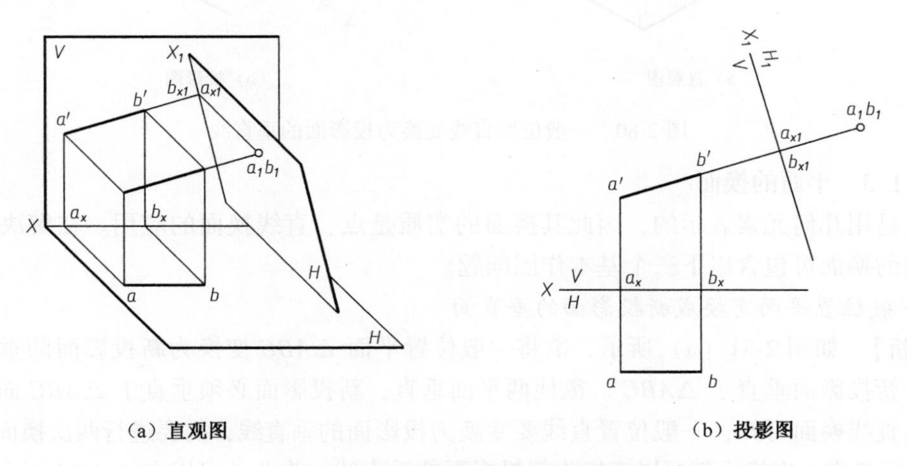

图 2-79　正平线变换为铅垂线

如要将水平线换成投影面的垂线，则需保留 H 面不变，并用新投影面 V_1 替代 V。

3. 一般位置直线变换为新投影面的垂直线

【分析】 欲将一般位置直线换成新投影面的垂直线，一次换面不可能实现。因为一般位置直线倾斜于旧投影体系中的每一个投影面，若使新投影面垂直于一般位置直线，则其一定倾斜于旧投影面体系中的各投影面，这不符合换面法确定新投影面的条件。因此要两次换面，第一次把一般位置直线换成新投影面的平行线；第二次再把投影面的平行线换成新投影面的垂直线。如图 2-80（a）所示，欲将一般位置直线 AB 换成新投影面的垂直线，必须先以新投影面 V_1 代替 V 面，使 V_1 面与 AB 平行且垂直于 H 面，则 AB 在 V_1/H 体系中为 V_1 面的平行线；然后，再以新投影面 H_2 代替 H 面，使 H_2 同时与 AB、V_1 垂直，则 AB 在 V_1/H_2 体系中变成 H_2 面的垂直线。

【作图方法】

（1）如图 2-80（b）所示，使新投影轴 X_1 平行于 ab，经过一次换面，作出新投影 $a_1'b_1'$。

（2）使新投影轴 X_2 垂直于 $a_1'b_1'$，经第二次换面，作出新投影 a_2b_2（a_2b_2 积聚为一点）。

当然，也可先以 H_1 面替换 H 面，再以 V_2 面替换 V 面，使一般位置直线 AB 变为 V_2/H_1 投影体系中 V_2 面的垂直线，其作图方法与之类似。

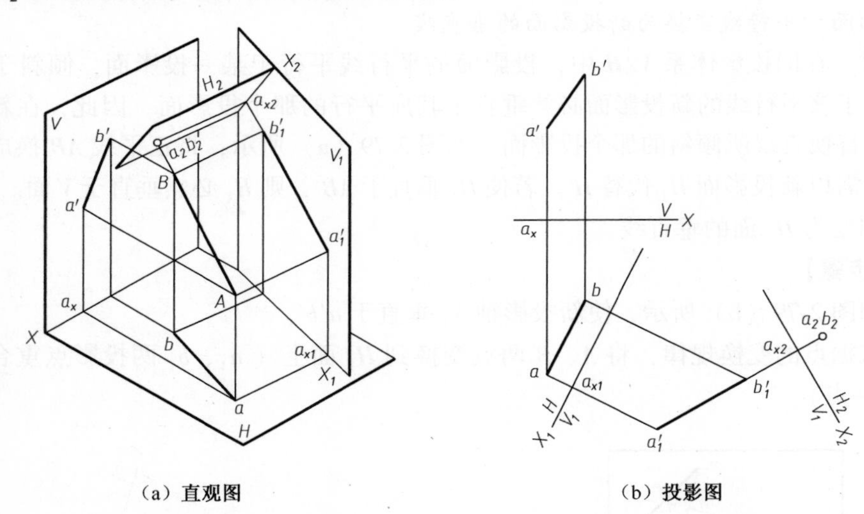

（a）直观图　　　　（b）投影图

图 2-80 一般位置直线变换为投影面的垂直线

2.6.1.3 平面的换面

平面是用几何元素表示的，因此其换面的实质是点、直线换面的应用。在解决实际问题时，平面的换面可包含以下三个基本作图问题。

1. 一般位置平面变换成新投影面的垂直面

【分析】 如图 2-81（a）所示，欲将一般位置平面 $\triangle ABC$ 变换为新投影面的垂直面，必须作一个新投影面垂直于 $\triangle ABC$。欲使两平面垂直，新投影面必须垂直于 $\triangle ABC$ 面内的一条直线。由直线换面可知，一般位置直线要变换为投影面的垂直线，需要进行两次换面，而投影面的平行线只需一次换面就可以变换为新投影面的垂直线。为此，可以在 $\triangle ABC$ 面内先取一条投影面的平行线，比如取一条正平线 $C\text{I}$，以新投影面 H_1 代替 H，使 H_1 同时垂直于 $C\text{I}$ 和 V 面。那么，$\triangle ABC$ 在 V/H_1 体系中就是 H_1 面的垂直面。因为换面时 V 面保持不变，故 $\triangle ABC$ 与投影面 V 的倾角也保持不变。因此，$a_1b_1c_1$ 与 X_1 轴的夹角就反映 $\triangle ABC$ 与 V 面的倾角 β。

【作图方法】

（1）作 $c1$ 平行于 OX 轴，得相应投影 $c'1'$，如图 2-81（b）所示。

（2）使新投影轴 X_1 垂直于 $c'1'$。

（3）按点的变换规律作出新投影 $a_1b_1c_1$。

显然，c_11_1 积聚为一点，$a_1b_1c_1$ 积聚为一直线（实际作图时，只要找出二点即可）；$a_1b_1c_1$ 与 X_1 轴的夹角反映 $\triangle ABC$ 与 V 面的倾角 β。

同样，也可以将 $\triangle ABC$ 换成新投影面 V_1 的垂直面，不过，这时应选新投影面 V_1 代替 V，使 V_1 既垂直于 $\triangle ABC$ 上的某条水平线（如 $C\text{II}$），又垂直于 H 面，如图 2-81（c）所示。

由此可以得出结论：通过一次换面，可以将一般位置平面变换为新投影面的垂直面，并可求出该平面对不变投影面的倾角。

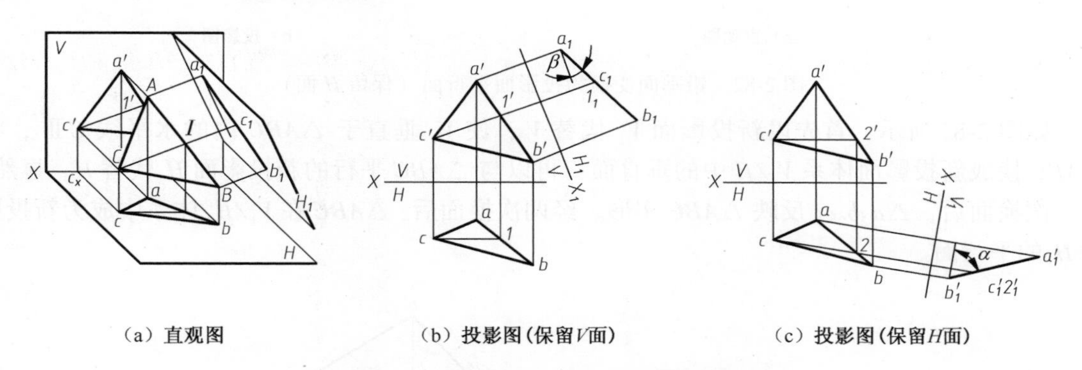

（a）直观图　（b）投影图（保留 V 面）　（c）投影图（保留 H 面）

图 2-81　一般位置平面变换为投影面的垂直面

2. *投影面的垂直面变换成新投影面的平行面*

【分析】 如图 2-82（a）所示，$\triangle ABC$ 为铅垂面。欲将其换成新投影面的平行面，必须使新投影面与其平行。显然，新投影面必垂直于 H 面。如新投影面为 V_1，则 $\triangle ABC$ 在 H/V_1 体系中就成为新投影面的平行面。

【作图方法】 如图 2-82（b）所示，先使新投影轴 X_1 平行于 abc，再按点的变换规律作出 $\triangle ABC$ 平面的新投影 $a_1'b_1'c_1'$。显然，$\triangle a_1'b_1'c_1'$ 反映 $\triangle ABC$ 的实形。

同理，如果要将正垂面换成新投影面的平行面，应以新投影面 H_1 代替 H，且使 H_1 平行于该正垂面。在新的 V/H_1 体系中，该正垂面就变换成 H_1 面的平行面。

3. *一般位置平面换成新投影面的平行面*

因为一般位置面倾斜于旧投影面体系中的各个投影面，不可能存在一个新投影面既平行于已知的一般位置平面又垂直于某个旧投影面，因此不可能通过一次换面解决该问题。但根据投影面的平行面的特征，即在平面所平行的投影面上的投影反映实形，而其余投影积聚为一条与相应投影轴平行的直线。因此，在将其变成投影面的平行面之前，应先设法将其变成有积聚性的垂直面。也就是先经过一次换面使一般位置平面换成新投影面的垂直面，再第二次换面使垂直面换成新投影面的平行面。

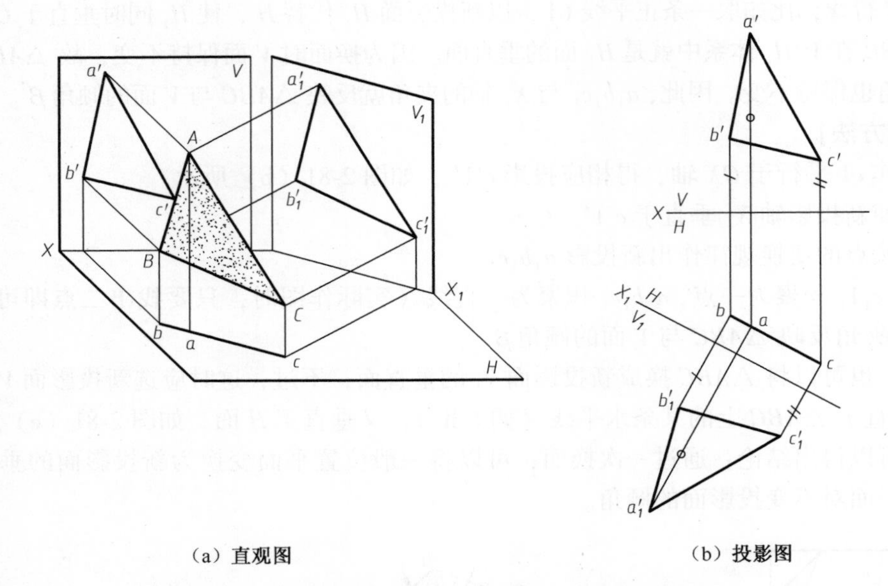

图 2-82　铅垂面变换为投影面平行面（保留 H 面）

如图 2-83 所示，首先以新投影面 V_1 代替 V，使 V_1 垂直于 $\triangle ABC$ 内的水平线 CⅡ，将 $\triangle ABC$ 换成新投影面体系 V_1/H 中的垂直面；再以与 $\triangle ABC$ 平行的新投影面 H_2代替 H。显然，第二次换面后，$\triangle a_2b_2c_2$ 反映 $\triangle ABC$ 实形。经两次换面后，$\triangle ABC$ 在 V_1/H_2 体系中成为新投影面 H_2的平行面。

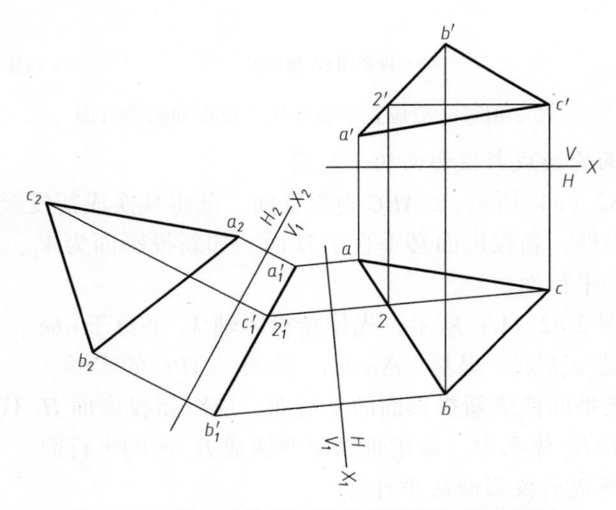

图 2-83　将一般位置面变换为投影面的平行面

当然，也可先以新投影面 H_1代替 H 面，再以新投影面 V_2代替 V 面，使一般位置面变换成 V_2/H_1 投影体系中 V_2面的平行面。读者不妨自己练习。

2.6.2　旋转法*

旋转法是保持投影面不动，将空间几何元素绕某一轴旋转，使其处于特殊位置，然后进行投影。如图 2-84 所示，当正垂面 $\triangle ABC$ 以正垂线 BC 为轴旋转到与 H 面平行时，其水平投影 $\triangle a_1bc$ 反映 $\triangle ABC$ 实形。

通常情况下，旋转轴并不是任意取的，而是选择特殊位置的直线，即投影面的垂直线和平行线。当旋转轴是投影面的垂直线时称之为垂直轴旋转法；当旋转轴为投影面的平行线时称之为平行轴旋转法。

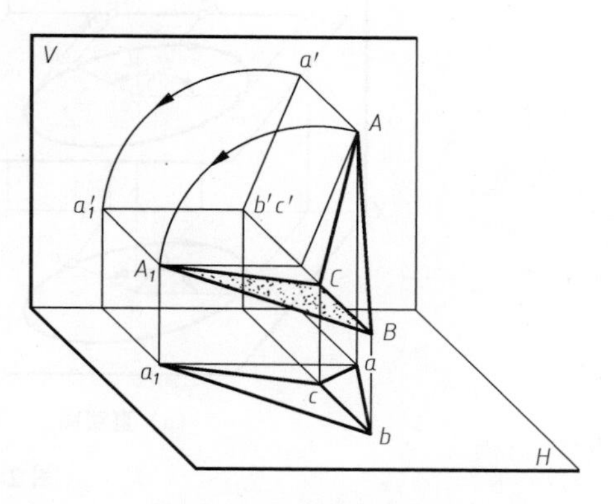

图 2-84　旋转法

2.6.2.1　垂直轴旋转法

1. 点绕垂直轴旋转

（1）点绕正垂轴旋转。如图 2-85（a）所示，当点 A 绕正垂轴 L 旋转时，其轨迹是以旋转中心 C 为圆心，CA 为半径所作的圆（圆所在的平面垂直于旋转轴）。由于该旋转平面是过点 A 的正平面，因此该圆的正面投影反映实形（以 c'为圆心、$c'a'$为半径），而水平投影积聚为过点 a 且与旋转轴 L 的水平投影 l 垂直的线段（平行于 OX 轴），其长度等于圆的直径。

当点 A 按逆时针方向旋转 θ 角到 A_1 时，其正面投影由 a'旋转到 a'_1，并且反映旋转时转过的角度 θ，而水平投影 a 则平行于 OX 轴移动到 a_1，如图 2-85（b）所示。

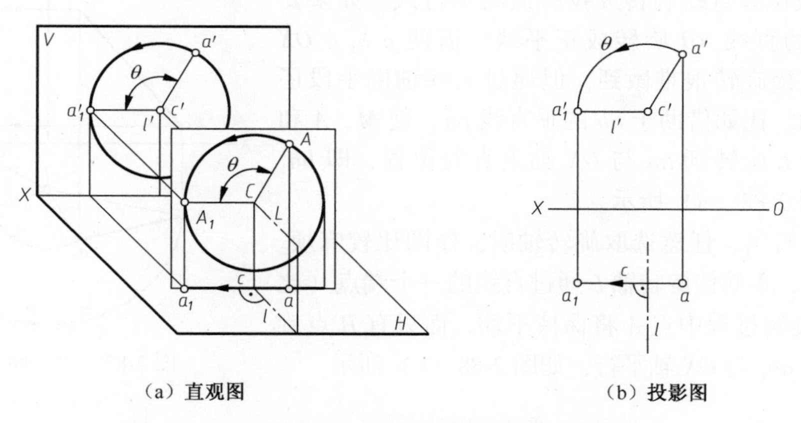

（a）直观图　　（b）投影图

图 2-85　点绕正垂轴旋转

（2）点绕铅垂轴旋转。如图 2-86（a）所示，点 A 绕铅垂线 L 旋转时，其轨迹仍为圆，只不过圆所在的平面为过点 A 的水平面。因此，其水平投影反映圆的实形，而正面投影积聚为过点 a'并与 l'垂直（平行于 OX 轴）的线段。

当点 A 旋转 θ 角到 A_1 时，其水平投影由 a 旋转到 a_1，并在投影图上反映转过的角度 θ；而正面投影 a'则平行于 OX 轴移动到 a'_1，如图 2-86（b）所示。

由此得出点绕垂直轴旋转的作图规律：当一点绕垂直于投影面的轴旋转时，在与旋转轴垂直的投影面上投影点的运动轨迹为一个圆，在该投影面上旧投影是“旋转”到新投影的位置；而在另一投影面上投影点的运动轨迹为一条与旋转轴垂直的直线，在该投影面上旧投影是“平移”到新投影的位置。

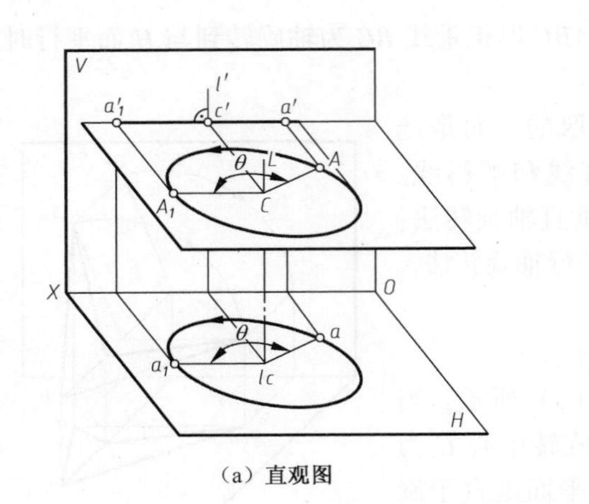

（a）直观图

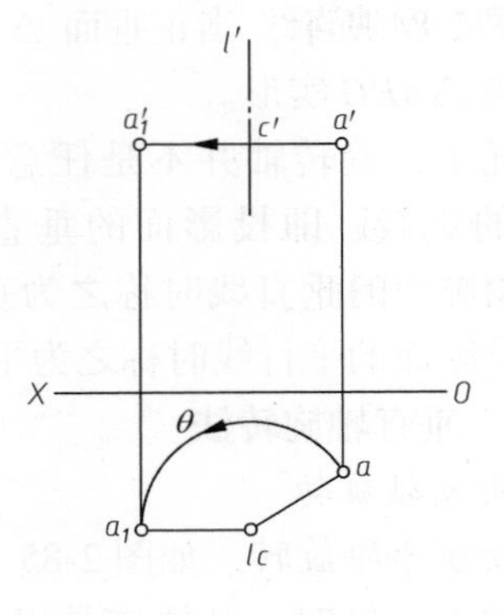

（b）投影图

图 2-86　点绕铅垂轴旋转

2. 直线绕垂直轴旋转

由于直线是由两点决定的，因此，直线的旋转可以看成是两个端点的旋转。但为了保证在旋转时不改变直线上各点间的相对位置，旋转时必须使直线的两端点绕同一根轴，作同角度、同方向的旋转，即“三同”原则。图 2-87 所示是在任意位置作一条铅垂线 L，将直线 AB 的两个端点，绕 L 顺时针方向旋转 θ 角的结果。

（1）一般位置直线旋转成投影面的平行线。如果要将图 2-87 中的直线 AB 旋转成正平线，需使 $a_1b_1 /\!/ OX$ 轴，显然，直接旋转很难做到，但通过一些辅助手段还是可以实现的。比如借助于 ab 的垂直线 lm，使 M、A 和 B 三点同时绕 L 旋转到 lm 与 OX 轴垂直的位置，即 lm_1 的位置，如图 2-88（a）所示。

此例可以看出，任意选取旋转轴时，作图比较麻烦。为了作图方便，不妨使旋转轴 L 通过直线的一个端点（比如 A），这样旋转过程中点 A 将保持不动，而只有 B 点旋转，很容易使 ab_1 与 OX 轴平行，如图 2-88（b）所示。

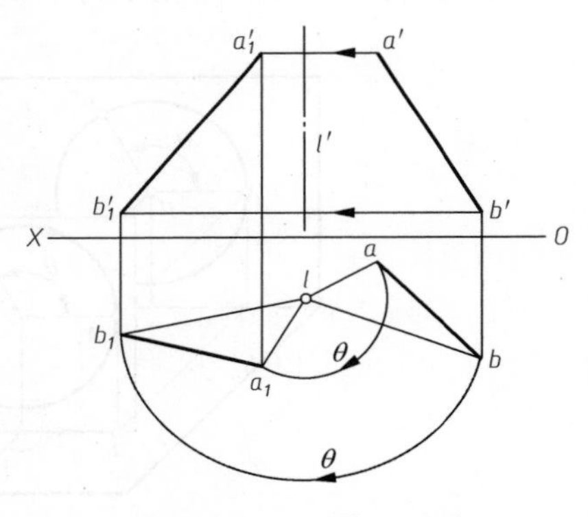

图 2-87　“三同”原则

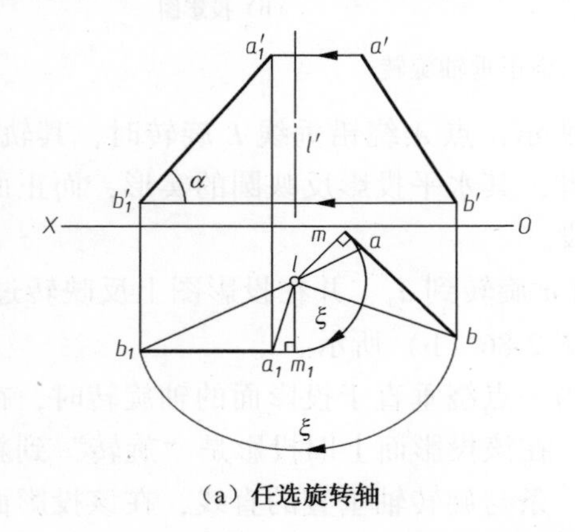

（a）任选旋转轴

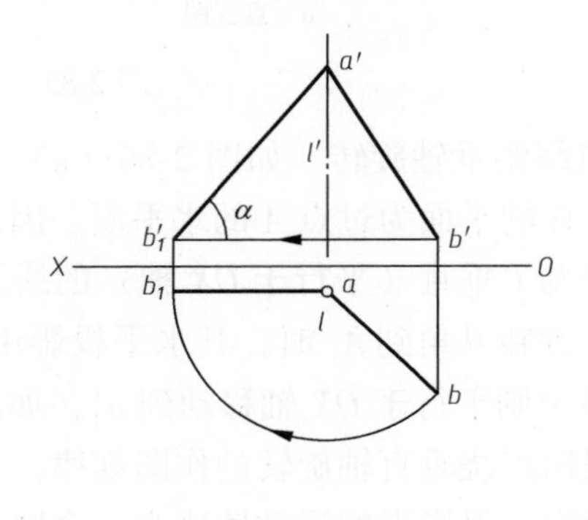

（b）旋转轴通过一个端点

图 2-88　一般位置直线旋转为正平线

显然，$a'b'_1$ 反映直线 AB 的实长，并且 $a'b'_1$ 与 OX 轴的夹角反映直线 AB 与 H 面的倾角 α。

从图 2-89 可以看出，直线 AB 绕铅垂轴旋转时，其轨迹为一个正圆锥面，无论直线 AB 旋转至什么位置，它与 H 面的夹角 α 始终不变，其水平投影长度也始终相等。

同样，如果直线 AB 绕正垂轴旋转，其对 V 面的夹角也始终不变，在正投影面上的投影长度也始终相等。因此，当求 AB 的实长及其对 V 面的夹角 β 时，必须将直线 AB 绕正垂轴旋转为水平线。

（2）投影面的平行线旋转成投影面的垂直线。

【分析】 如图 2-90 所示，因为正平线 AB_1 平行于 V 面，如果不改变 AB_1 与 V 面之间的平行关系，只改变 AB_1 与 H 面的夹角 α 并使之呈垂直关系，就需要以一条正垂线为旋转轴。

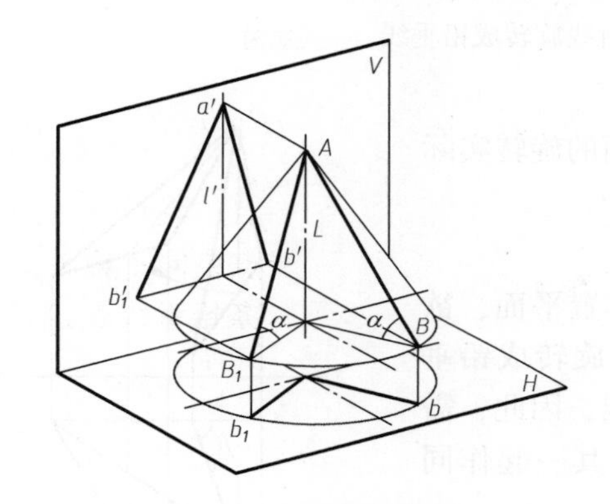

图 2-89　绕铅垂轴旋转

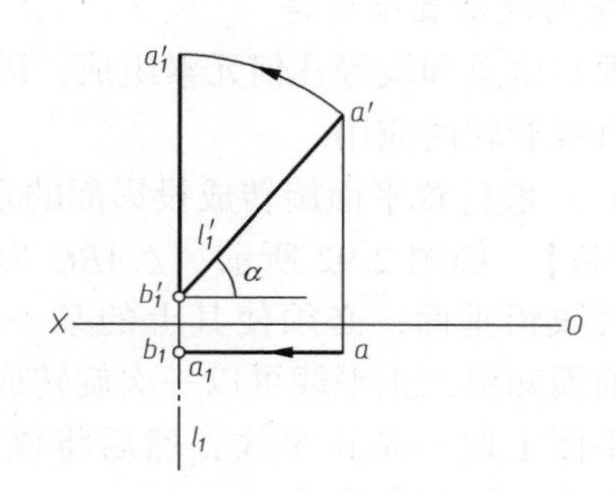

图 2-90　正平线旋转为铅垂线

【作图步骤】

1）如图 2-90 所示，过 B_1 点作一条正垂线 L_1，并选其为旋转轴。

2）在 V 面上以 b'_1 为圆心，将 b'_1a' 旋转到与 OX 轴垂直的 $b'_1a'_1$ 位置。

3）在 H 面上将 a 点沿 X 轴平移到 a_1。

此时，a_1 与 b_1 重合为一点，A_1B_1 成为一条铅垂线。

同样，以铅垂线为旋转轴进行一次旋转，也可以将水平线旋转成正垂线。

（3）一般位置直线旋转成投影面的垂直线。

【分析】 由于一次旋转时，几何元素与旋转轴所垂直的投影面间的倾角始终保持不变，而一般位置直线与两个投影面又都是倾斜的，所以，要将一般位置直线旋转成投影面的垂直线，必须改变该线与两个投影面间的倾角，为此必须进行二次旋转变换。

从图 2-88（b）可以看出，一般位置直线 AB 绕铅垂轴 L 可以旋转成正平线 AB_1；而图 2-90 又可以将正平线 AB_1 绕正垂轴 L_1 旋转成铅垂线 A_1B_1。实际上，如果将这两个过程接连进行，也就实现了将一般位置直线旋转成铅垂线的目的。

【作图步骤】

1）过点 A 作铅垂线 L，并选为旋转轴进行一次旋转，如图 2-91（b）所示。

2）过 B_1 点作正垂线 L_1，并选为旋转轴进行二次旋转，如图 2-91（c）所示。

同样，也可以将一般位置直线旋转成正垂线，读者可以自己动手练习一下。

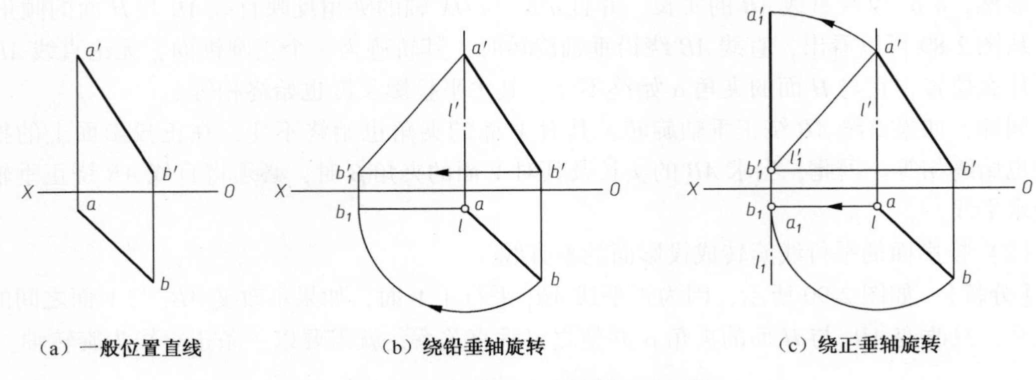

（a）一般位置直线　（b）绕铅垂轴旋转　（c）绕正垂轴旋转

图 2-91　一般位置直线旋转成铅垂线

3. 平面绕垂直轴旋转

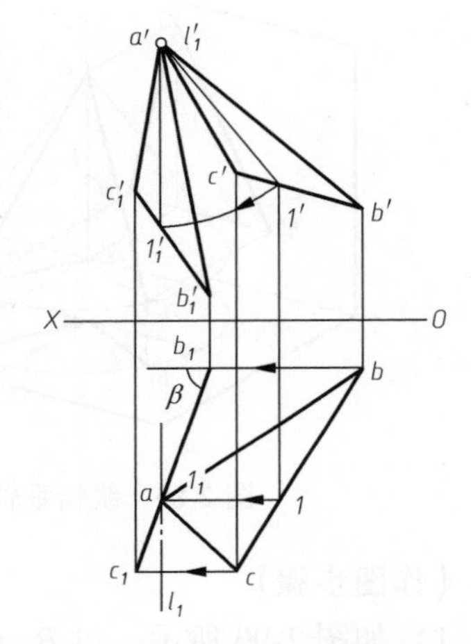

图 2-92　一般位置面旋转为铅垂面

平面是由点和线等几何元素组成，因此平面的旋转实际是点、直线旋转的应用。

（1）一般位置平面旋转成投影面的垂直面。

【分析】 如图 2-92 所示，△ABC 为一般位置平面，欲将其旋转成铅垂面，必须使其上的某一条直线旋转成铅垂线。由前面知道，正平线可以一次旋转成铅垂线，因此，需先在该平面上取一条正平线，然后将该平面与其一起作同轴、同角度、同方向旋转。

【作图步骤】

1）如图 2-92 所示，在△ABC 上取正平线 A Ⅰ。

2）过 A 点作一条正垂线 L_1，并选为旋转轴。

3）将正平线 A Ⅰ旋转成铅垂线。

4）根据"三同"原则，旋转 B 和 C 两点，作出△ABC 的新投影△$a'b_1'c_1'$ 和 ab_1c_1，此时 ab_1c_1 积聚为一条直线，它与 OX 轴的夹角反映△ABC 与 V 面的倾角 β。

由于平面与投影面之间的夹角是用最大斜度线与投影面之间的倾角来表示的，而在平面绕某一投影面的垂直轴旋转时，最大斜度线与该投影面之间的倾角始终保持不变，故平面与该投影面的倾角也保持不变。

由此得出结论：平面绕某投影面的垂直轴旋转时，平面在该投影面上投影的形状和大小不变。

（2）投影面的垂直面旋转成投影面的平行面。

【分析】 如图 2-93 所示，△AB_1C_1 为铅垂面，欲将其旋转成正平面，应选取通过其一个顶点的铅垂线为旋转轴。

【作图步骤】

1）如图 2-93 所示，过点 C_1 作铅垂线 L_2，并选为旋转轴。

2）在 H 面上，将△AB_1C_1 有积聚性的投影 c_1ab_1 绕 c_1 点旋转到与 OX 轴平行的 $c_1a_2b_2$ 位置；在 V 面上，a'和 b_1' 平移到相应的 a_2'和 b_2'位置。

此时，该平面旋转为正平面，其正面投影$\triangle a_2'b_2'c_1'$反映实形。

（3）一般位置平面旋转成投影面的平行面。

【分析】 如同一般位置直线旋转成投影面的垂直线一样，要将一般位置平面旋转成投影面的平行面，也必须旋转两次。即首先旋转为投影面的垂直面，然后才能将该投影面的垂直面旋转成投影面的平行面。

细心的读者也许已经发现图2-92和图2-93实际就是把一个一般位置平面旋转成一个铅垂面，然后又把铅垂面旋转成正平面。为了便于全面地理解这一过程，下面给出具体的绘图过程与图示。

图2-93 铅垂面旋转为正平面

【作图步骤】

1）在$\triangle ABC$上取正平线AⅠ，如图2-94（b）所示。

2）过A点作正垂线L_1，并选其为旋转轴进行第一次旋转，如图2-94（b）所示。

3）过点C_1作铅垂线L_2，并选其为旋转轴进行第二次旋转，如图2-94（c）所示。

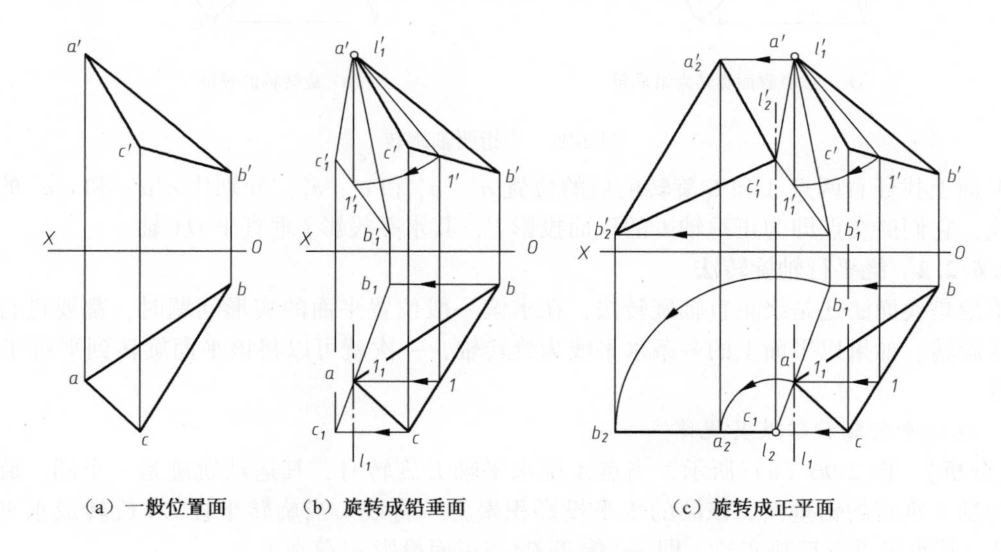

（a）一般位置面 （b）旋转成铅垂面 （c）旋转成正平面

图2-94 一般位置面旋转为正平面

此时，该平面旋转为正平面，其正面投影$\triangle a_2'b_2'c_1'$反映实形。

（4）不指明轴旋转。绕垂直轴旋转法的作图，常常由于所选旋转轴通过某一几何元素，使得旋转后的两个图形十分靠近甚至重叠，影响图面的清晰。为此，可运用上述平面旋转时所得的结论，即平面图形绕垂直轴旋转时，平面在旋转轴所垂直的投影面上的投影的形状和大小不变，可将图2-92改画为图2-95（a）的形式。此时只要保证$a_1'1_1'$垂直于OX轴，同时$\triangle a_1'b_1'c_1' \cong \triangle a'b'c'$，$\triangle ABC$即处于铅垂面的位置。实际上图2-95（a）的作图，仍是$\triangle ABC$绕某一铅垂轴旋转的结果，只是未明确指出旋转轴的位置，故称为不指明轴旋转。

图2-95（b）表明了不指明轴旋转时旋转轴L的确定方法。因为是以正垂线为旋转轴，

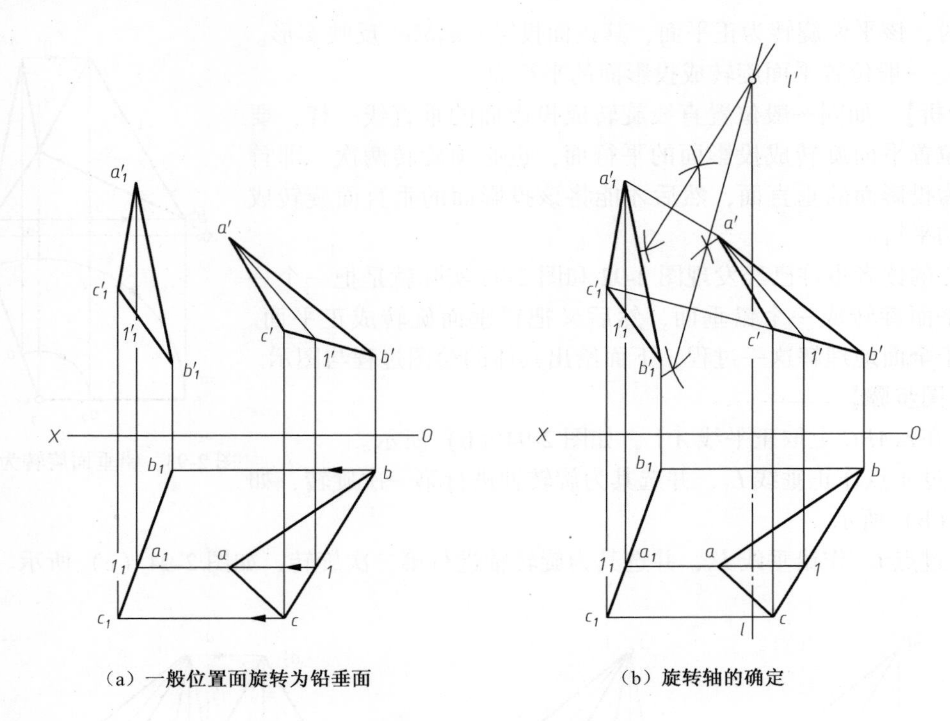

（a）一般位置面旋转为铅垂面　　（b）旋转轴的确定

图 2-95　不指明轴旋转

故在 V 面上找任意两点 A 和 C 旋转前后的位置 a'、a'_1 和 c'、c'_1，分别作 $a'a'_1$ 和 $c'c'_1$ 的垂直平分线，它们的交点即为正垂轴 L 的正面投影 l'，其水平投影 l 垂直于 OX 轴。

2.6.2.2　绕平行轴旋转法

不论是换面法还是绕垂直轴旋转法，在求解一般位置平面的实形问题时，都要进行二次换面或旋转。如果以平面上的一条水平线为旋转轴，一次就可以将该平面旋转到平行于 H 面的位置。

1. 点绕平行轴旋转及其规律

【分析】 图 2-96（a）所示，当点 A 绕水平轴 L 旋转时，其运动轨迹是一个圆。旋转平面为与轴 L 垂直的铅垂面，该圆的水平投影积聚为一直线。当旋转半径 CA 旋转成水平位置 CA_1 时，其水平投影反映实长，即 ca_1 等于 CA，正面投影 a'_1落在 l'上。

【作图步骤】

（1）确定旋转中心。如图 2-96（b）所示，过 a 作直线垂直于 l，交于点 c，并作出相应 c'点。

（2）确定旋转半径及其实长。连接点 A 和 C 的同面投影，即 $c'a'$和 ca。用直角三角形法求其实长，即以 ca 为一个直角边，取点 C、A 两点的 Z 坐标差 h_A 为另一直角边，则斜边 ca_0 即为所求实长。

（3）确定旋转后的点 A_1。在 ca 的延长线上量取 ca_1 等于 ca_0（有二解），则 a_1 即为点 A_1 的水平投影。其正面投影 a'_1 相应落在 l'上。

由于 c'必在 l'上，故作图时即使不求出 c'，也可以量取 h_A。

点绕正平轴旋转的原理和作图与上述类似，故从略。

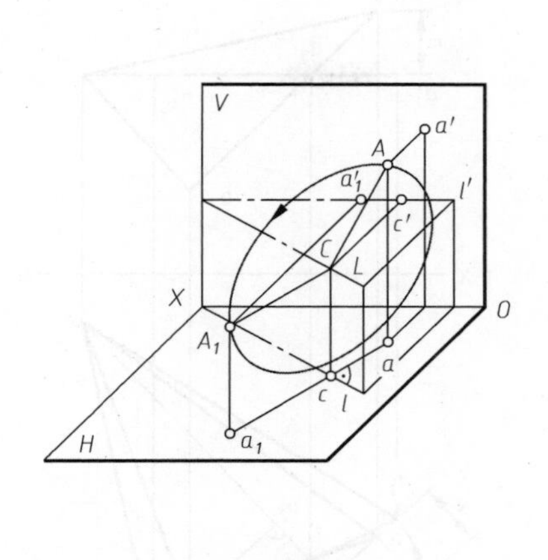

（a）直观图

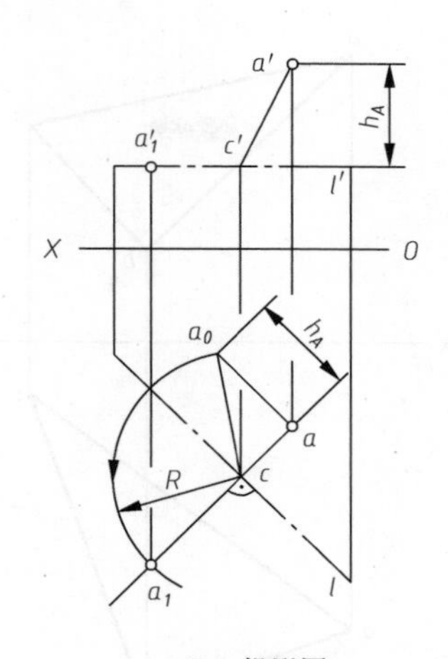

（b）投影图

图 2-96　点绕平行轴旋转

由此可得点绕平行轴旋转的规律：点的运动轨迹是一个圆，其在旋转轴所平行的投影面上的投影积聚为一条直线且与旋转轴的同面投影垂直。当旋转半径与旋转轴所平行的投影面平行时，在该投影面上的投影反映旋转半径的实长；而在另一投影面上的投影落在旋转轴的同面投影上。

2. 平面绕平行轴旋转

【分析】 由于平面的位置可以由一条直线和直线外一点来确定，因此，由属于平面的旋转轴（平面内的一条投影面平行线）和旋转后的一个点即可确定平面旋转后的位置。这样，平面绕平行轴旋转实际上还是应用点绕平行轴旋转的规律。

图 2-97（a）所示为一般位置平面△*ABC* 的两面投影，如果要求其实形，就可以让其绕平行轴旋转。

【作图步骤】

（1）如图 2-97（b）所示，过点 *C* 作水平线 *C* Ⅰ，并选为旋转轴。

（2）求出点 *A* 绕 *C* Ⅰ轴旋转到反映旋转半径实长的新位置 A_1。

（3）求点 *B* 旋转后的新位置 B_1。由于 *AB* 与旋转轴的交点Ⅰ是不动点，连线 $a_1 1$ 并延长，使它与过 *b* 且垂直于 *c*1 的直线相交，交点即为 b_1（当然，也可以用求 A_1 类似的方法求出 B_1）。

（4）连接相应点形成的△$a_1 b_1 c$ 就是 △*ABC* 旋转后的水平投影，也反映其实形。

2.6.3　换面法应用举例

例 2-23　如图 2-98 所示，求点 *A* 到已知直线 *BC* 的距离。

【分析】 根据直角投影定理可知，互相垂直的两条直线，当其中一条直线是投影面的垂直线时，两直线在该面上反映直角。于是，可以用换面法将已知直线 *BC* 变换为新投影面的平行线，则在新投影体系中，可以直接过点 *A* 作出与直线 *BC* 垂直相交的直线 *AK*，再求出 *AK* 的实长，即为点到直线的距离。

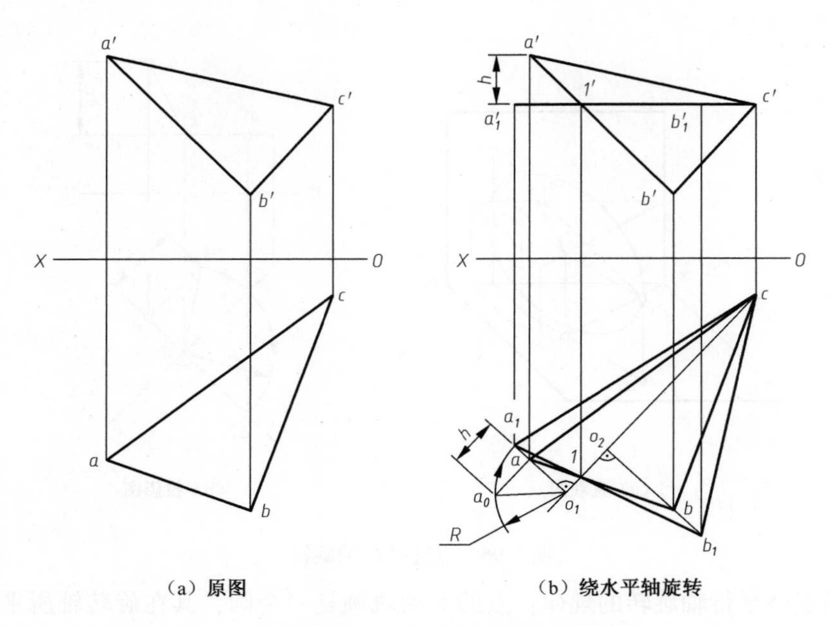

(a) 原图　　(b) 绕水平轴旋转

图 2-97　求一般位置平面的实形

【作图步骤】

(1) 如图 2-98 所示，将直线 BC 变换为投影面的平行线。作 $X_1 /\!/ bc$，使直线 BC 变为 V_1 面的平行线（变为 H_1 面的平行线也可以，但这时必须 $X_1 /\!/ b'c'$），求出直线 BC 在 V_1 面的新投影 $b'_1c'_1$。同时，将点 A 随同直线 BC 一起变换，求出点 A 在 V_1 面的新投影 a'_1。

(2) 确定垂线的位置。根据直角投影定理，在 H/V_1 新体系中作出点 A 到直线 BC 的距离 $AK(ak, a'_1k'_1)$。

(3) 求出线段 AK 的实长。可以用换面法求实长，如图 2-98 所示。当然，也可以用直角三角形法求实长。

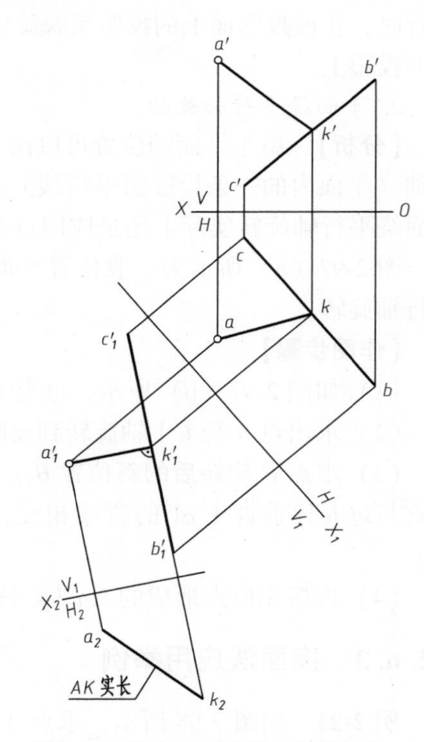

图 2-98　求点 A 到直线 BC 的距离

例 2-24　如图 2-99 所示，已知一般位置平面 $\triangle ABC$ 及其外的一点 D，求点 D 到平面 $\triangle ABC$ 的距离。

【分析】　根据直线与平面垂直的投影规律可知，当 $\triangle ABC$ 平面垂直于某一投影面时，其法线 DK 是该投影面的平行线，若 K 点为垂足点，DK 在新投影面上的投影反映距离的实长，如图 2-99（a）所示。

【作图步骤】

(1) 将 $\triangle ABC$ 变换成投影面的垂直面。在平面 $\triangle ABC$ 内取一条水平线 AⅠ（$a1$，$a'1'$），

将直线 A Ⅰ 变换为 V_1 面的垂直线，△*ABC* 平面即变换为 V_1 面的垂直面，它在 V_1 面上的投影积聚为一条直线 $a'_1b'_1c'_1$。点 *D* 随同一起变换成投影点 d'_1，如图 2-99（b）所示。

（2）作垂线 *DK*。过 d'_1 作直线 $d'_1k'_1 \perp a'_1b'_1c'_1$，则 $d'_1k'_1$ 即为所求，如图 2-99（b）所示。

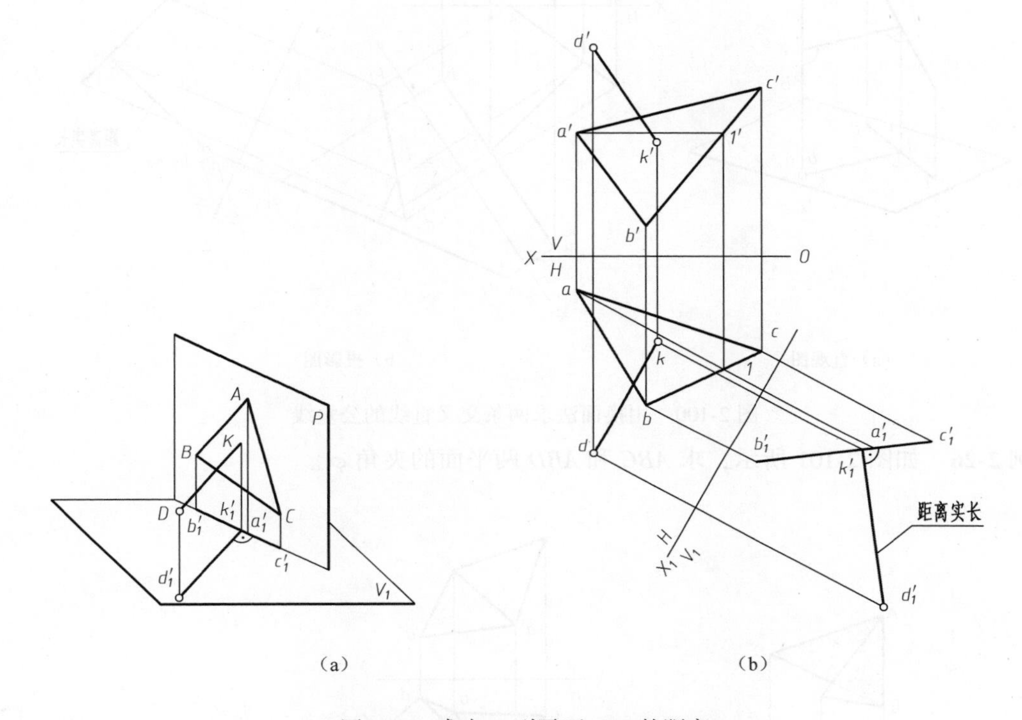

图 2-99　求点 *D* 到平面 *ABC* 的距离

例 2-25　已知两交叉直线 *AB* 与 *CD*，求其公垂线的投影及实长。

【分析】　如图 2-100（a）所示，当两交叉直线之一（如 *AB*）变为新投影面的垂直线时，公垂线 *KL* 必平行于新投影面，其新投影反映实长，且与另一直线（*CD*）在新投影面上的投影反映直角。因为 *AB*、*CD* 直线均为一般位置直线，故只需把直线 *CD* 与 *AB* 一起进行二次换面，就可以把 *AB* 换成新投影面的垂直线。

【作图步骤】

（1）将 *AB* 换成投影面的平行线。如图 2-100（b）所示，使 $X_1 /\!/ ab$，作出直线 *AB* 在 V_1 面的新投影 $a'_1b'_1$ 及直线 *CD* 在 V_1 面的新投影 $c'_1d'_1$。

（2）将 *AB* 换成投影面的垂直线。使 $X_2 \perp a'_1b'_1$，作出 *AB* 在 H_2 面的新投影 a_2b_2 及 *CD* 的新投影 c_2d_2。

（3）作公垂线 *KL*。由于 a_2b_2 积聚为一点，所以，k_2 点与之重合。自 k_2 点作 c_2d_2 的垂线 k_2l_2，并由 l_2 确定 l'_1。由于 $KL /\!/ H_2$ 面，所以，$l'_1k'_1 /\!/ X_2$ 且 k_2l_2 反映 *KL* 的实长。

（4）将 *KL* 返回到原投影体系 *V/H* 中。

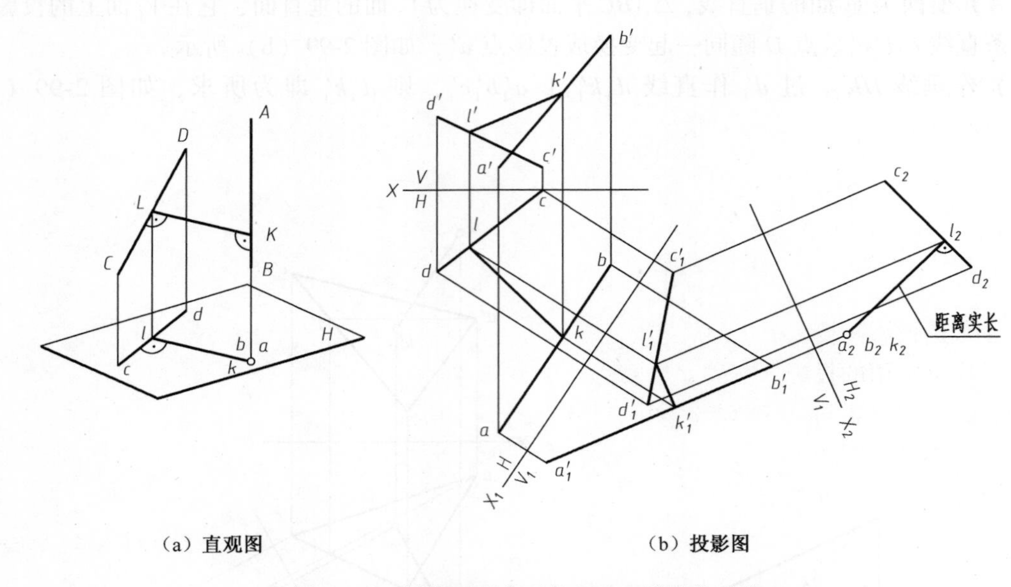

（a）直观图　　（b）投影图

图 2-100　用换面法求两条交叉直线的公垂线

例 2-26　如图 2-101 所示，求 *ABC* 和 *ABD* 两平面的夹角 φ 。

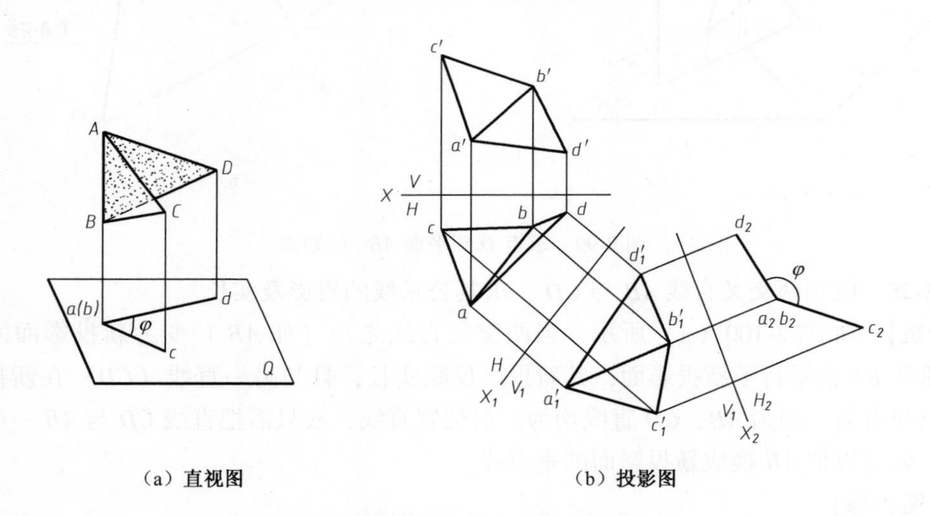

（a）直视图　　（b）投影图

图 2-101　求平面 *ABC* 与 *ABD* 的夹角

【分析】　当两平面同时垂直于某一投影面时，它们在该投影面上的投影积聚为两条直线，此两直线的夹角反映两平面夹角的大小。为使平面 *ABC* 与 *ABD* 同时垂直于某一投影面，只要使它们的交线 *AB* 垂直于该投影面即可。从图 2-101 中可知，平面 *ABC* 与 *ABD* 的交线 *AB* 为一般位置直线，需要经过两次换面，才能将其变换为投影面的垂直线，进而得到两平面的夹角。

【作图步骤】

（1）将 *AB* 变成投影面的平行线。使 X_1 轴 // *ab* ，在 V_1/H 体系中 *AB* 变换成 V_1 面的平行

线，同时作出两平面的新投影 $a_1'b_1'c_1'$ 和 $a_1'b_1'd_1'$。

（2）将 AB 变成投影面的垂直线。使 X_2 轴 $\perp a_1'b_1'$，在 V_1/H_2 体系中 AB 变换成 H_2 面的垂直线。这时，两平面在 H_2 面上的投影积聚为一对相交直线 $a_2b_2c_2$ 和 $a_2b_2d_2$，它们的夹角就是两平面的夹角 φ。

复习思考题

1. 什么是投影三要素？
2. 工程上常用的投影图有哪些？各自有什么特点？
3. 点的三面投影与直角坐标的关系是什么？
4. 试总结投影面的平行线和投影面的垂直线的一般性规律。
5. 两直线有哪三种相对位置？分别叙述各自的投影特性。
6. 什么叫重影点？可见性的含义是什么？怎么判断交叉两直线在投影图中重影点的可见性？
7. 证明点分线段之比，在投影后保持不变。
8. 投影图上表示平面的方法有哪些？
9. 平面图形平行于投影面、垂直于投影面和倾斜于投影面时分别有什么样的投影特性？
10. 如何在平面内取点和直线？
11. 什么叫投影变换？变换的目的是什么？
12. 在换面时，点的新、旧投影之间的变换关系是什么？
13. 试述用换面法把一般位置直线变为投影面的平行线和投影面的垂直线的步骤。

第3章 立体及其交线的投影

任何复杂的几何形体都可看作是由若个基本立体构成。基本立体根据其表面的几何形状，可分为两大类：

（1）平面立体——表面全部为平面的立体，如棱柱、棱锥等。

（2）曲面立体——表面为曲面或既有曲面又有平面的立体，如圆球、圆环、圆柱和圆锥等。

§3.1 平面立体的投影及其表面上的点和线

3.1.1 平面立体的投影

由于平面立体是由若干平面多边形围成的，因此，作平面立体的投影图就是作出立体的各个表面的投影。而各个表面均由直棱线围成，所以绘制平面立体的投影图就是绘制其所有棱线及顶点的投影。绘制平面立体投影时，棱线的投影为可见时，画粗实线；不可见时，画虚线；粗实线与虚线重合时，画粗实线。

1. 棱柱的投影

具有互相平行的两个底面，且其余棱线互相平行的立体称为棱柱。侧棱与上、下底面垂直的称为直棱柱，棱线互相平行与上、下底倾斜的称为斜棱柱。本节仅讨论正棱柱。如图3-1（a）所示，四棱柱的顶面和底面为水平面，四个侧棱面为铅垂面，四条侧棱线为铅垂线。如图3-1（b）所示，作投影图时，先画顶面和底面的投影。其水平投影反映实形——四边形，且两面的投影重合，在正面和侧面上的投影分别积聚为与 OX 轴、OY 轴平行的直线段。然后，再画四条棱线的投影。水平投影积聚在四边形的四个顶点上，正面、侧面投影为反映棱柱高的直线段。在正面投影图中，$d'd'_1$ 因为被前面的棱面挡住而不可见，故画成虚线。在侧面投影图中，$c''c''_1$ 也因为被左面的棱面遮挡而画成虚线。

在该投影体系中，若改变立体与投影面间的距离，仅会改变立体的各投影与投影轴之间的距离，而各投影的大小、形状始终保持不变。因此，投影图中的投影轴对表达立体的形状并无多大的实际意义。为了作图简便，投影图上的投影轴可省略不画，如图3-1（c）所示。但投影规律仍然要遵循，通常简单归纳如下：

（1）正面投影与水平投影——长对正。

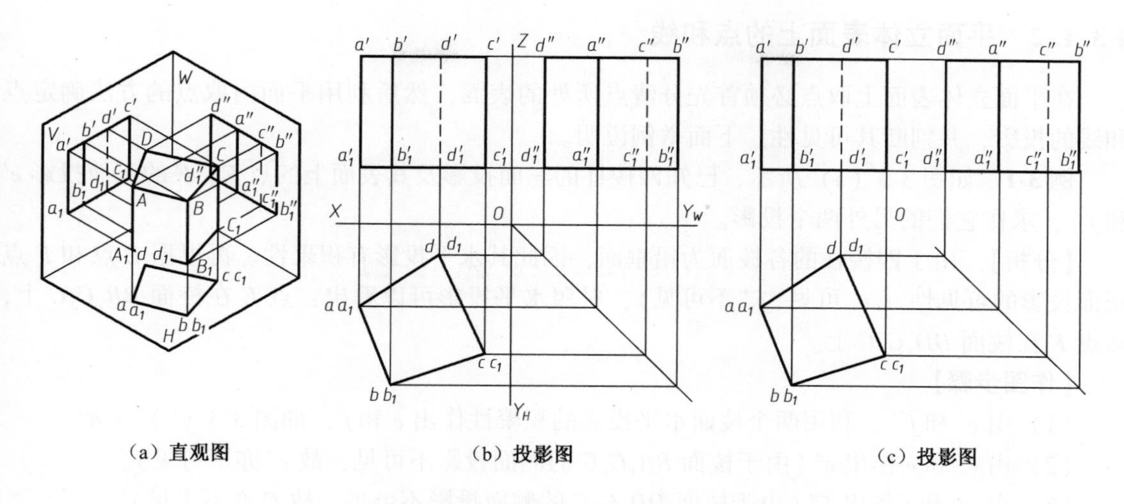

（a）直观图　（b）投影图　（c）投影图

图 3-1　四棱柱的投影图

（2）正面投影与侧面投影——高平齐。

（3）水平投影与侧面投影——宽相等。

2. 棱锥的投影

具有一个多边形底面，各棱面均为三角形且有一个公共顶点的平面立体称为棱锥。图 3-2（a）所示，三棱锥的底面是一个平行于 H 面的三角形，棱线 SA、SB 和 SC 为一般位置直线。如图 3-2（b）所示，作投影图时，先画底面的投影。其水平投影反映实形，正面及侧面投影都积聚成直线段。然后，再画锥顶 S 的投影；最后，连接锥顶 S 和底面各顶点，即得该三棱锥的三面投影图。由于该三棱锥的三个侧棱面都为一般位置平面，故它们的各个投影都是其本身的类似形——三角形。侧面投影中，棱线 $s''c''$ 因被左面的棱面挡住而画成虚线。

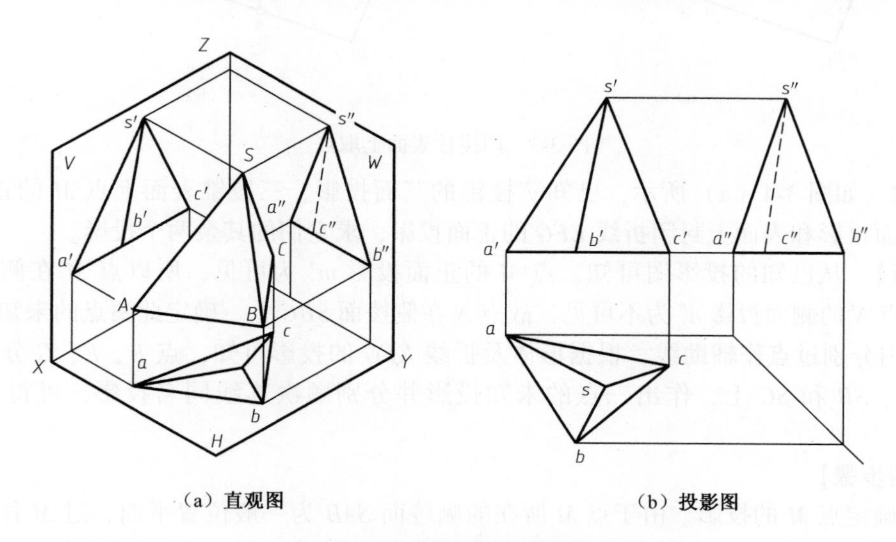

（a）直观图　（b）投影图

图 3-2　三棱锥的投影图

3.1.2 平面立体表面上的点和线

在平面立体表面上取点必须首先分清点所处的表面，然后利用平面内取点的方法确定点和线的投影，并判断其可见性。下面举例说明。

例 3-1 如图 3-3（a）所示，已知四棱柱的三面投影及其表面上的点 E、F 的正面投影 e' 和 f'，求作它们的另外两个投影。

【分析】 由于四棱柱的各棱面为铅垂面，因此其水平投影有积聚性。再根据 E 点和 F 点正面投影的可见性（e' 可见、f' 不可见），对照水平投影可以看出：点 E 在棱面 BB_1C_1C 上，而点 F 在棱面 DD_1C_1C 上。

【作图步骤】

（1）由 e' 和 f'，利用两个棱面水平投影的积聚性作出 e 和 f，如图 3-3（b）所示。

（2）由 e' 和 e 作出 e''（由于棱面 BB_1C_1C 的侧面投影不可见，故 e'' 亦不可见）。

（3）由 f' 和 f 作出 f''（由于棱面 DD_1C_1C 的侧面投影不可见，故 f'' 亦不可见）。

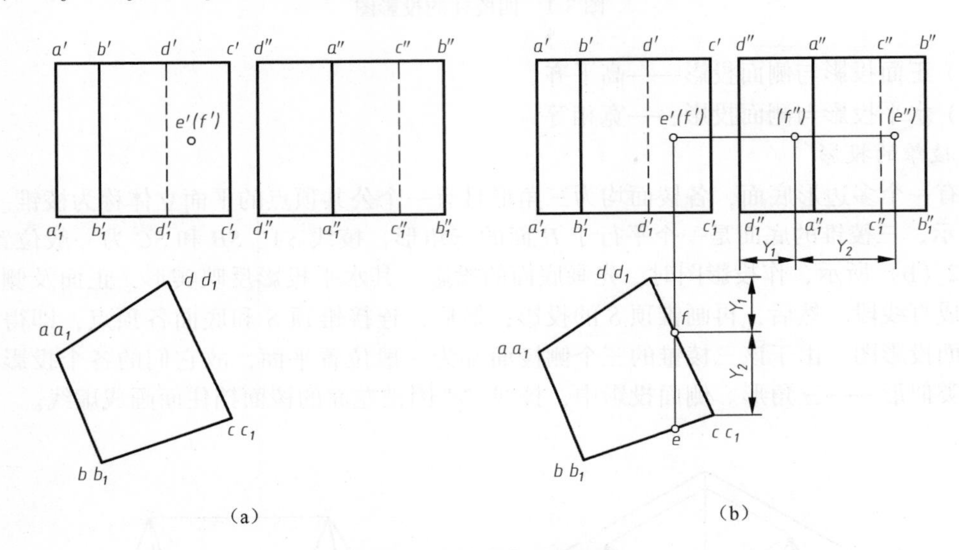

图 3-3 四棱柱表面上取点

例 3-2 如图 3-4（a）所示，已知三棱锥的三面投影、三棱锥表面上点 M 的正面投影、点 N 的侧面投影和表面上封闭折线 EFG 的正面投影，求它们的其余两个投影。

【分析】 从已知的投影图可知，点 M 的正面投影 m' 为可见，所以点 M 在侧棱面 SAB 上。另一点 N 的侧面投影 n'' 为不可见，故点 N 在侧棱面 SBC 上。确定此两点的未知投影需要在两平面内分别过点作辅助线。根据形体及折线 EFG 的投影可知，点 E、F、G 分别位于三条棱线 SA、SB 和 SC 上，作出三点的未知投影并分别顺次连线同名投影，可得到折线的投影。

【作图步骤】

（1）确定点 M 的投影。由于点 M 所在的侧棱面 SAB 为一般位置平面，过 M 作直线 SD，求出 SD 的水平投影，可在其上定出 M 点水平投影 m，根据 m 和 m' 进而可确定 m''，如图 3-4（b）所示。

（2）确定点 N 的投影。由于点 N 所在的侧棱面 SBC 也为一般位置平面，故过 N 点作辅助直线ⅠⅡ的侧面投影 $1''2''$，求出ⅠⅡ的水平投影 12 和正面投影 $1'2'$，在 12 和 $1'2'$ 上作出 N 点的另外两个投影 n 和 n'，如图 3-4（b）所示。

（3）可见性判断。由于 M 点所在的侧棱面 SAB 的水平投影和侧面投影均可见，因此 m 和 m'' 均可见；N 所在的侧棱面 SBC 的水平投影和正面投影均可见，因此 n 和 n' 均可见。

（4）求出封闭折线 EFG 上折点 E、F 和 G 的水平投影 e、f 与 g 和侧面投影 e''、f'' 及 g''，连线同面投影并判别可见性，如图 3-4（b）所示。

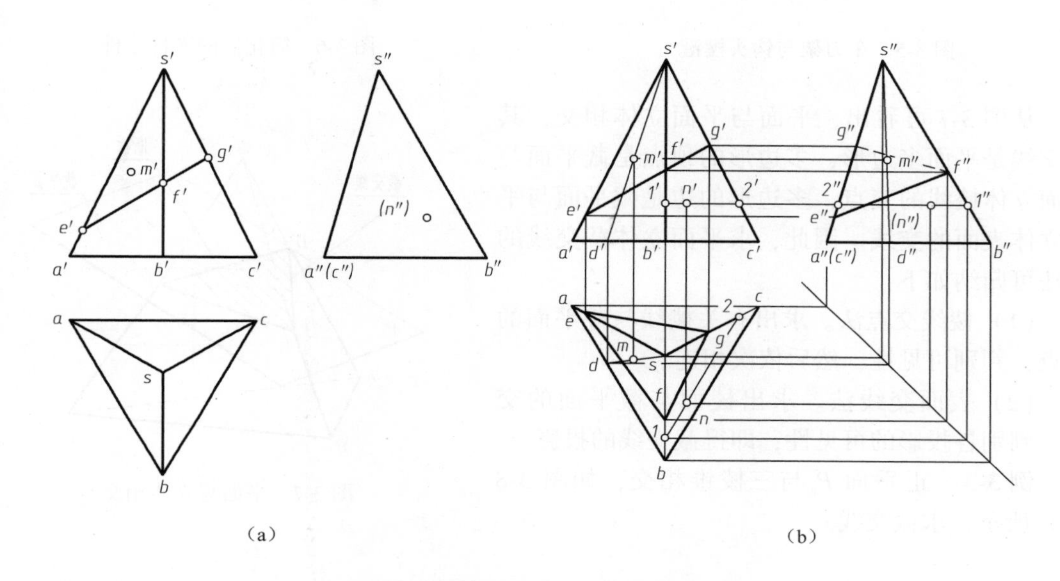

图 3-4 三棱锥表面上取点与取线

§3.2 平面与平面立体相交

工程物体在构型、图示时，常常会碰到平面与立体相交、直线与立体相交的问题。在工程实践中，平面与立体相交是构成机械零件形状的一种主要形式。例如，图 3-5 所示车刀架与钩头楔键，以及图 3-6 所示零件。

平面与立体相交，可以看成是立体被平面所截，如图 3-7 所示，称平面为截平面，所得交线为截交线，截交线所围成的平面图形为断面。

由于平面立体的形状以及截平面与立体的相对位置不同，截交线的形状也各不相同。但任何截交线都具有以下基本性质：

（1）截交线是截平面和立体表面的共有线，截交线上的点也必然是截平面和立体表面的共有点。

（2）截交线一定是一个或多个封闭的平面图形。

图 3-5　车刀架与钩头楔键

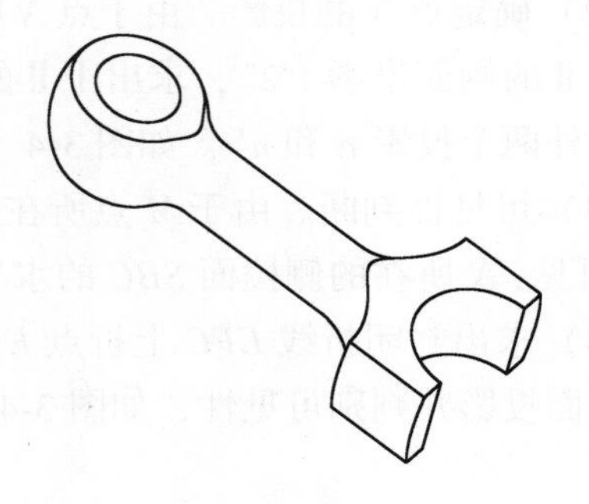

图 3-6　简化后的连杆零件

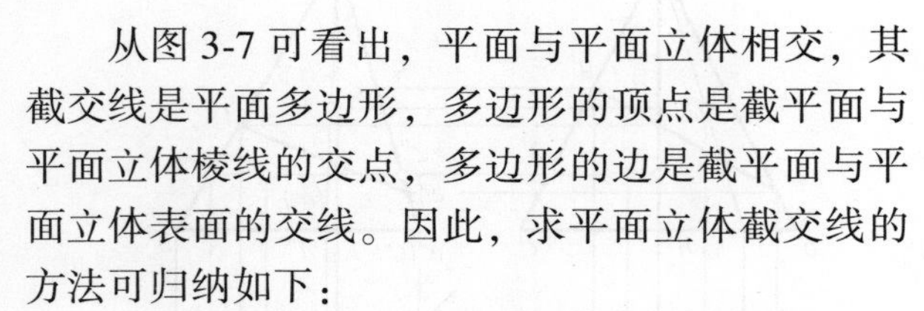

从图 3-7 可看出，平面与平面立体相交，其截交线是平面多边形，多边形的顶点是截平面与平面立体棱线的交点，多边形的边是截平面与平面立体表面的交线。因此，求平面立体截交线的方法可归纳如下：

（1）棱线交点法。求出有关棱线与截平面的交点，判别可见性，然后依次相连。

（2）表面交线法。求出棱面与截平面的交线，判别各投影的可见性，即得截交线的投影。

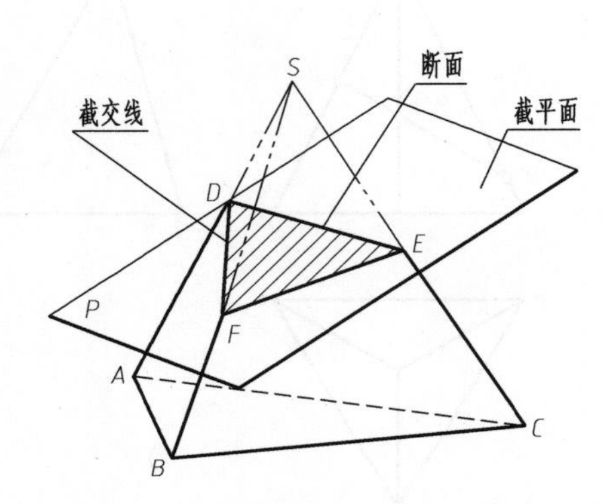

图 3-7　平面与立体相交

例 3-3　正垂面 P 与三棱锥相交，如图 3-8（a）所示，求截交线。

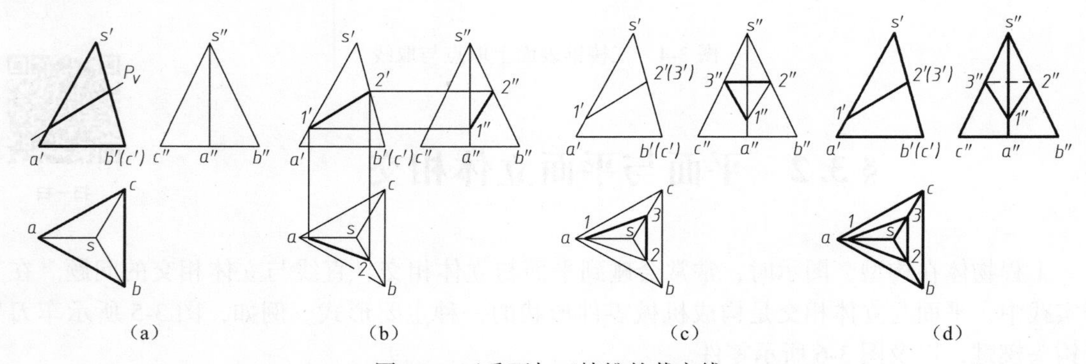

图 3-8　正垂面与三棱锥的截交线

【分析】

（1）从正面投影中可看出，截平面 P 与三棱锥的底面不相交，仅与三个棱面相交，因此截交线是一个三角形。

（2）由于 P 平面为正垂面，它的正面投影有积聚性，所以截平面 P 与参与相交的三个棱面的交线都可以直接利用积聚性求出。

【作图步骤】

（1）画出三棱锥的侧投影，如图 3-8（a）所示。

（2）求截平面 P 与棱面 SAB 的交线Ⅰ-Ⅱ，如图 3-8（b）所示。

（3）求截平面 P 与棱面 SBC、SAC 的交线Ⅱ-Ⅲ和Ⅲ-Ⅰ，如图 3-8（c）所示。

（4）判断可见性，并补全棱线的投影，如图 3-8（d）所示。

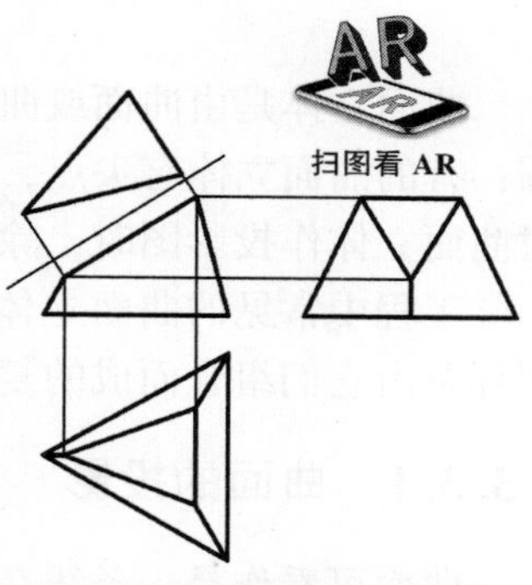

图 3-9 正垂面截切三棱锥

【讨论】 正垂面截切三棱锥后，其投影如图 3-9 所示。将其与图 3-8 做一比较可以看出：截交线的求法相同，所不同的是三棱锥被截断后，截交线的可见性发生了变化，以及三棱锥的棱线只需画出截断后剩余的部分。另外，用换面法可求出截断面的实形。

例 3-4 用 P、Q 两平面截切五棱柱，如图 3-10（a）所示，求截交线。

【分析】 P 平面为正垂面，Q 平面为侧平面。P 平面与 Q 平面的交线为Ⅲ-Ⅳ，Q 平面与五棱柱表面的交线为Ⅳ-Ⅰ-Ⅱ-Ⅲ（四边形）；P 平面与五棱柱的交线为Ⅳ-Ⅴ-Ⅵ-Ⅶ-Ⅲ（五边形）。由于积聚性，交线的正面投影和水平投影可直接求出，然后根据交线的正面投影和水平投影可求出交线的侧面投影。

【作图步骤】

（1）用细实线画出完整五棱柱的侧投影，如图 3-10（a）所示。

（2）求出 Q 平面与五棱柱的截交线，如图 3-10（b）所示。

（3）求出 P 平面与五棱柱的截交线，如图 3-10（c）所示。

（4）判断可见性，加粗五棱柱被截断后所剩的棱线，如图 3-10（d）所示。

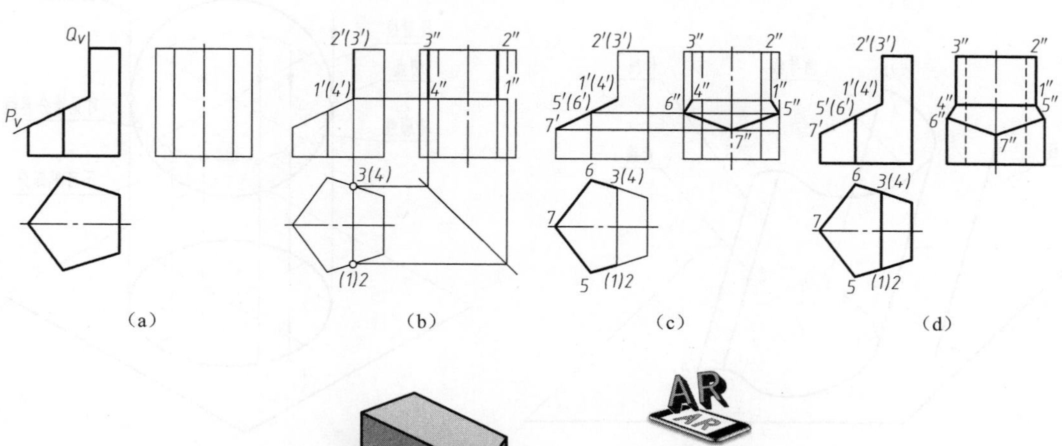

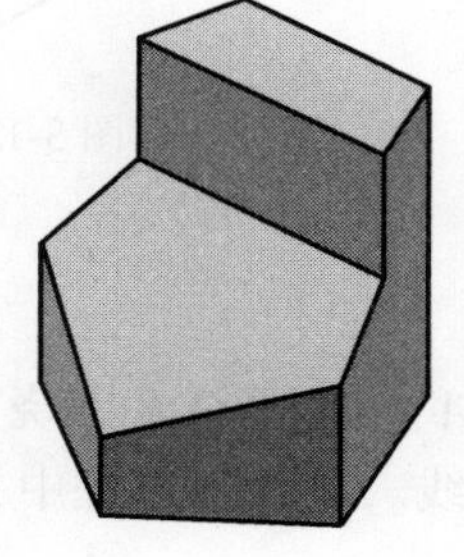

图 3-10 正垂面 P 和侧平面 Q 截切五棱柱

§ 3.3 曲面立体的投影及其表面上的点和线

曲面立体是由曲面或曲面与平面共同围成的。有的曲面立体有棱线，如圆柱体的两个底圆；有的曲面立体有尖点，如圆锥的锥顶；有的曲面立体完全由曲面围成，如球体和圆环体。对曲面立体作投影图时，除了要画出棱线和尖点的投影外，还要画出曲面的投影。

工程中常见的曲面立体主要是回转体，即由回转面围成的立体，有圆柱、圆锥、圆球、圆环及由它们组合而成的复合立体。

3.3.1 曲面的投影

曲面可看作是一条线在空间连续运动所形成的轨迹，称该线为母线，母线处于曲面上任一位置时，称为素线。母线作不规则运动形成不规则曲面；作规则运动形成规则曲面。图 3-11 中，母线 AA_1 沿曲线 $ABCD$ 运动且始终平行于直线 MN，故母线 AA_1 运动时形成的曲面为规则曲面。在形成规则曲面的过程中，控制母线运动而本身不动的几何元素——线、面或点（如 MN 和 $ABCD$）称为导元素，即导线、导面和导点。

将曲面向某投影面投影时，曲面与投射线若存在一系列切点，这些连续切点构成的直线或曲线，称为曲面对该投影面的轮廓线，如图 3-12 所示。如果该轮廓线又是曲面的一条素线，则称之为轮廓素线。画图时，只需画出它在该投影面的投影，其余投影不必画出。

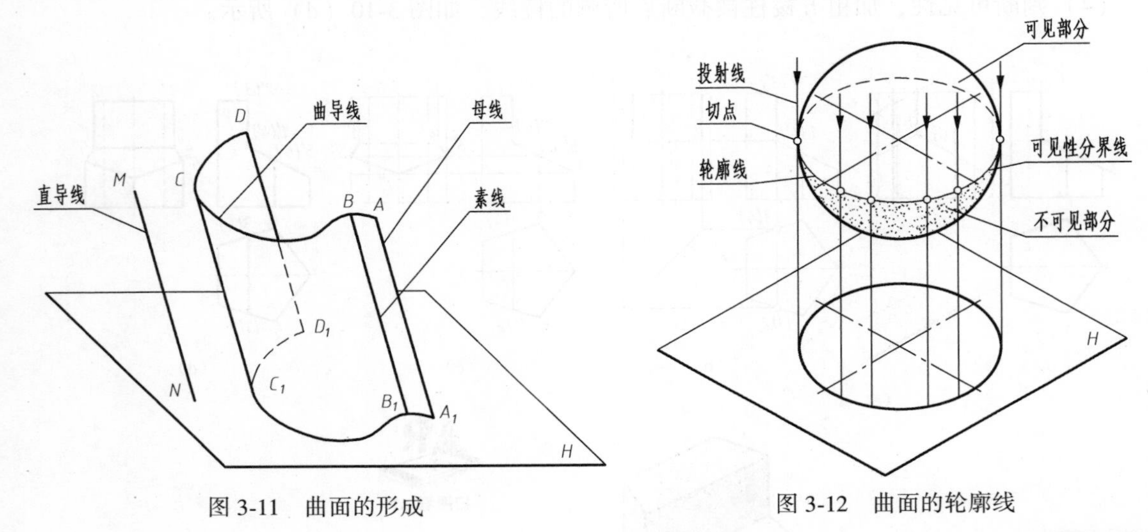

图 3-11 曲面的形成　　图 3-12 曲面的轮廓线

3.3.2 圆柱

如图 3-13 所示，圆柱可以看成是由线段 OA、AB 和 O_1B 围绕直线 OO_1 旋转一周形成的，其中，直线 OO_1 称为回转轴或轴线。在旋转过程中，三条线段分别形成圆柱体的顶面、柱面和底面。

1. 圆柱的投影

如图 3-14（a）所示，当轴线为铅垂线时，圆柱面上所有素线都是铅垂线，圆柱面的水平投影积聚成一个圆，圆柱面上所有点、线的水平投影都积聚在这个圆周上。圆柱的上顶面和下底面的水平投影反映其实形——圆。当用点画线画出对称中心线时，对称中心线的交点就是轴线的水平投影。

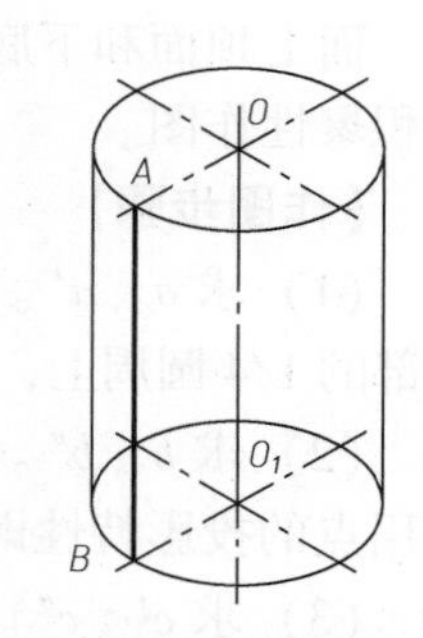

图 3-13　圆柱的形成

在正面投影中，圆柱的轴线用点画线画出。上顶面和下底面的投影都积聚成直线段，其长度等于圆的直径；而圆柱面的正面投影则为其最左、最右侧的两条轮廓线 AA_1、BB_1 的投影 $a'a'_1$、$b'b'_1$ 及其上下轮廓线 $ACBDA$、$A_1C_1B_1D_1A_1$ 的投影。此时，上下轮廓线的正面投影与上顶面、下底面的正面投影刚好重合。由于轮廓线 AA_1 和 BB_1 把圆柱面分为前、后两部分，前半圆柱面在正面投影图中可见，后半圆柱面在正面投影图中为不可见，故称之为正面投影的转向轮廓线。

同理，可以得到圆柱体的侧面投影，而且其形状与正面投影一样，如图 3-14（b）所示，但是要明白其意义是不同的。即侧面投影中前、后两侧的 $c''c''_1$ 和 $d''d''_1$ 线是圆柱面上最前、最后两条侧面转向轮廓线 CC_1 和 DD_1 的投影。

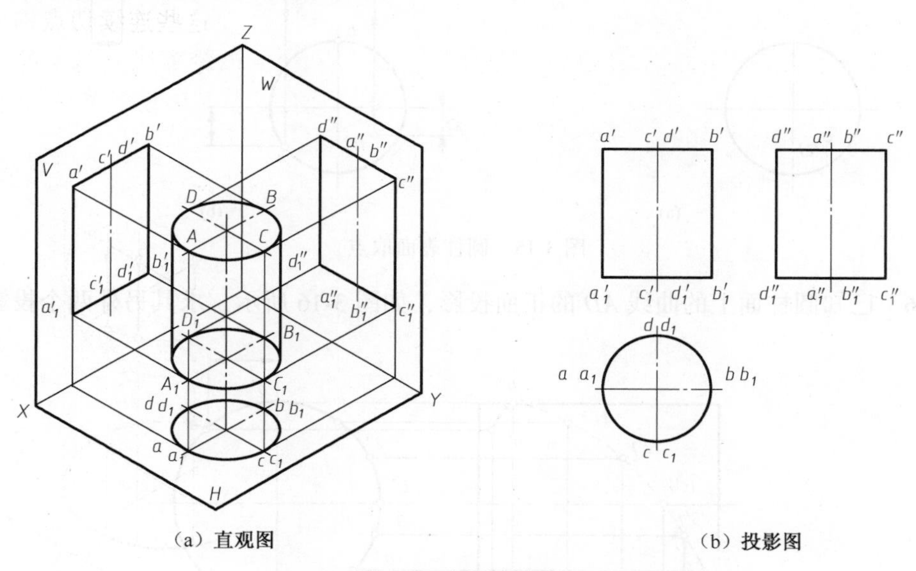

图 3-14　圆柱的投影

最后，再强调一下这四条转向轮廓线在三个投影中的位置。轮廓线 AA_1 和 BB_1 的正面投影为其左右两条直线段，水平投影积聚为圆周上的最左、最右两点，而侧面投影都与轴线的侧面投影重合。与之类似，侧面轮廓线 CC_1 和 DD_1 的侧面投影为最前、最后两条直线段，水平投影积聚为圆周上的最前、最后两点，而其正面投影都与轴线的正面投影重合。

2. 圆柱表面的点和线

例 3-5　已知圆柱表面上的点 A、B 和 C 的一个投影，如图 3-15（a）所示，求它们的另外两个投影。

【分析】 由于圆柱的轴线为铅垂线，圆柱体的圆柱面部分在水平面上的投影具有积聚性，而上顶面和下底面的正面投影与侧面投影具有积聚性。在圆柱表面上取点时，可利用这些积聚性作图。

【作图步骤】

（1）求 a 、a' 。由 a'' 不可见可以判断点 A 处在圆柱面的右前部，其水平投影 a 必积聚在右前部的 1/4 圆周上，利用这一特性可先求出 a ，如图 3-15（b）所示，然后由 a 、a'' 求出 a' 。

（2）求 b 、b'' 。由 b' 的位置及其不可见性，可以判断点 B 必在圆柱面的最后转向线上，利用点的投影特性即可得到 b 和 b'' 。

（3）求 c' 、c'' 。由 c 可知，点 C 在圆柱底面上。利用底面正面投影的积聚性，可以在正面、侧面投影上找到 c' 和 c''。

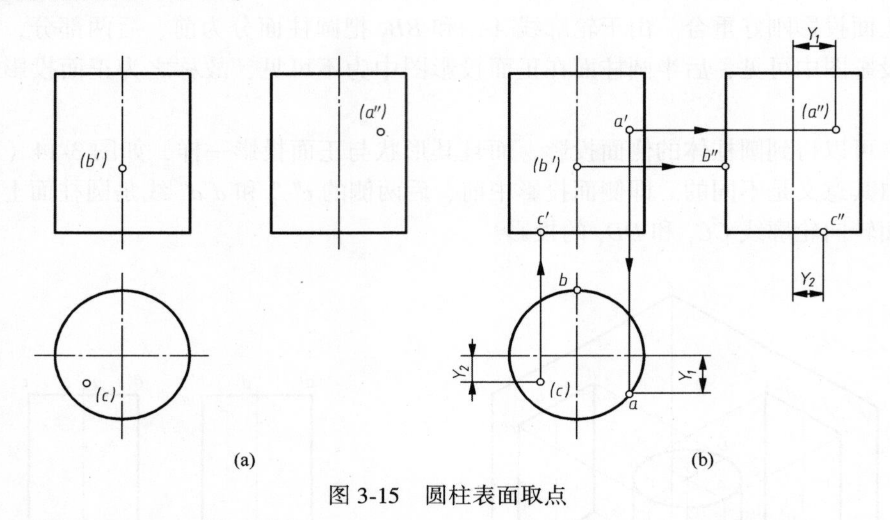

图 3-15 圆柱表面取点

例 3-6 已知圆柱面上的曲线 AD 的正面投影，如图 3-16 所示，求其另外两个投影。

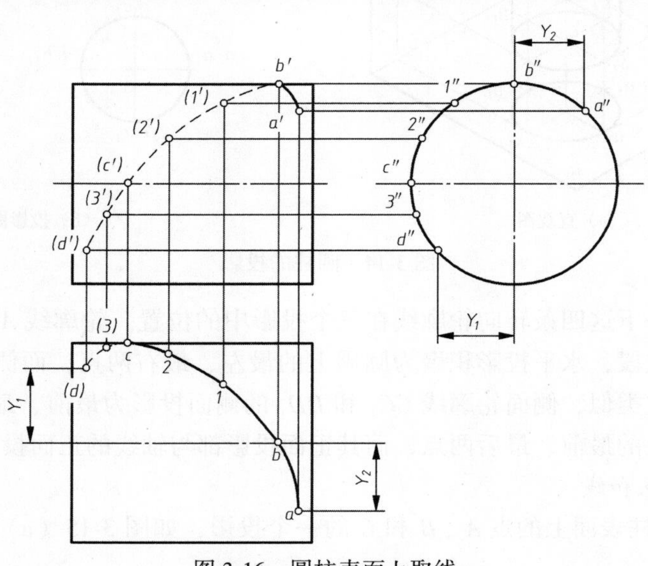

图 3-16 圆柱表面上取线

【分析】 根据曲线 AD 的正面投影可知，整个曲线有两段，即 AB 段和 BD 段。AB 段为实线，处于圆柱面的前半部；BD 段为虚线，处于圆柱面的后半部，其中点 C 又将其分成 BC 和 CD 两段，BC 段在圆柱面的后上部，CD 段在圆柱面的后下部。像 B、C 这些处于转向轮廓线上的点都属于特殊点，它们不仅是曲线投影可见性的分界点，也控制曲线的轮廓。

【作图步骤】

(1) 求出曲线端点 A 和 D 的投影。侧面投影 a'' 和 d'' 积聚在圆周上，可直接求出。根据点的投影特性可作出 a 和 d。

(2) 求特殊点 B 和 C 的投影。点 B 在最上轮廓线上，点 C 在最后轮廓线上。根据它们的投影位置，可直接求出这两个点的侧面投影 b''、c'' 和水平投影 b、c。

(3) 求一般点Ⅰ、Ⅱ和Ⅲ的投影。在 $a'd'$ 上取点 $1'$、$2'$ 和 $3'$，然后求其侧面投影 $1''$、$2''$ 和 $3''$，水平投影 1、2 和 3。

(4) 连线并判别其可见性。将 a、b、…、d 依次连接成光滑曲线。因曲线 ABC 位于圆柱面的上半部，而曲线 CD 位于圆柱面的下半部，故水平投影被 c 点分为可见与不可见两部分。对不可见的 cd 段，用虚线画出。

扫一扫

3.3.3 圆锥

如图 3-17 所示，圆锥也可以看成由直线段 SA 和 OA 绕轴线 SO 旋转形成。其中，SA 旋转形成圆锥面、OA 旋转形成底面。

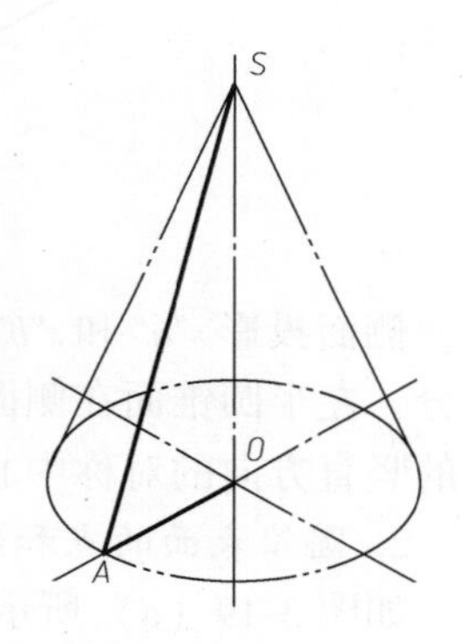

图 3-17　圆锥的形成

1. 圆锥的投影

如图 3-18 (a) 所示，当圆锥的轴线为铅垂线时，底面处于水平位置。其水平投影反映底圆的实形，正面投影、侧面投影分别积聚成直线段，长度等于圆的直径。而圆锥面的投影没有积聚性。

【作图步骤】

(1) 确定轴线。用点画线画出轴线的三面投影，并在水平投影处用点画线画出对称中心线。

(2) 作出底面的投影。首先要确定底面与轴线交点 O 的三面投影，显然，其水平投影 o 就落在对称中心线的交点，而 o' 和 o'' 则应根据点的投影规律在轴线上取定。

在水平投影中，以 o 为圆心，底圆半径长为半径画圆，该圆即为底面的水平投影。在正面投影和侧面投影中，分别过 o' 和 o'' 点作直线段与轴线的相应投影垂直，并对称截取半径长度。

(3) 确定锥顶点 S。在正面和侧面投影中，分别自 o' 和 o'' 向上量取圆锥高度定下 s' 和 s'' 点（水平投影点 s 与 o 重合）。

(4) 绘制圆锥面的投影。在正面投影中，要画出左、右两侧正视转向线 SA、SB 的投影 $s'a'$ 和 $s'b'$。同样，在侧面投影中，要画出前、后两侧视转向线 SC、SD 的投影 $s''c''$ 和 $s''d''$，而圆锥面的下轮廓线的三面投影则恰好与底面的三面投影重合，如图 3-18 (b) 所示。

这里要强调的是：①正视转向线 SA、SB 把圆锥分为前、后两部分，前半圆锥面在正面投影中为可见。其正面投影为 $s'a'$ 和 $s'b'$，而水平投影 sa 和 sb 与圆的水平方向的对称中心线重

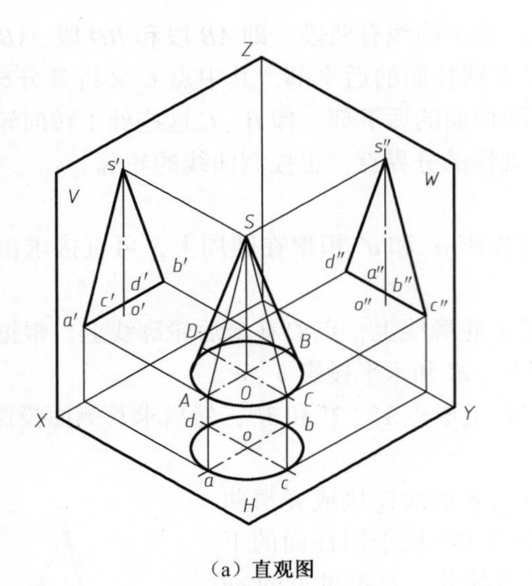

(a) 直观图

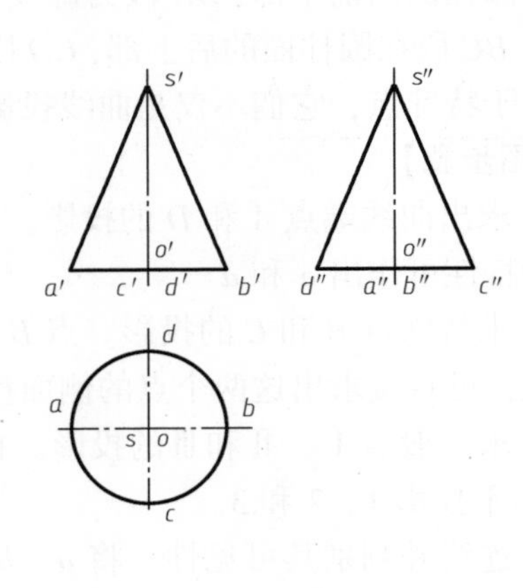

(b) 投影图

图 3-18　圆锥的投影

合，侧面投影 $s''a''$ 和 $s''b''$ 与轴线的侧面投影重合。②侧视转向线 SC 、SD 把圆锥分为左、右两部分，左半圆锥面在侧面投影中为可见。其侧面投影为 $s''c''$ 和 $s''d''$ ，而其水平投影 sc 和 sd 与圆的竖直方向的对称中心线重合，正面投影 $s'c'$ 和 $s'd'$ 与轴线的正面投影重合。

2. 圆锥表面的点和线

如图 3-19（a）所示，已知圆锥面上点 K 的正面投影 k' ，试画出其另外两个投影。

【分析】　由于圆锥面的三个投影都没有积聚性，所以需要在圆锥面上通过点 K 作一条辅助线。为了便于作图，选取的线应该简单、易画。比如选素线或垂直于轴线的纬圆（水平圆）作为辅助线，通常形象地称其为素线法或纬圆法，现分述如下：

素线法参见图 3-19（b），连点 S 和 K ，并延长使之交底圆于点 E ，因为 k' 为可见，故 SE 位于圆锥面前半部，点 E 也在底圆的前半圆周上。

【作图步骤】

（1）过 k' 作直线 $s'e'$（即圆锥面上辅助素线 SE 的正面投影），如图 3-19（c）所示。

（2）作出 SE 的水平投影 se 和侧面投影 $s''e''$ 。

（3）点 K 在 SE 上，故 k 和 k'' 必分别在 se 和 $s''e''$ 上。

纬圆法参见图 3-19（b），通过点 K 在圆锥面上作垂直于轴线的水平纬圆，这个圆实际上就是点 K 绕轴线旋转所形成的。

【作图步骤】

（1）过 k' 作直线与轴线垂直（纬圆的正面投影），并与左、右两侧正视转向线的投影相交，两交点间的长度即为纬圆的直径，如图 3-19（d）所示。

（2）作出该纬圆的水平投影。

（3）因点 K 在圆锥面的前半部上，故由 k' 向水平投影作投影连线，交前半部纬圆于 k ，再由 k' 、k 求出 k'' 。

例 3-7　如图 3-20 所示，已知圆锥面上曲线 AC 的正面投影，试画出其另外两个投影。

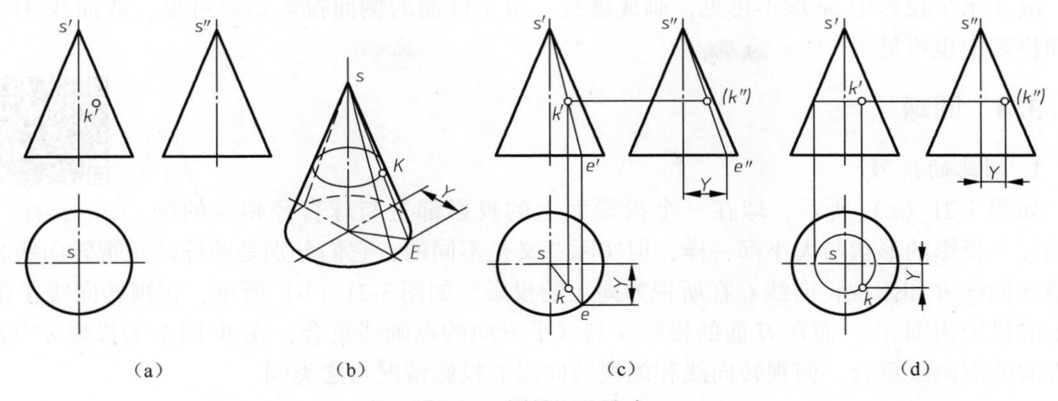

图 3-19 圆锥面上取点

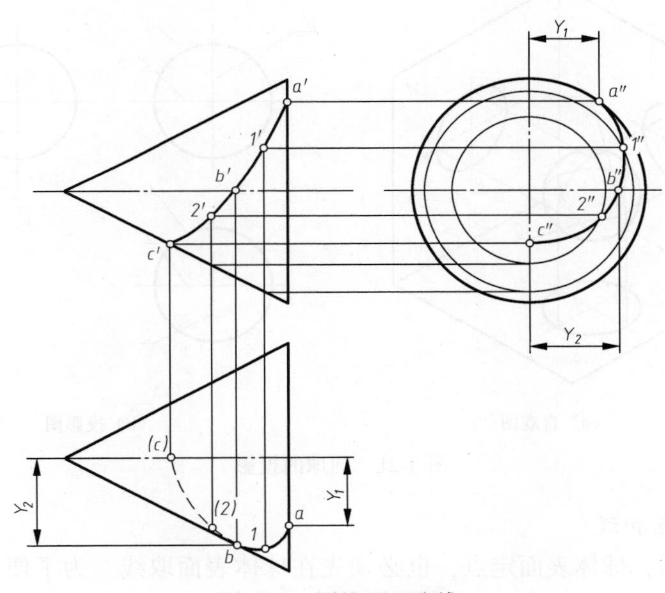

图 3-20 圆锥面上取线

【分析】 由正面投影可知，曲线 AC 处于圆锥面的前半部，但被点 B 分为两段，即 AB 段和 BC 段。AB 段在锥面的前、上部，BC 段在锥面的前、下部。如同圆柱面上定线一样，在圆锥面上定线也必须先确定该曲线上的若干点。

【作图步骤】

（1）作出曲线端点 A 、C 的投影。C 点在正视转向线上，A 点在锥底圆周上，故 c 、c'' 和 a 、a'' 均可直接确定。

（2）求俯视转向线上特殊点 B 的投影。由于转向线的投影位置已知，故可直接求出 b 、b'' 。

（3）求一般点的投影。在曲线的正面投影上选取适当数量的一般点 $1'$ 、$2'$，利用纬圆为辅助线，求得侧面投影 $1''$ 、$2''$ 和水平投影 1、2。

（4）连线并判别可见性。依次连接点 A 、Ⅰ 、B 、Ⅱ 和 C 。因曲线 BC 位于圆锥面的下半部，故在水平投影中 bc 段不可见，画成虚线。由于锥面的侧面投影始终可见，故曲线 AC 在侧面投影中也可见。

3.3.4 圆球

扫一扫

1. 圆球的投影

如图 3-21（a）所示，球在三个投影面上的投影都是与球直径相等的圆。虽然三个投影的形状与大小都一样，但实际意义是不同的，它们分别是圆球的正视转向线 A、侧视转向线 B 和俯视转向线 C 在所视方向上的投影。如图 3-21（b）所示，正视转向线 A 在 V 面上的投影为圆 a'，而在 H 面的投影 a 与水平方向的点画线重合，在 W 面上的投影 a'' 与竖直方向的点画线重合。俯视转向线和侧视转向线的投影情况与之类同。

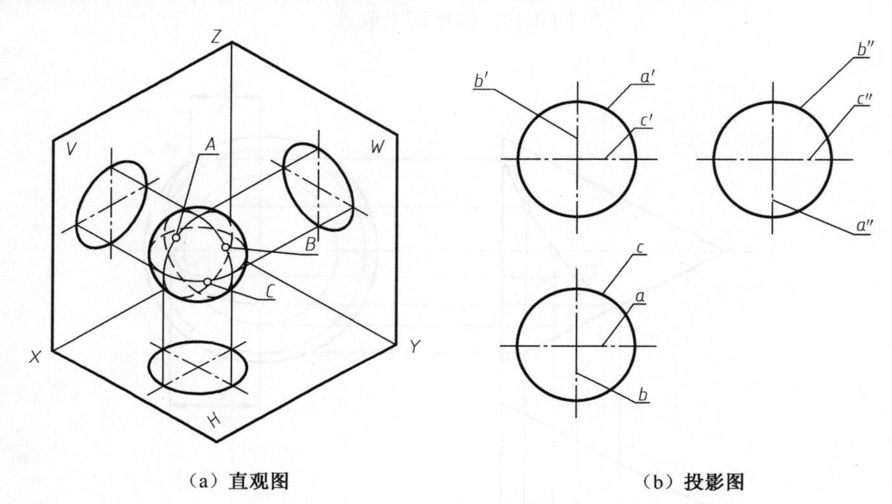

（a）直观图　　（b）投影图

图 3-21　圆球的投影

2. 圆球表面的点和线

与其他立体一样，球体表面定点，也必须先在球体表面取线。为了便于作图，一般取与某一投影面平行的纬圆。

例 3-8　如图 3-22 所示，已知圆球面上的曲线 EF 的水平投影，求其另外两个投影。

【分析】　由于曲线 EF 的水平投影可见，所以曲线 EF 在圆球的上方。又因该水平投影跨过前后、左右对称中心线，所以其正面投影与正视转向轮廓圆相交，侧面投影与侧视转向轮廓圆相交。

【作图步骤】

（1）求曲线端点 E、F 的投影。因为 E 点在俯视转向线上，故 e' 和 e'' 可直接求出。而 F 点可利用与 H 面平行的纬圆确定。

（2）求正视转向线上点 D 和侧视转向线上点 G 的正面和侧面投影。

（3）求一般点的投影。在水平投影上取点 1、2 和 3，然后利用与 V 面平行的纬圆，求其正面投影及侧面投影。

（4）连线并判别可见性。依次光滑连接各点的正面投影和侧面投影。由水平投影可知，

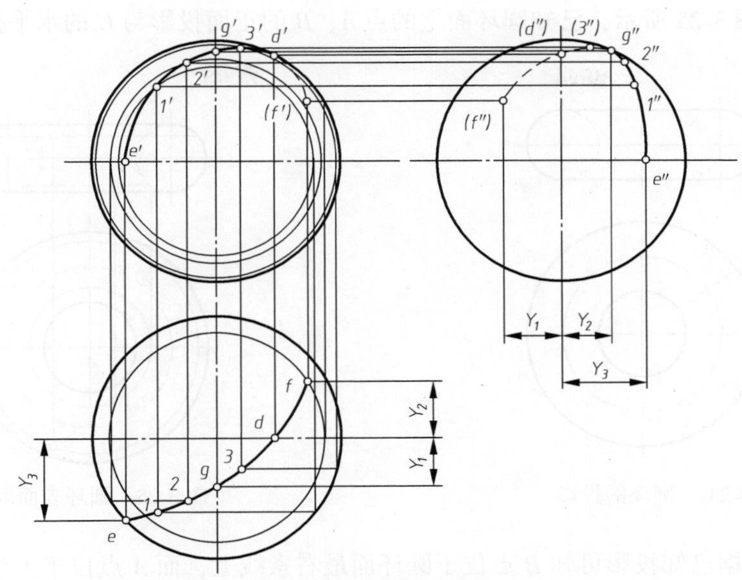

图 3-22 圆球面上取线

曲线 *EF* 被 *D* 点分成前后两部分。*ED* 在前半球面上，故其正面投影 *e′d′* 可见；曲线 *DF* 在后半球面上，其正面投影 *d′f′* 不可见，画成虚线。同样，侧面投影也被 *G* 点分成两段，*e″g″* 可见，*g″f″* 不可见。

3.3.5 圆环

如图 3-23 所示，圆环可以看成是由一个圆绕圆外轴线 *L*（*L* 与圆在一个平面上）旋转一周形成的。其中，远离轴线的半圆形成外环面，距轴线比较近的半圆形成内环面。

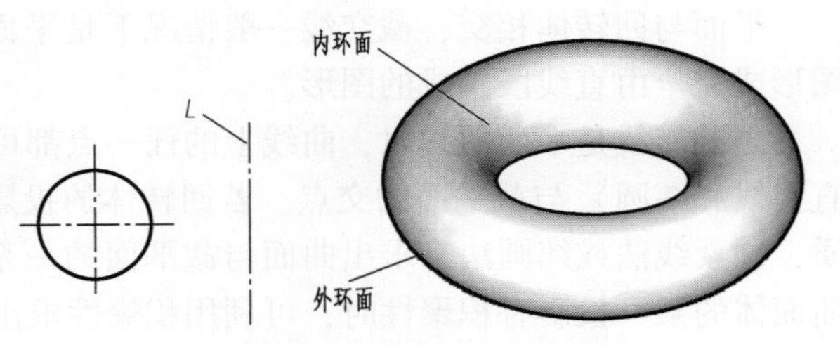

图 3-23 圆环的形成

1. 圆环的投影

图 3-24 为圆环的投影图。在正面投影中，左、右两圆及与之相切的两段直线是圆环面正视转向线的投影，其中两圆是圆环面上最左、最右两素线圆的投影。实线半圆在外环面上，虚线半圆在内环面上（被前半外环面挡住，故画成虚线），上、下两段直线是内、外环面上下两个分界圆的投影。在正面投影图中，外环面的前半部可见，后半部不可见，内环面均为不可见。

在水平投影中，画出的最大圆和最小圆为圆环俯视转向线的投影，这两个圆将圆环面分为上下两部分，上半部在水平投影中可见，下半部不可见。点画线圆为母线圆中心轨迹的投影，也可当作内、外环面的分界线。

2. 圆环面上的点和线

由于圆环面是一个纯曲面体，任一投影都没有积聚性。因此，在圆环表面取点时，只能利用与轴线垂直的纬圆。

例 3-9 如图 3-25 所示，已知圆环面上的点 A、B 的正面投影与 C 的水平投影，求它们的另一个投影。

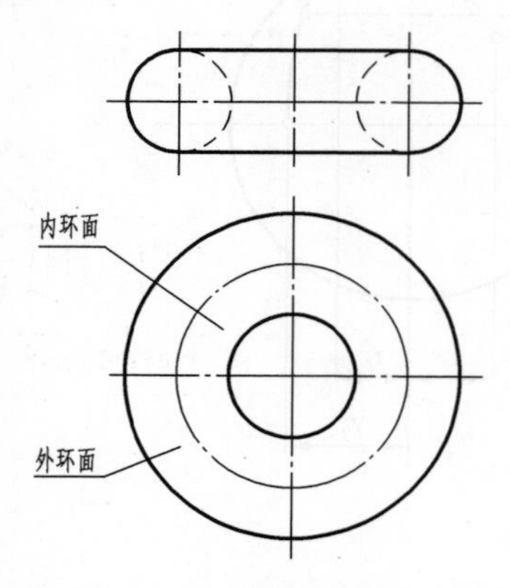

图 3-24 圆环的投影

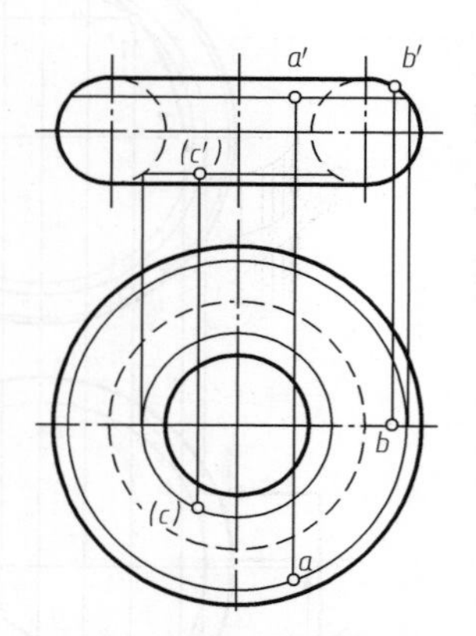

图 3-25 圆环表面取线

【分析】 根据已知投影可知 B 点位于圆环面最右素线上，而 A 点位于上半圆环面的外环面部分，而 C 点在下半圆环面的内环面上。

具体作图过程如图 3-25 所示。

§3.4 平面与回转体相交

平面与回转体相交，截交线一般情况下是平面曲线，也可能是平面曲线与直线段的组合图形或完全由直线段围成的图形。

当截交线是平面曲线时，曲线上的任一点都可看作是回转体的表面上某一条线（通常指直素线和纬圆）与截平面的交点。若回转体的投影没有积聚性时，必须根据回转体表面的性质，用素线法或纬圆法来求出曲面与截平面的一系列交点，并依次光滑连接成平面曲线。当曲面体的某一投影有积聚性时，可利用积聚性求出曲面与截平面的一系列交点。

3.4.1 平面与圆柱体相交

扫一扫

平面与圆柱体相交时，截平面与圆柱轴线的相对位置不同，截交线有三种情况，见表 3-1。由于圆和直线的画法都比较容易，所以下面以椭圆为例来说明其截交线的画法。

例 3-10 如图 3-26（a）所示，正垂面 P 与圆柱斜交，求其截交线。

【分析】

（1）从图可以看出截平面是正垂面且与整个圆柱面斜交，所以截交线是椭圆。

（2）由于 P 的正面投影和圆柱的侧面投影都有积聚性，所以截交线的正面投影积聚在截平面 P 的正面迹线 P_V 上，侧面投影积聚在圆柱的侧面投影（圆周）上，待求的仅是其水平投影。

（3）在曲线的投影中已经讨论过，绘制曲线投影的一般步骤是：先求特殊点（对截交线来讲，即是其上的最高、最低、最左、最右、最前、最后点及立体投影轮廓线上的点，平面曲线的特征点如椭圆长短轴的端点等），然后根据描述曲线的需要求作适当的一般点。

表 3-1　平面与圆柱体相交

示意图			
截平面位置	与圆柱轴线垂直	与圆柱轴线倾斜	与圆柱轴线平行
投影图	P_V	P_V	P_H
截交线形状	圆	椭圆	矩形

【作图步骤】

（1）补出圆柱的水平投影，如图 3-26（a）所示。

（2）求特殊点的投影，如图 3-26（a）所示。Ⅰ、Ⅱ两点是圆柱正面投影轮廓线上的点，

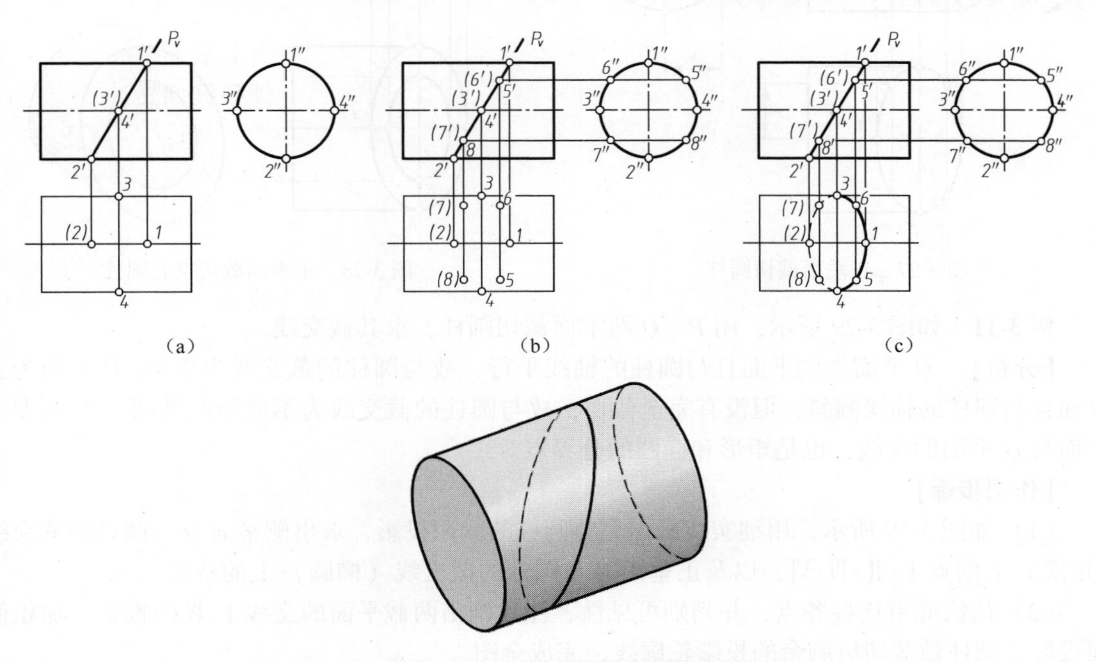

图 3-26　正垂面与圆柱的截交线

其水平投影在圆柱水平投影的中心线上。Ⅲ、Ⅳ两点是圆柱水平投影轮廓线上的点，其水平投影在圆柱水平投影轮廓线上。有时某一特殊点可代表几个含义，如Ⅰ点，既是最高点也是最左点，还是正面投影轮廓线上的点和椭圆长（短）轴的一个端点，所以在本例中，只需求出正面投影轮廓线和水平投影轮廓线上的Ⅰ、Ⅱ、Ⅲ和Ⅳ点，即求出了所有特殊点。

（3）求一般点Ⅴ、Ⅵ和Ⅶ、Ⅷ，如图3-26（b）所示。可利用截平面在正面投影上的积聚性确定一般点的适当位置，如5′、6′，再根据圆柱在侧面投影上的积聚性确定5″、6″，最后根据投影规律求出水平投影5、6。用同样的办法可以确定Ⅶ、Ⅷ点。

（4）依次光滑连接各点，并判别可见性，如图3-26（c）所示。Ⅲ、Ⅳ点是圆柱水平投影轮廓线上的点，也是截交线水平投影可见与不可见的分界点。

（5）加深圆柱的水平投影，如图3-26（c）所示。

【讨论】

（1）图3-27所示是正垂面截切圆柱后的投影图，将其与图3-26相比，截交线相同只是可见性发生了变化，而且圆柱的水平投影轮廓线只加粗截断后所剩余的部分。用换面法可求出截交线的实形。

（2）若正垂面*P*截切空心圆柱，则*P*平面与内（虚体）、外（实体）圆柱均有交线，如图3-28所示。*P*平面与内圆柱（虚体）的截交线求法和*P*平面与外圆柱（实体）相同。

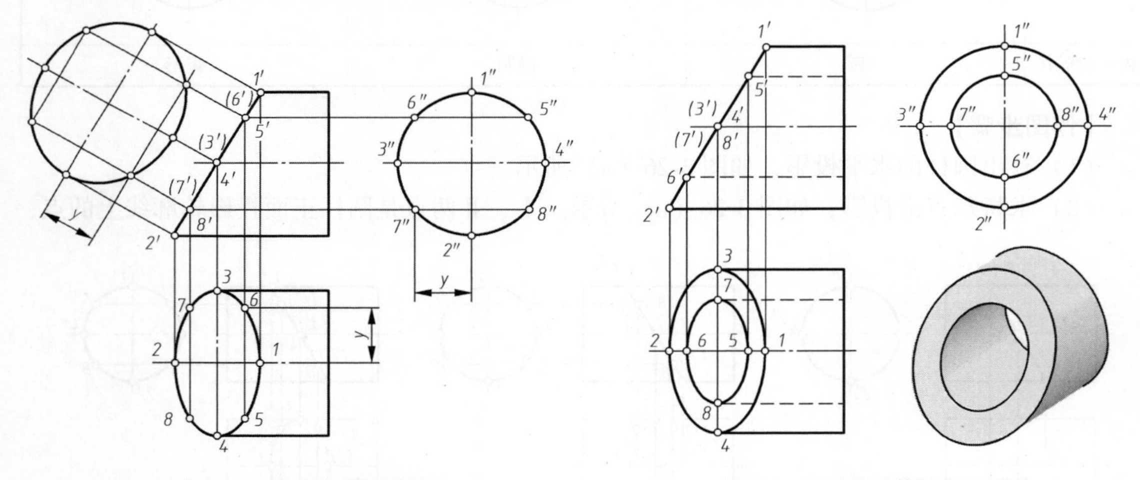

图3-27　正垂面截切圆柱　　　　图3-28　正垂面截切空心圆柱

例3-11　如图3-29所示，用*P*、*Q*两平面截切圆柱，求其截交线。

【分析】　*Q*平面为侧平面且与圆柱的轴线平行，故与圆柱的截交线为矩形。*P*平面为正垂面且与圆柱的轴线倾斜，但没有完全截切，故与圆柱的截交线为不完整的椭圆。Ⅰ-Ⅳ是*P*平面与*Q*平面的交线，也是矩形和椭圆的分界点。

【作图步骤】

（1）如图3-29所示，用细实线画出完整圆柱的侧面投影，求出侧平面*Q*与圆柱的截交线（矩形）上的点Ⅰ-Ⅱ-Ⅲ-Ⅵ，以及正垂面*P*与圆柱的截交线（椭圆）上的各点。

（2）依次光滑连接各点，并判别可见性，注意画出两截平面的交线Ⅰ-Ⅳ的投影。加粗侧面投影上圆柱被截切后剩余的投影轮廓线，完成全图。

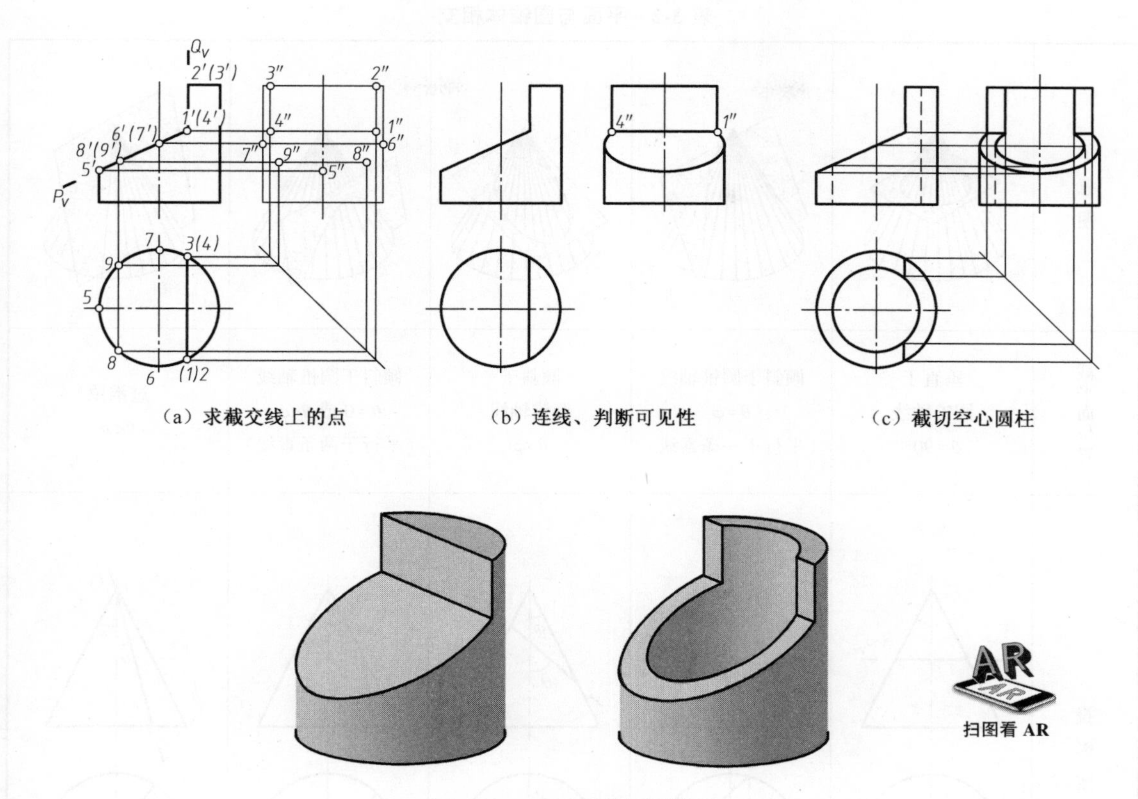

图 3-29　两平面截切圆柱

【讨论】

（1）当多个平面截切立体时，应将多个截平面分解为单个截平面，然后分别根据单个截平面与立体的相对位置分析其截交线的形状，求出各截交线的投影，并注意画出截平面与截平面交线的投影。

（2）图 3-29（c）所示是正垂面 P 和侧平面 Q 截切空心圆柱的投影情况。此时，特别要注意实体与虚体投影轮廓线可见性的区别。

3.4.2　平面与圆锥体相交

扫一扫

平面与圆锥体相交时，截交线形状也受截平面与圆锥轴线相对位置的影响。根据它们的相对位置不同，截交线共有五种情况，见表 3-2。

例 3-12　如图 3-30（a）所示，求截平面 P 与圆锥的截交线。

【分析】　从截平面 P 与圆锥的相对位置可以判断截交线为椭圆。由于截平面 P 是正垂面，截交线的正面投影积聚在 P_V 上，其水平投影和侧面投影均为椭圆。

【作图步骤】

（1）补出圆锥的侧投影，如图 3-30（b）所示。

（2）求特殊点，如图 3-30（b）所示。投影轮廓线上的点 Ⅰ、Ⅱ 和 Ⅲ、Ⅳ，可直接由正面投影 1′、2′ 和 3′(4′) 确定其水平投影 1、2、3、4 以及侧面投影 1″、2″ 和 3″、4″。

表 3-2 平面与圆锥体相交

示意图	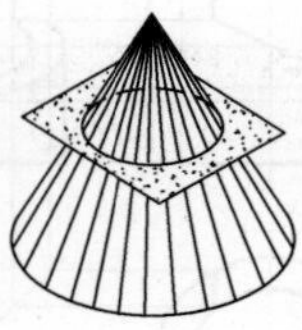	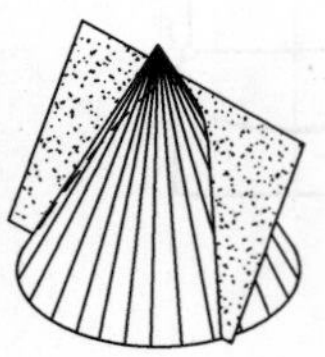	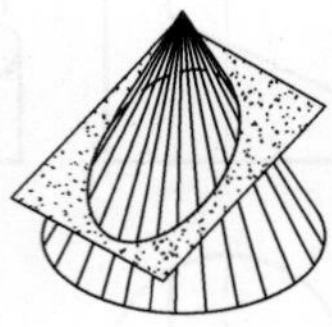	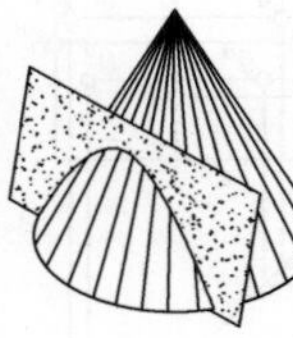	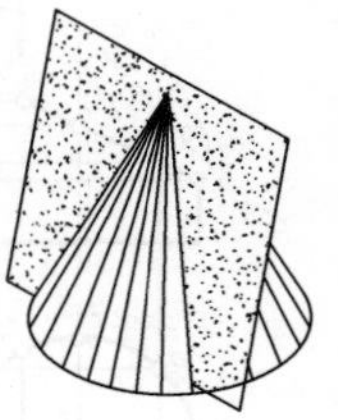
截平面位置	垂直于圆锥轴线 $\theta=90°$	倾斜于圆锥轴线 $\theta=\varphi$（平行于一条素线）	倾斜于圆锥轴线 $\theta>\varphi$	倾斜于圆锥轴线 $\theta=0$ 或 $\theta<\varphi$（平行于两条素线）	过锥顶 $\theta<\varphi$
投影图	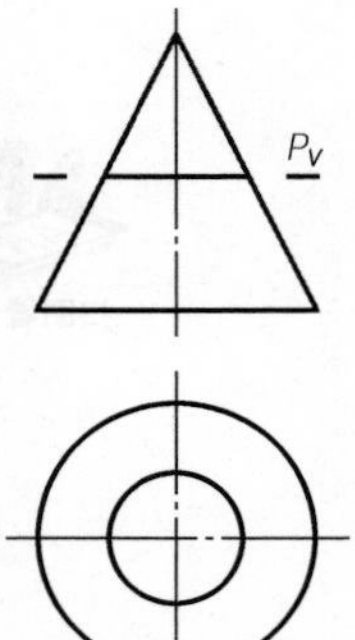 P_V	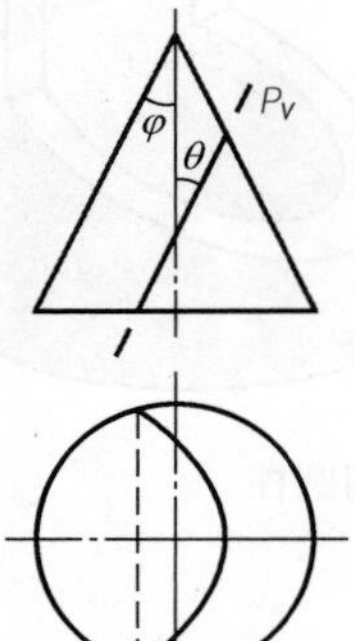 φ θ P_V	P_V φ θ	P_V φ θ	P_V φ θ
截交线形状	圆	抛物线与直线构成的图形	椭圆	双曲线与直线构成的图形	三角形

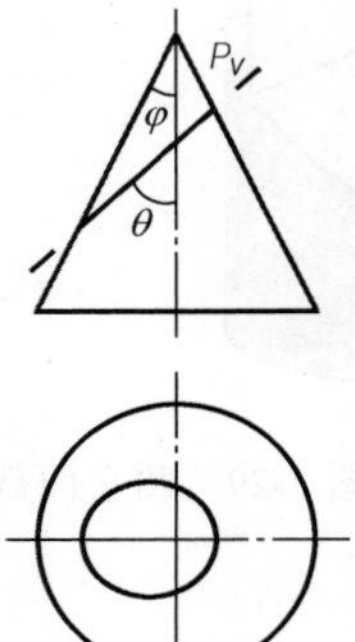

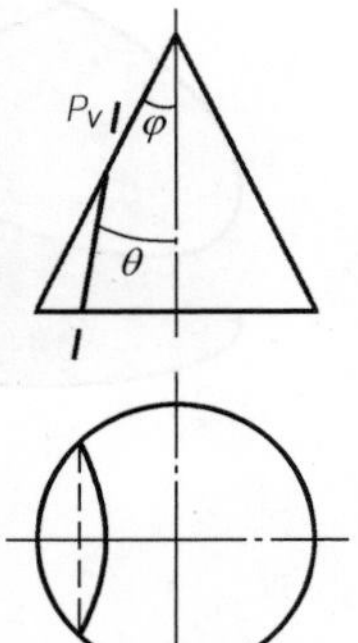

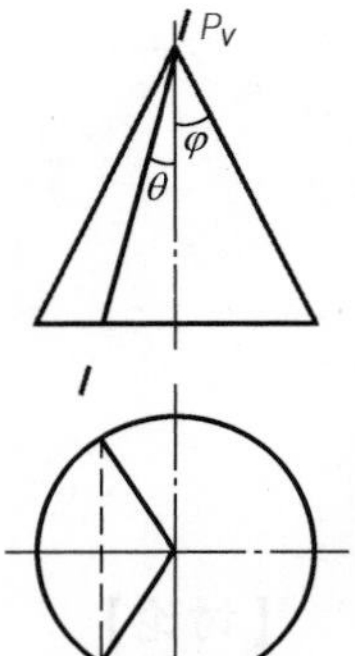

椭圆的长轴为Ⅰ-Ⅱ，根据椭圆长、短轴互相垂直平分的几何关系，可知短轴的正面投影 5′(6′) 一定位于长轴正面投影 1′-2′ 的中点处，其水平投影和侧面投影可用纬圆法确定。

(3) 求一般点，如图 3-30（b）所示。在已求出的特殊点之间空隙较大的位置上定出 7′(8′) 两点，同样，用纬圆法求出水平投影 7、8 和侧面投影 7″、8″。

(4) 光滑连接各点并判断可见性，如图 3-30（c）所示。由于截交线的Ⅲ-Ⅱ-Ⅳ线段位于圆锥的右半部，其中 3″、4″ 是侧面投影可见与不可见的分界点，故在侧面投影中 3″-2″-4″ 不可见，画成虚线。

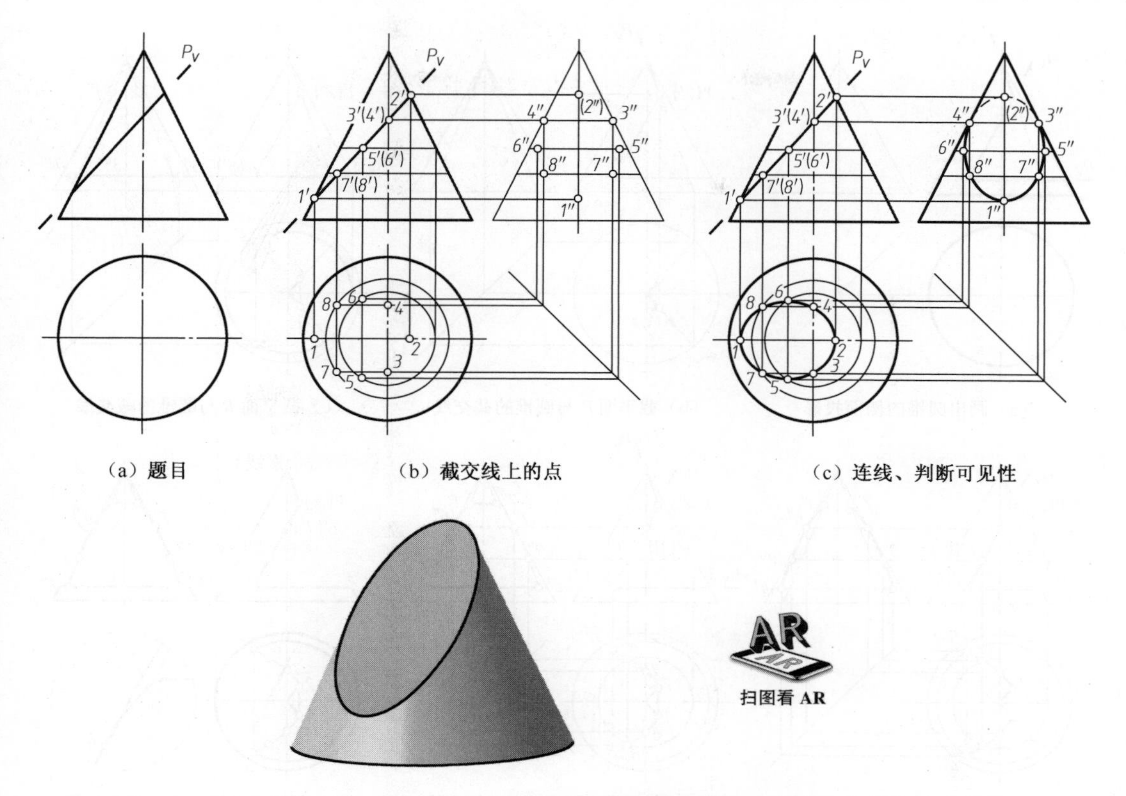

（a）题目　　（b）截交线上的点　　（c）连线、判断可见性

图 3-30　正垂面与圆锥的截交线

例 3-13　如图 3-31（a）所示，用三平面截切圆锥，求其截交线。

【分析】

（1）从图中可以看出，三个截平面各有特征。*P* 平面是通过锥顶的正垂面，它与圆锥面的截交线为相交于锥顶的两条直素线；*Q* 平面是平行于圆锥最右素线的正垂面，受 *P* 平面的影响，只与部分圆锥面相交，故截交线为抛物线的一部分；*R* 平面是垂直于圆锥轴线的水平面，由于与 *Q* 平面相交，没有完全截切圆锥，其截交线为部分圆。

（2）三个截平面的正面投影都有积聚性，所以截交线的正面投影积聚在截平面的正面迹线 P_V、Q_V 和 R_V 上，待求的只是截交线的水平投影和侧面投影。

【作图步骤】

（1）画出圆锥的侧面投影，如图 3-31（a）所示。

（2）分别求三个截平面与圆锥的截交线，如图 3-31（b）、（c）、（d）所示。

（3）求截平面间的交线，如图 3-31（e）所示。

（4）判别可见性，并画全圆锥侧面投影轮廓线的投影，如图 3-31（f）所示。

需要注意的是：①在多个平面截切时，一个平面的截交线，不仅依赖于其所处表面的可见性，还有可能被其他平面的截交线遮挡。②由于截平面 *Q* 和 *R* 将圆锥的前后轮廓线截断，所以在侧面投影中，中间这一段轮廓线不存在，只能画到 6″ 和 7″，见图 3-31f 中的局部放大图。

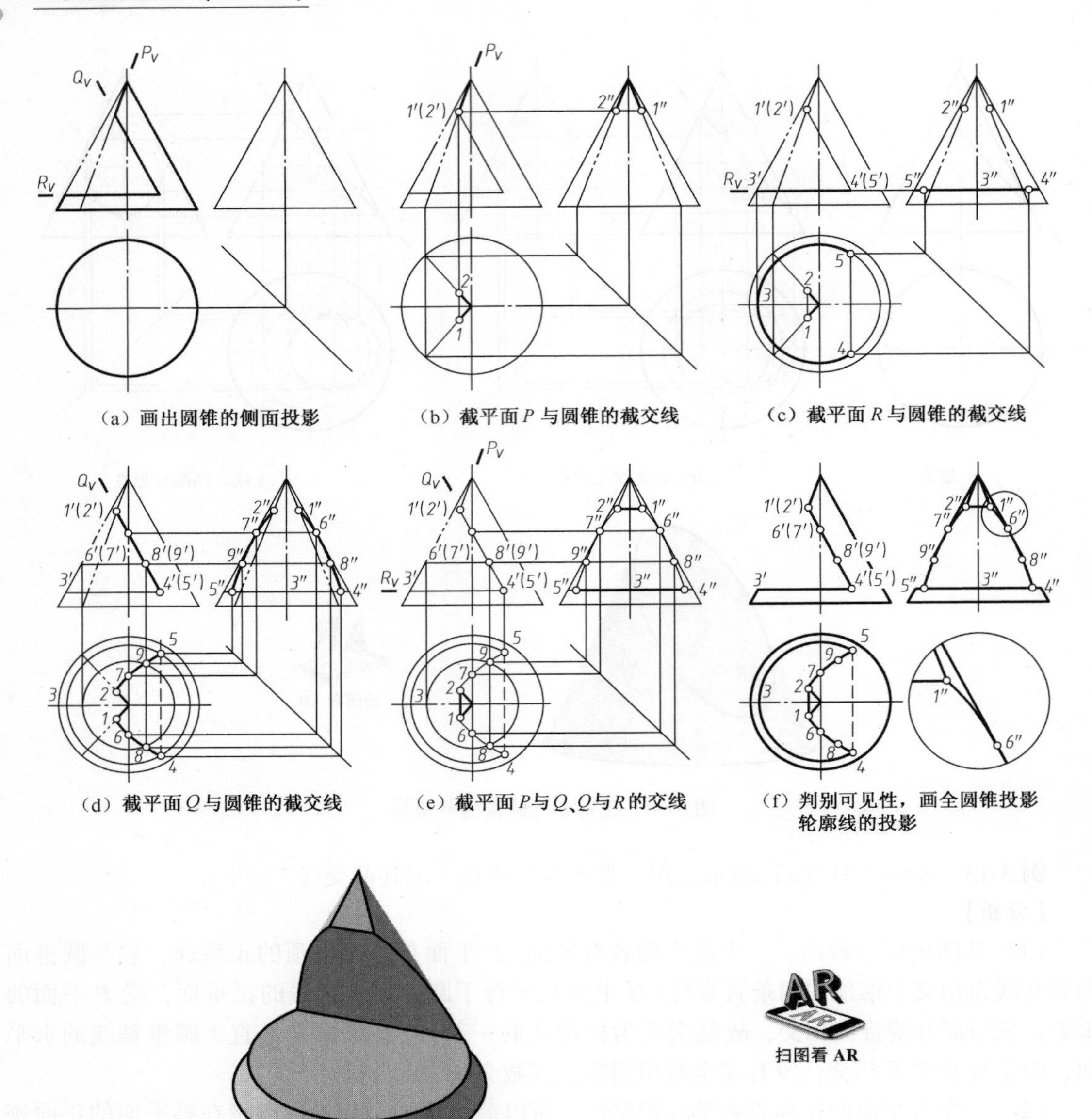

（a）画出圆锥的侧面投影　（b）截平面 *P* 与圆锥的截交线　（c）截平面 *R* 与圆锥的截交线

（d）截平面 *Q* 与圆锥的截交线　（e）截平面 *P* 与 *Q*、*Q* 与 *R* 的交线　（f）判别可见性，画全圆锥投影轮廓线的投影

图 3-31　三平面截切圆锥

3.4.3　平面与圆球体相交

扫一扫

任何截平面与圆球相交，截交线都是圆。但是只有截平面平行于投影面时，截交线在该投影面上的投影才反映实形——圆，而在另外两个投影面上的投影积聚为直线；当截平面垂直于投影面时，截交线在该投影面上的投影积聚为直线，在另外两个投影面上的投影为椭圆；当截平面处于一般位置时，截交线在三个投影面上的投影均为椭圆。

例 3-14　如图 3-32 所示，用 *P* 、*Q* 两个平面截切球体，求其截交线。

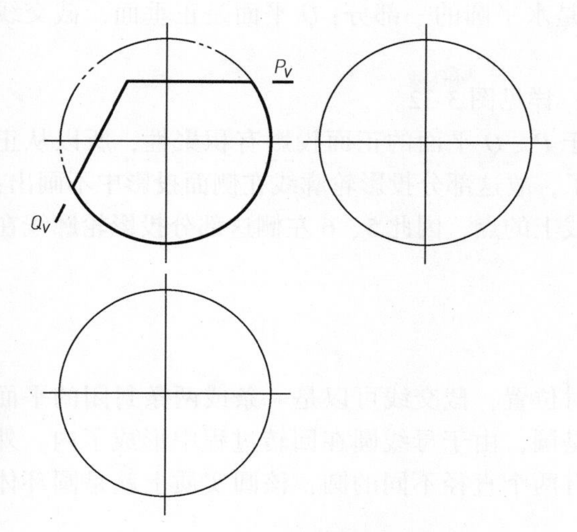

（a）题目

（b）截平面 P 与球的截交线

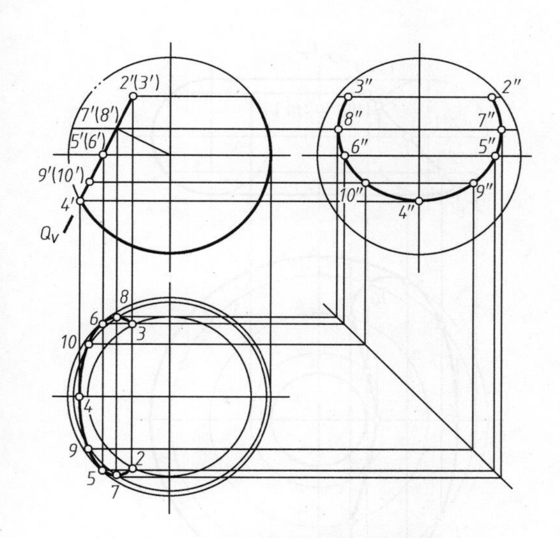

（c）截平面 Q 与球的截交线

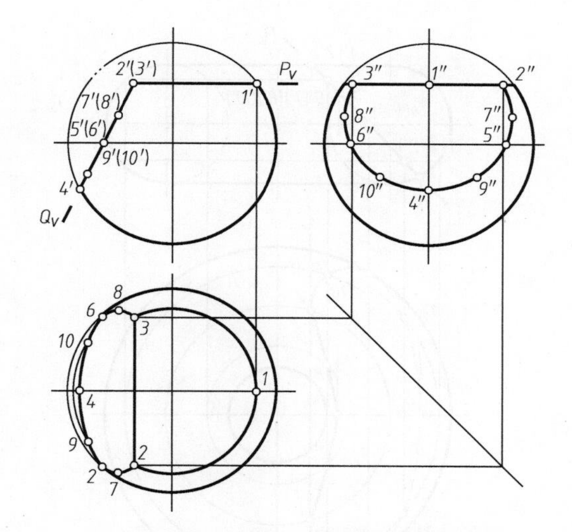

（d）截平面 P 与 Q、Q 与 R 交线，判别可见性，画全球投影轮廓线的投影

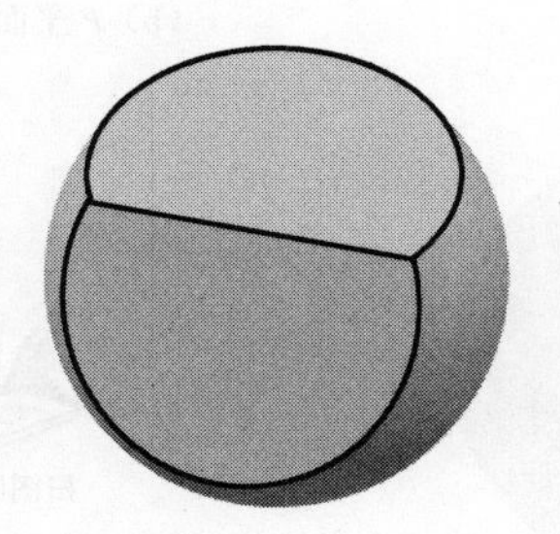

扫图看 AR

图 3-32　两平面截切圆球

【分析】 P 平面是水平面，与球的截交线是水平圆的一部分；Q 平面是正垂面，截交线的水平投影和侧面投影都是椭圆的一部分。

其作图步骤与例 3-13 一样，此处不再列出，详见图 3-32。

作图时应注意球的投影轮廓线的变化。由于 P 、Q 平面的正面投影有积聚性，所以从正面投影中可以看出，球体在 P 平面以上被截掉了，故这部分投影轮廓线在侧面投影中不画出；Q 平面左侧也被截掉了，5、6 是水平投影轮廓线上的点，因此 5、6 左侧这部分投影轮廓线在水平投影中不画出。

3.4.4 平面与圆环体相交

平面与圆环体相交时，根据它们之间的相对位置，截交线可以是一条或两条封闭的平面曲线。当截平面与圆环体轴线垂直时，截交线是圆，由于母线圆在回转过程中形成了内、外两部分环面，所以截切后，在内、外环面分别有两个直径不同的圆，该圆实质上就是圆环体表面上的纬圆。

例 3-15 正垂面 P 与圆环体相交，如图 3-33（a）所示。

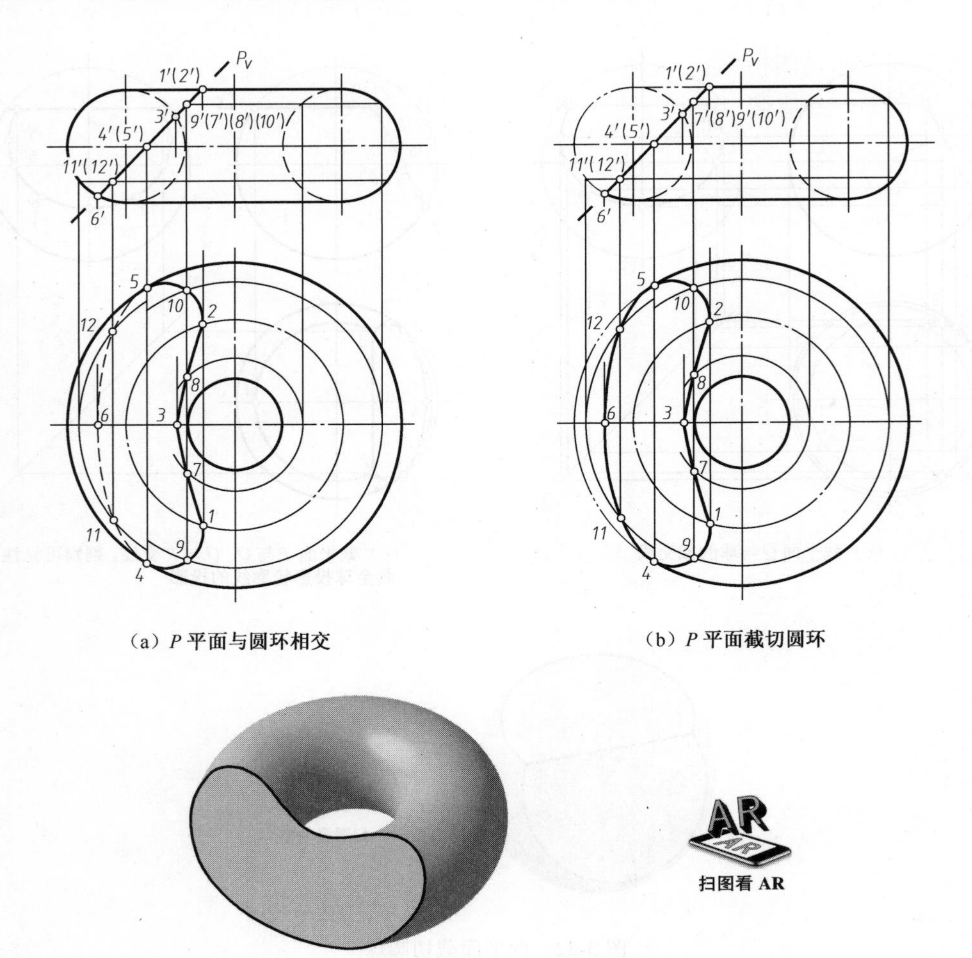

（a）P 平面与圆环相交　　（b）P 平面截切圆环

图 3-33 正垂面截切圆环体

【分析】 因为截平面 P 为正垂面，截交线的正面投影积聚在 P_V 上，水平投影为一般曲线。由于圆环体的体轴线为铅垂线，故只能在圆环体面上取水平纬圆。

【作图步骤】

（1）求特殊点。Ⅰ、Ⅱ、Ⅲ、Ⅳ、Ⅴ、Ⅵ各点均为圆环体正面投影和水平投影轮廓线上的点，可直接求出。其中，Ⅳ、Ⅴ两点是水平投影轮廓线上的点，因此也是截交线的水平投影可见与不可见的分界点。

（2）求一般点。在两特殊点之间增加一般点Ⅶ、Ⅷ、Ⅸ、Ⅹ和Ⅺ、Ⅻ。如首先确定 7′、8′、9′、10′，它们的正面投影重合为一点，过该重影点作纬圆的正面投影，通过其与圆环体正面投影轮廓线的交点确定内、外环面上两个纬圆的水平投影，从而找出水平投影 7、8、9、10。求作Ⅺ、Ⅻ两点的方法相同，只是 P 平面在该处仅与外环面相交。

（3）光滑连接各点并判断可见性。以 4、5 两点为界，4-9-1-7-3-8-2-10-5 位于圆环体的上半部，故可见，画实线；5-12-6-11-4 位于圆环体的下半部，不可见，画虚线。

（4）图 3-33（b）所示是圆环体被正垂面 P 截切后的投影情况。

3.4.5　平面与复合回转体相交

平面与复合回转体相交时，截交线是由截平面与构成复合回转体的各个基本体的截交线组成的平面图形，各段截交线在两个基本体的分界处连接起来。

所以求作复合回转体的截交线，应首先对复合回转体进行形体分析，找出各个基本体的分界线，然后按单一基本体分段求作截交线。

例 3-16　P、Q 两平面截切复合回转体，如图 3-34 所示，求其截交线。

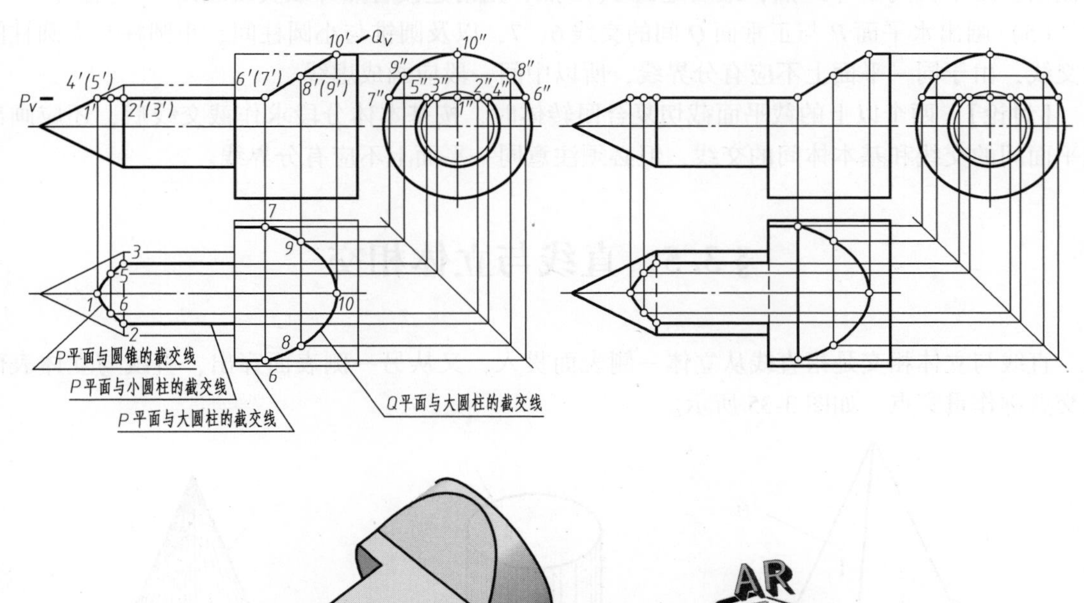

图 3-34　P、Q 两平面截切复合回转体

【分析】 复合回转体由圆锥和两个同轴但直径不同的圆柱组合而成，截平面 P 为水平面，与圆锥面的截交线是双曲线，与两个圆柱的截交线是矩形；截平面 Q 为正垂面，仅与大圆柱相交，截交线是椭圆的一部分。由于两截平面的正面投影都有积聚性，而且圆柱和截平面 P 的侧面投影也有积聚性，故只需求作截交线的水平投影。

【作图步骤】

（1）求作水平面 P 与圆锥的交线。

1）求特殊点Ⅰ、Ⅱ、Ⅲ。这三个特殊点可直接求出，其中，Ⅱ、Ⅲ是圆锥和圆柱分界线上的点。

2）求一般点Ⅳ、Ⅴ。在正面投影的适当位置确定 $4'(5')$，过 $4'(5')$ 点作一垂直于圆锥轴线的直线段，定出纬圆半径，求作该纬圆的侧面投影，侧面投影中纬圆与截平面的交点即是其侧面投影 $4''$、$5''$，然后可定出4、5。光滑连接各点并以实线画出。

（2）求作水平面 P 与小圆柱的截交线。过2、3点作线平行于圆柱轴线，并以实线画出。

（3）求作水平面 P 与大圆柱的截交线。Ⅵ、Ⅶ是水平面与正垂面的分界点，正面投影中水平面和正垂面的交点是其水平投影 $6'(7')$，利用圆柱的积聚性可确定 $6''$、$7''$，再根据正面投影和侧面投影可求出水平投影6、7，过6、7作线平行于圆柱轴线，并以实线画出。

（4）求作正垂面 Q 与大圆柱的截交线。

1）正垂面 Q 与大圆柱截交线上的特殊点Ⅹ可直接求出。

2）求一般点Ⅷ-Ⅸ。在正面投影的适当位置确定 $8'(9')$，过 $8'(9')$ 点向侧投影面连线，在侧面投影中找到 $8''$、$9''$ 点，最后定出8、9点，光滑连接各点并以实线画出。

（5）画出水平面 P 与正垂面 Q 间的交线6、7，以及圆锥与小圆柱间、小圆柱与大圆柱间的交线，由于同一平面上不应有分界线，所以中间一段应画成虚线。

【讨论】 两个以上的截平面截切复合回转体时，按基本体分段求作截交线后，还应画出截平面间的交线和基本体间的交线，但必须注意同一平面上不应有分界线。

§3.5 直线与立体相交

直线与立体相交是指直线从立体一侧表面贯入，又从另一侧表面穿出，直线与立体表面的交点称作贯穿点，如图3-35所示。

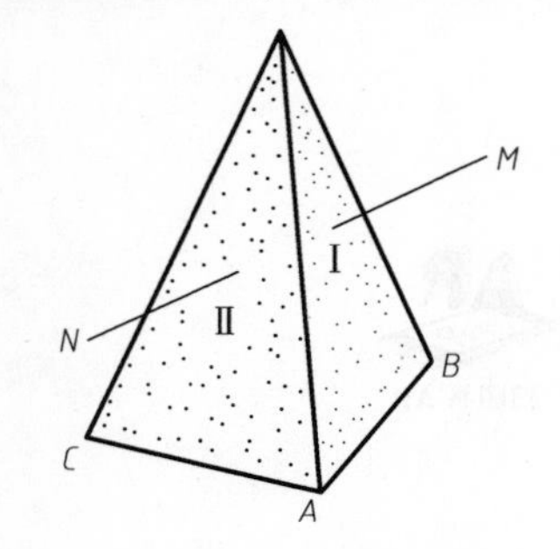

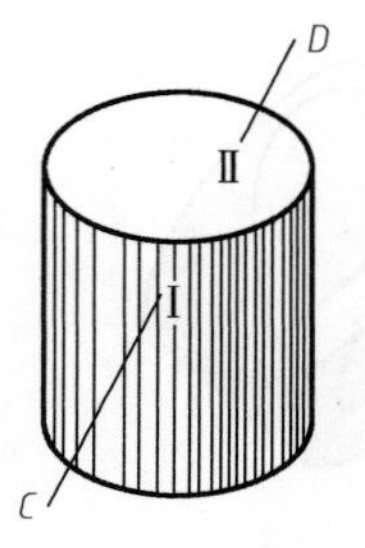

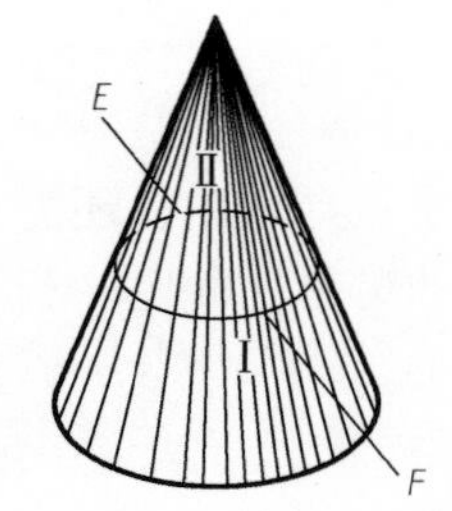

图3-35 直线与立体的贯穿点

从图 3-35 可以看出，贯穿点有如下特性：

（1）贯穿点是直线与立体表面的公共点，既在直线上又在立体表面上。

（2）由于立体表面围成的是一个封闭的区域，直线与立体相交有一个贯入点，就必有一个穿出点，所以贯穿点个数一般都是偶数。

（3）贯穿点是直线与立体的分界点，直线上两贯穿点之间的部分在立体内部与立体融为一体，所以直线上两贯穿点之间不画线。

根据以上性质知：求贯穿点的实质就是求直线与立体表面的交点。求贯穿点时，首先要看立体表面的投影是否有积聚性。若立体表面的投影有积聚性，可直接利用积聚性求出；若立体表面的投影没有积聚性，则求贯穿点的一般方法是包含直线作辅助平面，求出辅助平面与立体表面的截交线，截交线与直线的交点即为所求的贯穿点。

3.5.1　直线与表面投影有积聚性的立体相交

图 3-36（a）所示是直线 *AB* 与四棱柱相交的情况。由于直线 *AB* 与四棱柱的棱面相交，而四棱柱的各棱面均为铅垂面，利用棱面水平投影的积聚性，可直接求出直线 *AB* 与四棱柱的贯穿点。图 3-36（b）所示是直线 *AB* 与正圆柱相交的情况。因为正圆柱反映为圆的投影有积聚性（本例是水平投影），所以贯穿点也可利用圆柱水平投影的积聚性直接求出。图 3-36（c）所示是直线 *AB* 与四棱柱相交的另一种情况。直线 *AB* 从贯穿点Ⅰ进入四棱柱，从四棱柱的顶面Ⅱ点穿出。四棱柱的各棱面均为铅垂面，其水平投影有积聚性，四棱柱的顶面是水平面，其正面投影有积聚性。两贯穿点均可利用四棱柱表面的积聚性直接求出。

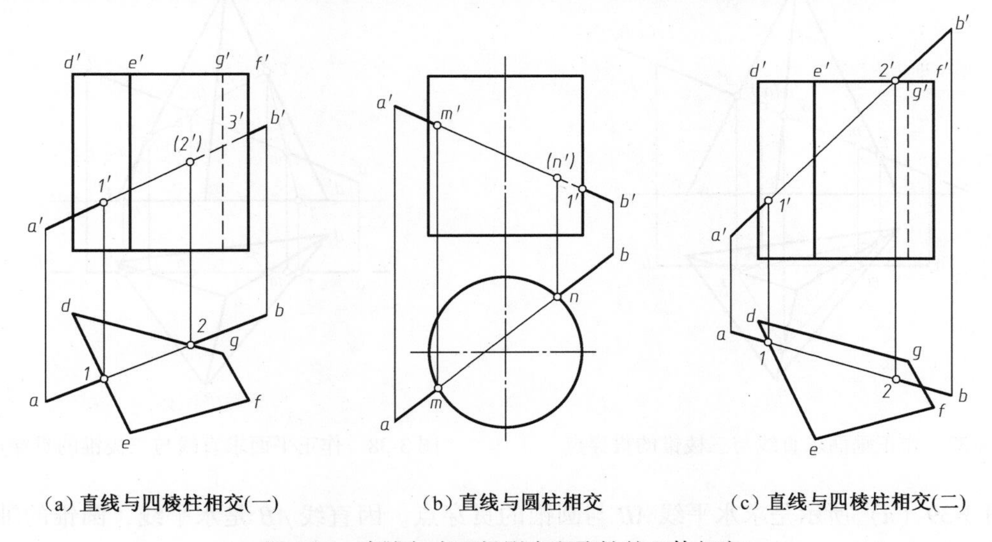

（a）直线与四棱柱相交(一)　（b）直线与圆柱相交　（c）直线与四棱柱相交(二)

图 3-36　直线与表面投影有积聚性的立体相交

求出贯穿点后，还需判断直线上两贯穿点外侧部分线段的可见性，要根据贯穿点所在立体表面的可见性而定。若贯穿点所在立体表面的投影可见，则贯穿点可见，外侧线段亦可见，如图 3-36（a）中的 a' 和 $1'$；若贯穿点所在立体表面的投影不可见，贯穿点及外侧线段与立体投影重合的部分均不可见，如图 3-36（a）中的 $2'3'$。穿入立体内的线段虽不复存在了，但作图时为了明确表示直线的位置，常用细实线画出。

3.5.2 直线与表面投影无积聚性的立体相交

图 3-37 所示是直线 AB 与三棱锥相交。直线 AB 是正平线，投影没有积聚性，而与之相交的三棱锥的各棱面均为一般位置平面，其各个投影也没有积聚性，只有用辅助平面法求线面的交点，将辅助平面法扩展到直线与立体表面相交求贯穿。点可按下列步骤作图：

（1）包含直线作辅助平面，如图 3-37 中的正垂面 P。

（2）求辅助平面与立体的截交线，如图 3-37 中的截交线Ⅰ-Ⅱ-Ⅲ。

（3）求直线与立体截交线的交点，如图 3-37 所示，先定出 △123 与 ab 的交点 m、n，然后在 P_V 上找出 m'、n'。

（4）判断可见性。如图 3-37 所示，因为三棱锥的三个棱面的水平投影均可见，所以，在水平投影中，m、n 均为可见，故 am 和 nb 以粗实线画出。在正面投影中，交点 M 在三棱柱的前表面，其正面投影 m' 可见，$a'm'$ 也可见，所以画成粗实线，交点 N 在三棱柱的后表面，其正面投影 n' 不可见，$n'b'$ 线段中的 $n'3'$ 段被三棱柱遮住，所以画成虚线。

平面与平面体相交，截交线总是多边形，而且当平面对某一投影面垂直时，由于其投影有积聚性，所以，可迅速、准确地求出辅助平面与平面体的截交线。图 3-38 所示就是包含直线 AB 的水平投影 ab 作辅助正平面 Q，求出贯穿点 M、N。因此上述方法适用于任何平面立体与直线相交的情况。

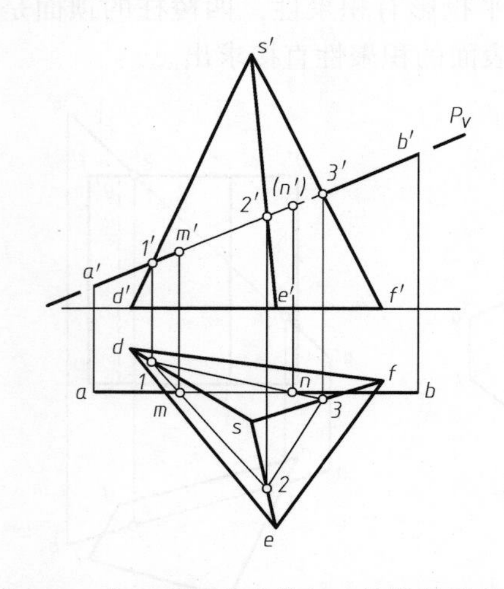

图 3-37　作正垂面求直线与三棱锥的贯穿点

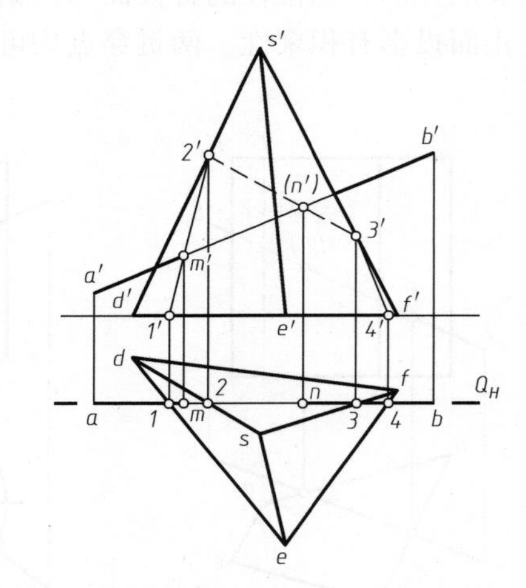

图 3-38　作正平面求直线与三棱锥的贯穿点

图 3-39（a）所示是求水平线 AB 与圆锥的贯穿点。因直线 AB 是水平线，圆锥的轴线是铅垂线，过直线的正面投影 $a'b'$ 作水平面 P，则辅助平面 P 与圆锥截交线的水平投影为圆。直线 AB 的水平投影 ab 与该圆的交点 m、n 即为所求贯穿点的水平投影；根据 m、n 的位置在 $a'b'$ 上，得 m'、n'。直线的水平投影 ab 通过圆锥的锥顶，所以，若过 ab 作铅垂面 Q，则辅助平面 Q 与圆锥截交线的正面投影为三角形。直线 AB 的正面投影 $a'b'$ 与三角形的交点 m'、n' 即为所求贯穿点的正面投影；根据 m'、n' 的位置在 ab 上，得 m、n，如图 3-39（b）所示。

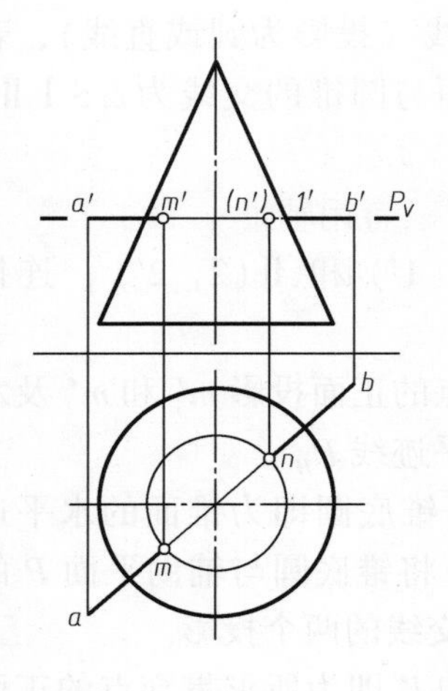

（a）包含直线作辅助水平面

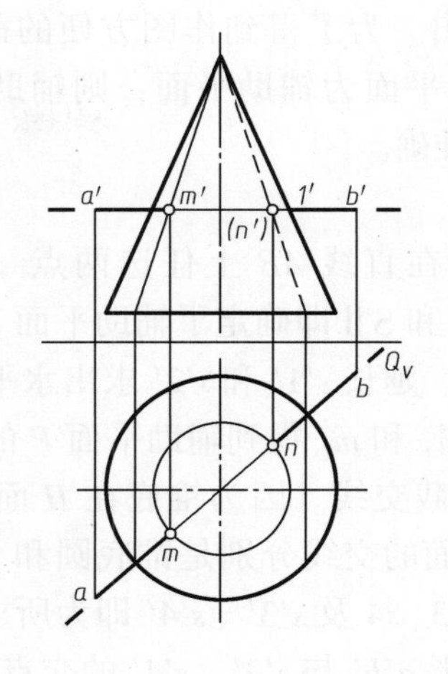

（b）包含直线作辅助铅垂面

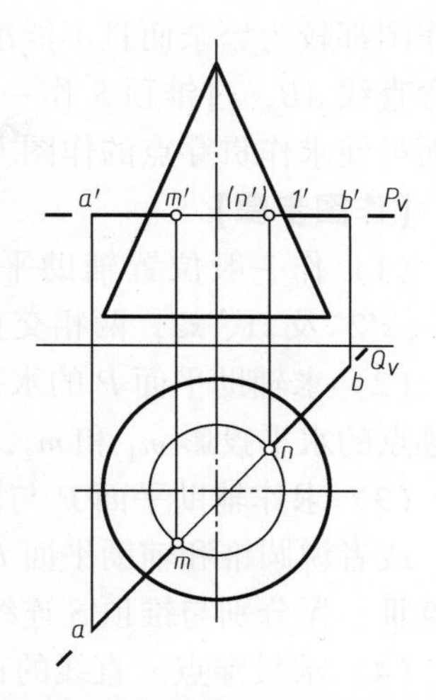

（c）直线不过锥顶，故作辅助水平面

图 3-39　求直线与圆锥的贯穿点

但是当直线 AB 与圆锥的相对位置如图 3-39（c）所示时，则不能过其水平投影 ab 作铅垂面 Q 为辅助面，因为此时直线的水平投影 ab 不通过圆锥的锥顶，故铅垂面 Q 与圆锥的截交线是双曲线，而非直线，因而求作截交线投影的作图过程繁杂且不能准确作出。

用辅助平面法求直线与曲面立体的贯穿点时，由于不同位置的平面截切同一曲面立体其截交线的作图难易程度相差悬殊，所以，必须根据立体表面的具体性质来选择适当的辅助平面，应使所作的辅助平面与立体表面的交线为简单易画的直线或平行于投影面的圆，以利于作图。

例 3-17　如图 3-40 所示，求一般位置直线 AB 与圆锥的贯穿点。

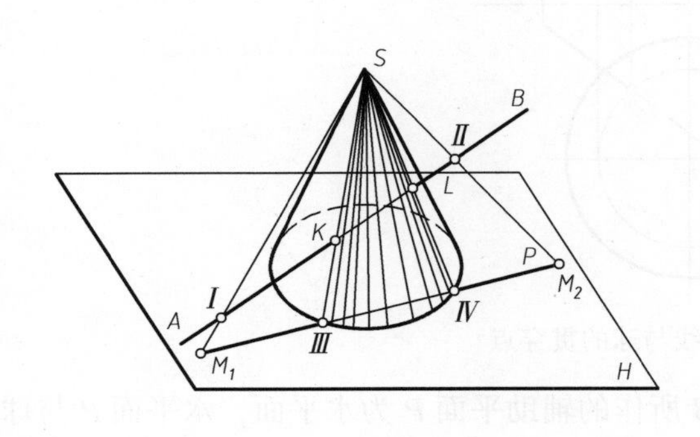

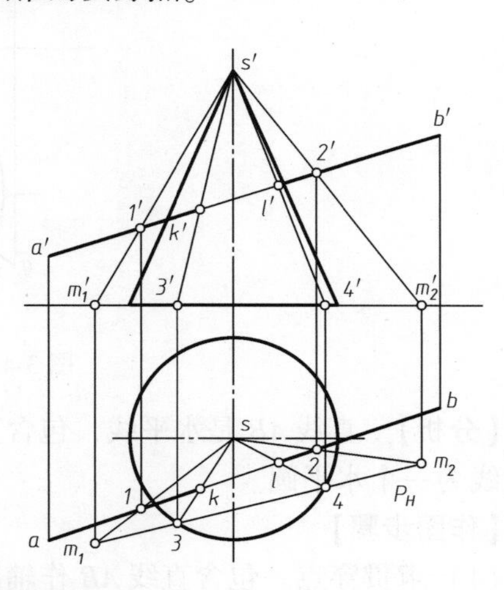

图 3-40　一般位置直线与圆锥的贯穿点

【分析】　直线 AB 是一般位置直线，且其水平投影 ab 的连线不通过锥顶，若过直线的正面投影 $a'b'$ 只能作一正垂面为辅助平面，而该辅助平面与圆锥的截交线是椭圆；若过直线的水平投影 ab 只能作一铅垂面为辅助平面，而该辅助平面与圆锥的截交线是双曲线，这些曲线的作图都较为繁杂而且不能准确作出。为了得到作图方便的截交线（投影为圆或直线），若包含直线 AB，过锥顶 S 作一般位置平面为辅助平面，则辅助平面与圆锥的交线为△SⅠⅡ，从而可使求作贯穿点的作图方便而准确。

【作图步骤】

（1）作一般位置辅助平面 P。在直线 AB 上任选两点Ⅰ(1, 1′)和Ⅱ(2, 2′)，连接 $s'1'$、$s'2'$ 及 $s1$、$s2$，两相交直线SⅠ和SⅡ即确定了辅助平面 P。

（2）求辅助平面 P 的水平迹线。延长 $s'1'$ 和 $s'2'$ 求出水平迹点的正面投影 m_1' 和 m_2' 及水平迹点的水平投影 m_1 和 m_2，连接 m_1 和 m_2 得到辅助平面 P 的水平迹线 P_H。

（3）求作辅助平面 P 与圆锥的截交线。因为锥底在 H 面上，锥底圆即为锥面的水平迹线，或者说圆锥和辅助平面 P 与 H 面的交线分别是锥底圆和 P_H，将锥底圆与辅助平面 P 的交点Ⅲ、Ⅳ分别与锥顶 S 连线，则 $s3$、$s4$ 及 $s'3'$、$s'4'$ 即为所求截交线的两个投影。

（4）求贯穿点。直线的正面投影 $a'b'$ 与 $s'3'$、$s'4'$ 的交点 k' 和 l' 即为所求贯穿点的正面投影，过 k' 和 l' 作投影连线，在 ab 上可得其水平投影 k 和 l。

（5）判断可见性。锥面的水平投影可见，贯穿点 K、L 在水平投影上均可见，所以 ak 和 lb 均用粗实线画出。因为贯穿点 K、L 均在锥面的前半部分，其正面投影 k' 和 l' 可见，所以 $a'k'$ 和 $l'b'$ 均用粗实线画出。

例 3-18 求直线 AB 与球的贯穿点，如图 3-41 所示。

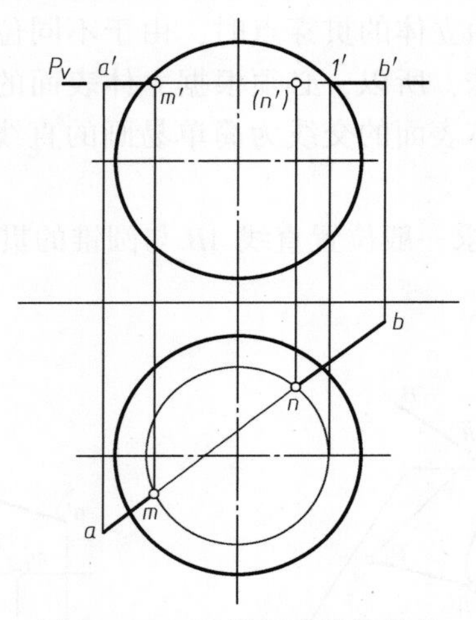

图 3-41 正平线与球的贯穿点

【分析】 直线 AB 是水平线，包含直线 AB 所作的辅助平面 P 为水平面，水平面 P 与球的截交线为一个水平圆。

【作图步骤】

（1）求贯穿点。包含直线 AB 作辅助水平面 P，P 与球的截交线为水平圆，在水平投影中反映其实形。它与直线 ab 的交点 m、n 即为贯穿点的水平投影，由 m 和 n 在 $a'b'$ 上可定出贯穿点的正面投影 m' 和 n'。

（2）判断可见性。从正面投影可以看出，AB 从球的上半部穿过，所以，贯穿点的水平投影均可见，故 am 和 nb 段均画成实线。

从水平投影可以看出，AB 是从前向后穿过球面，所以，贯穿点 M 的正面投影 m' 可见，贯穿点 N 的正面投影 n' 不可见。因此，$a'm'$ 段可见，画成实线，$n'1'$ 段不可见，画成虚线。

§3.6 两立体相交

零件表面不仅会出现截交线这样的棱线，还会出现两立体表面相交产生的交线。通常相交的立体称作相贯体，相贯体表面的交线称为相贯线。图 3-42 所示为一具有相贯线的零件模型。

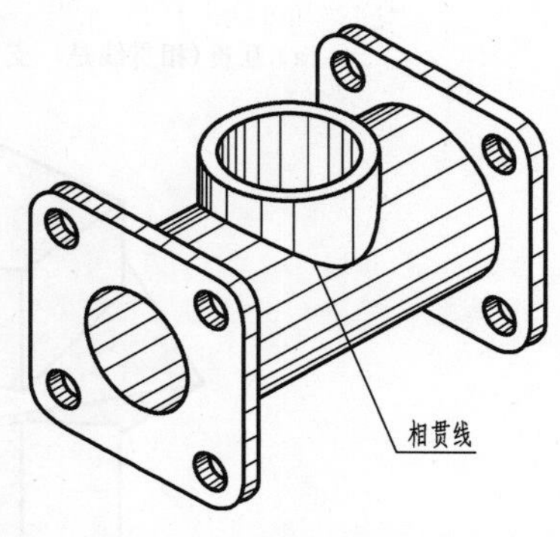

图 3-42 相贯线的实例

由于基本立体分为平面体和曲面体两大类，故两立体相交有以下三种情况：两平面立体相交、平面立体与曲面立体相交和两曲面体相交。

相贯线具有下列性质：

（1）相贯线是两相交立体表面的共有线，相贯线上的点是两相交立体表面的共有点。

（2）相贯线是两相交立体表面的分界线。

（3）相贯线都是封闭的。

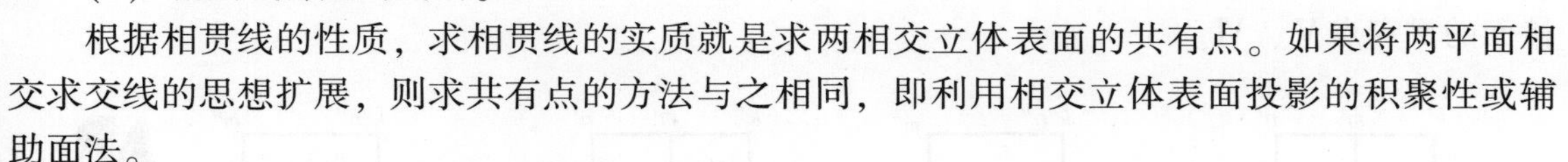

根据相贯线的性质，求相贯线的实质就是求两相交立体表面的共有点。如果将两平面相交求交线的思想扩展，则求共有点的方法与之相同，即利用相交立体表面投影的积聚性或辅助面法。

3.6.1 两平面体相交

两平面体相交，一般情况下，相贯线是封闭的空间多边形，如图 3-43（a）所示，但随着相交两立体的相对位置不同，相贯线有时可能分裂成两支空间多边形或平面多边形，如图 3-43（b）所示。

例 3-19 如图 3-44（a）所示，求直立三棱柱与横置三棱柱的交线。

【分析】 首先分析两个相贯立体上哪些棱线参与了相交。从图中可以看出，横置三棱柱的两条棱线 AA_1、CC_1 与直立三棱柱贯穿，而直立三棱柱的最前棱线 MM_1 与横置三棱柱贯穿，所以两个三棱柱是互贯的情况，其相贯线是一支封闭的空间多边形。

由于直立三棱柱的水平投影和横置三棱柱的侧面投影都有积聚性，所以相贯线的水平投影必然积聚在直立三棱柱的水平投影上；而相贯线的侧面投影一定积聚在横置三棱柱的侧面投影上，因此可利用积聚性求出 AA_1、CC_1 和 MM_1 三条棱线对另一立体的贯穿点。故此题用交点法较好。

【作图步骤】

（1）求贯穿点。利用直立三棱柱水平投影的积聚性，确定横置三棱柱的棱线 AA_1、CC_1 与直立三棱柱 KM 和 MN 两棱面的贯穿点Ⅰ、Ⅱ和Ⅲ、Ⅳ。

利用横置三棱柱侧面投影的积聚性，求直立三棱柱的棱线 MM_1 与横置三棱柱 AB 和 BC 两

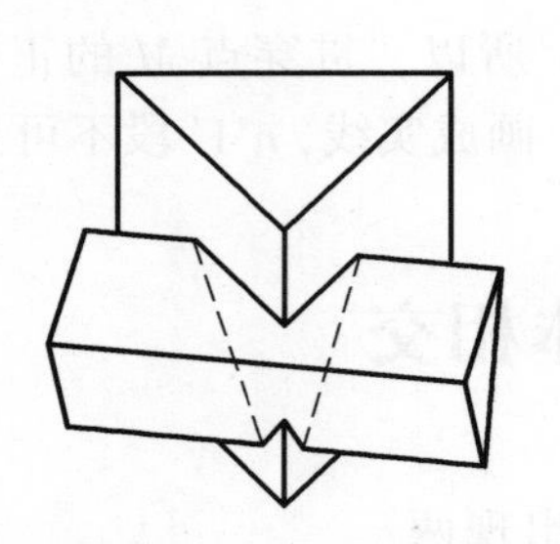

（a）互贯（相贯线是一支空间多边形）

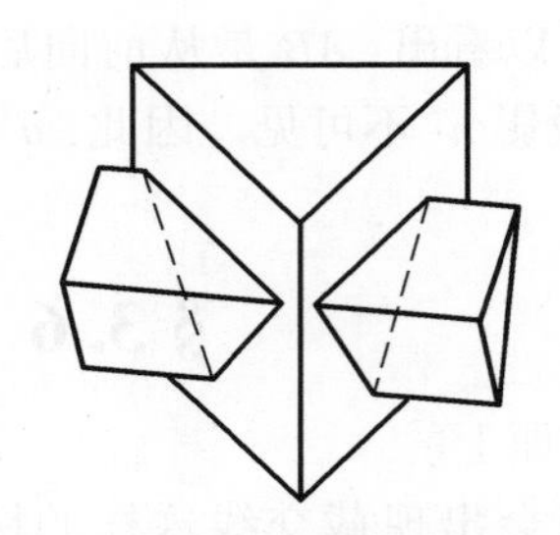

（b）全贯（相贯线是两支空间多边形）

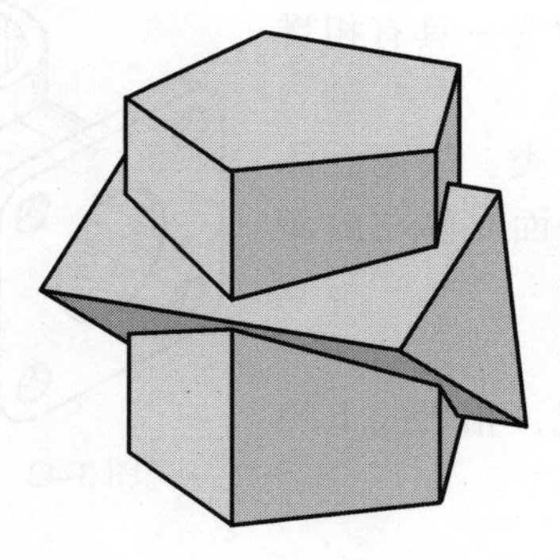

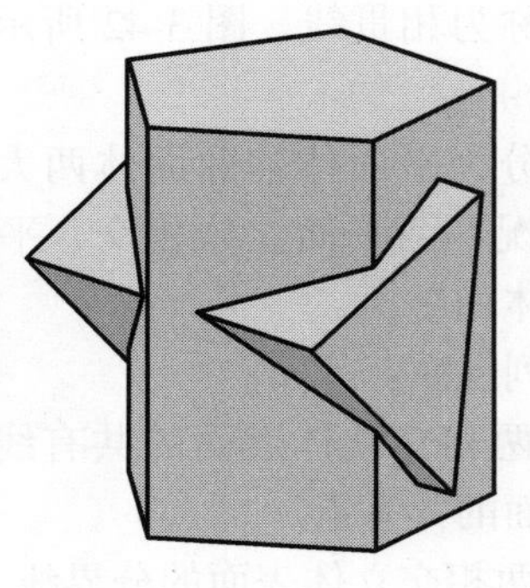

图 3-43　平面体相贯的两种情况

棱面的贯穿点Ⅴ、Ⅵ。

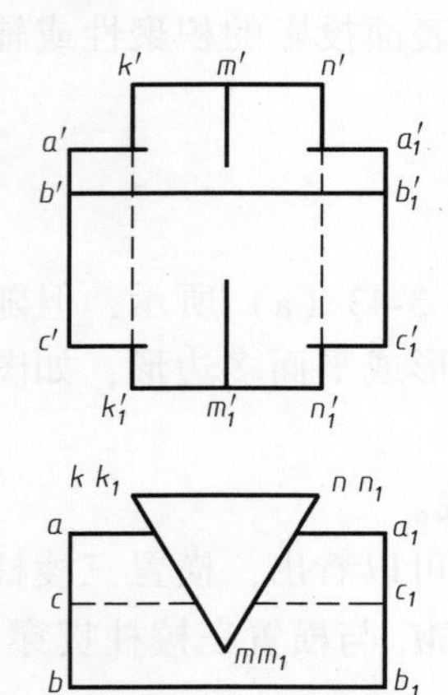

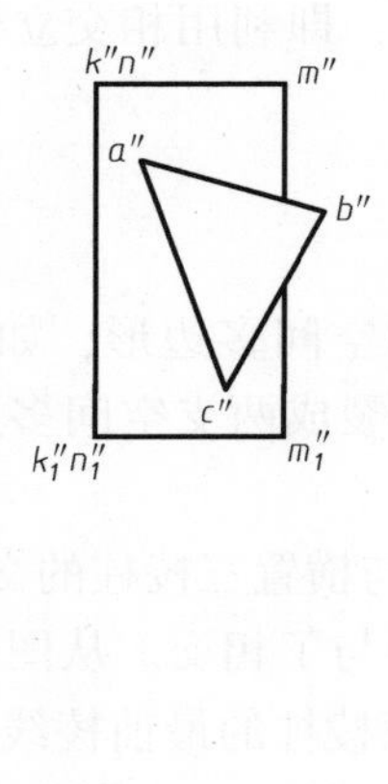

（a）题目

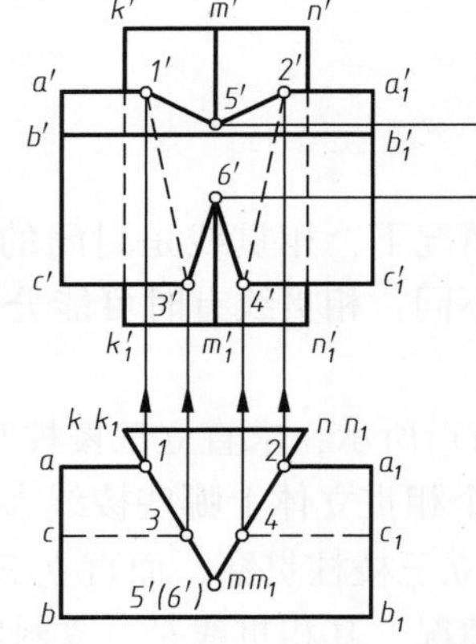

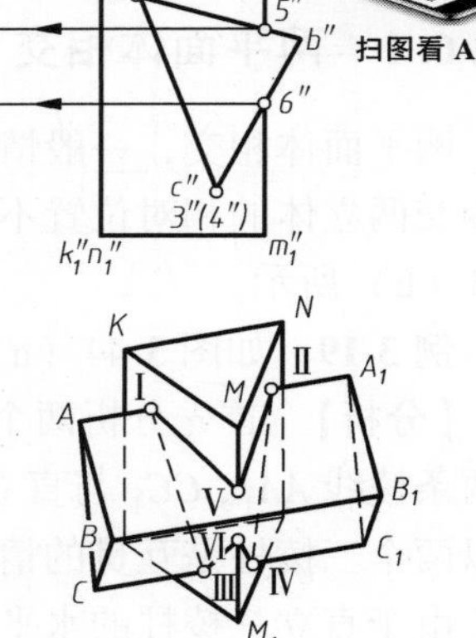

（b）解题过程

图 3-44　直立三棱柱与横置三棱柱相贯

（2）依次连接各贯穿点。因为相贯线的每一段直线段都是相交两棱面的共有线，所以，只有当两点既在甲立体的同一棱面上又在乙立体的同一棱面上才能连接成直线段，否则不可连接。如Ⅰ、Ⅴ两点既在直立三棱柱 *KM* 棱面上，又在横置三棱柱的 *AB* 棱面上，所以 $1'$ 和 $5'$ 两点可以相连。再如Ⅴ、Ⅵ两点由于都属于直立三棱柱 MM_1 棱线，可以认为它们都是直

立三棱柱 *KM* 或 *MN* 棱面上的点；而对横置三棱柱来讲，Ⅴ 点在 *AB* 棱面上，Ⅵ 点在 *BC* 棱面上，因此 5′ 和 6′ 不能相连。由此也可得出结论：同一棱线上的两个贯穿点间不能连线。

按上述方法逐点分析，连接 5′ 和 2′、2′ 和 4′、4′ 和 6′、6′ 和 3′、3′ 和 1′，得到相贯线的正面投影。

（3）判别可见性。相贯线可见性的判别规则是：当两个棱面的同面投影都是可见时，它们的交线在该投影面上的投影才是可见，否则不可见。例如，在正面投影中，虽然直立三棱柱的 *KM* 和 *MN* 棱面都是可见的，但是横置三棱柱上的 *AC* 棱面是不可见的，所以它们的交线 Ⅰ-Ⅲ 和 Ⅱ-Ⅳ 的正面投影 1′3′ 和 2′4′ 均为不可见；而它们与 *AB*、*BC* 两棱面的交线，因为 *AB* 和 *BC* 棱面都可见而可见。即交线的正面投影 1′5′、5′2′、3′6′ 和 6′4′ 都可见。

（4）正确画出相交两立体轮廓线的投影。由于同一棱线上的两个贯穿点间不能连线，所以 1′ 和 2′、3′ 和 4′、5′ 和 6′ 之间不画线；棱线 BB_1 没有参与相贯，故 $b'b_1'$ 应画成粗实线；棱线 KK_1 和 NN_1 虽然也没有参与相贯，但有一段被前面的横置三棱柱遮住了，故其正面投影 $k'k_1'$ 和 $n'n_1'$ 被遮挡的部分画成虚线，如图 3-44（b）所示。

【讨论】

（1）假如将横置三棱柱从直立三棱柱中抽出，则横置三棱柱可看作是虚体，而直立三棱柱仍是实体，如图 3-45 所示。将实体与实体相交（图 3-44）和实体与虚体相交（图 3-45）作一比较会发现：当参加相贯的两立体的形状、大小和它们之间的相对位置相同时，无论参加相贯的形体是实体还是虚体，它们相贯线的形状和特殊点完全相同，其区别并不是相贯线本身，而是相贯线的可见性和轮廓线的投影。也就是说，无论是立体的外表面（实体）还是空腔的内表面（虚体），都可以把它们抽象为几何元素——面，因此，它们表面的交线都可按两面的共有线来求作。

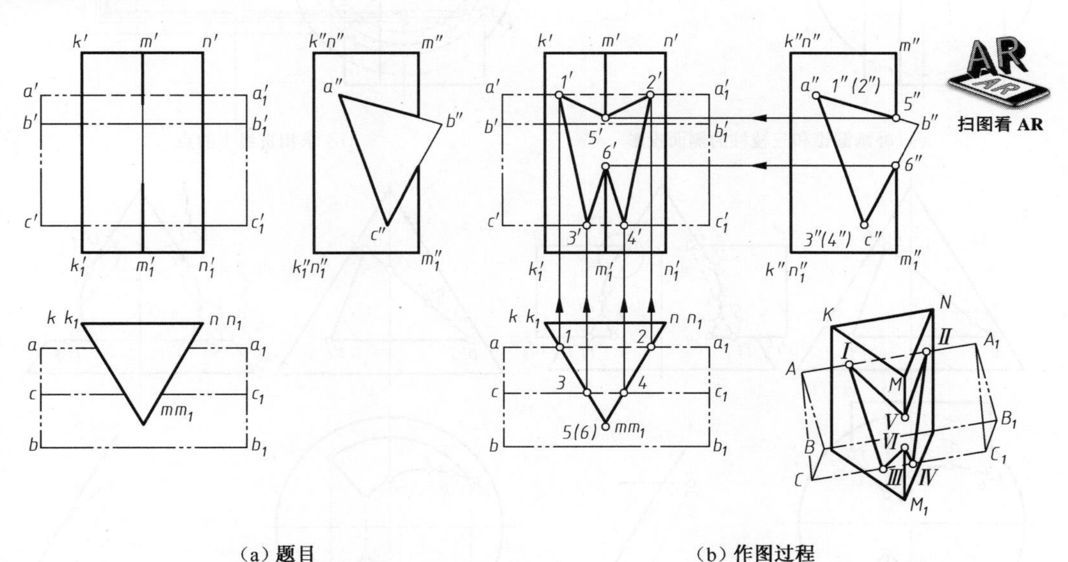

（a）题目　　（b）作图过程

图 3-45　实体三棱柱与虚体三棱柱相交

（2）在实体与实体相交的情况下，相贯线的可见性是根据相贯两立体表面的可见性来判断的。立体轮廓线的投影遵循的原则是：同一棱线上的两个贯穿点间不能连线，没有参与相贯的棱线的投影应完整画出（实线或虚线）。但是在实体与虚体相交的情况下，由于虚体仅是一个概念体，相贯线的可见性是根据实体表面的可见性来判断的。虚体轮廓线的投影所遵循的原则是：同一棱线上的两个贯穿点之间必须连线（也可看作是两截平面的交线），贯穿点之外的棱线以及没有参与相贯的棱线不画。

3.6.2 平面体与曲面体相交

平面体与曲面体相交，相贯线是由若干段平面曲线组成的封闭曲线。每段平面曲线都是平面体某一棱面与曲面体相交所得的截交线，相邻两段平面曲线的交点是平面立体的棱线与曲面立体的贯穿点。因此，求平面立体与曲面立体的相贯线，实质上就是求平面立体的棱面与曲面体的截交线，以及平面立体的棱线与曲面体的贯穿点。

例 3-20 求三棱柱与圆锥的相贯线，如图 3-46 所示。

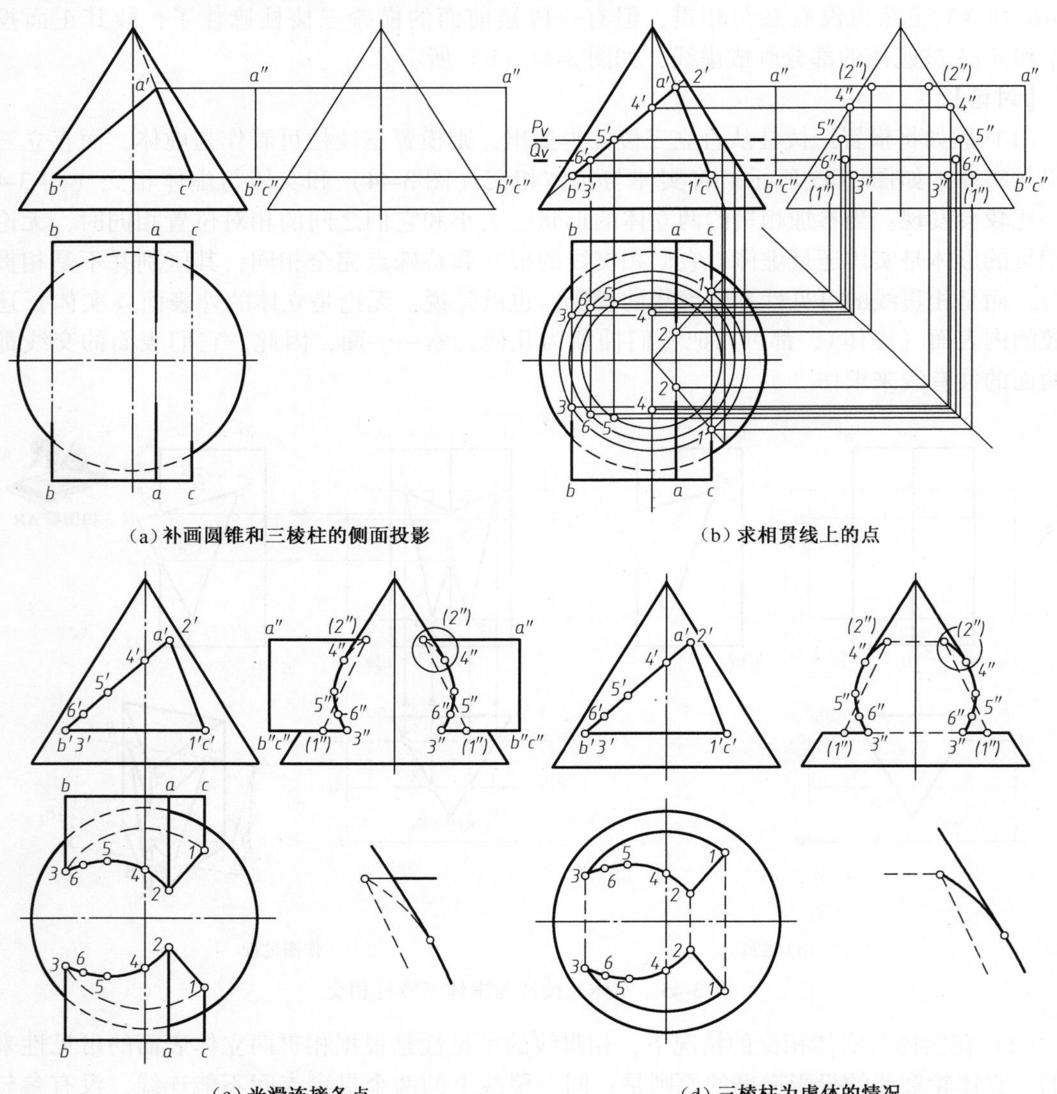

(a) 补画圆锥和三棱柱的侧面投影

(b) 求相贯线上的点

(c) 光滑连接各点

(d) 三棱柱为虚体的情况

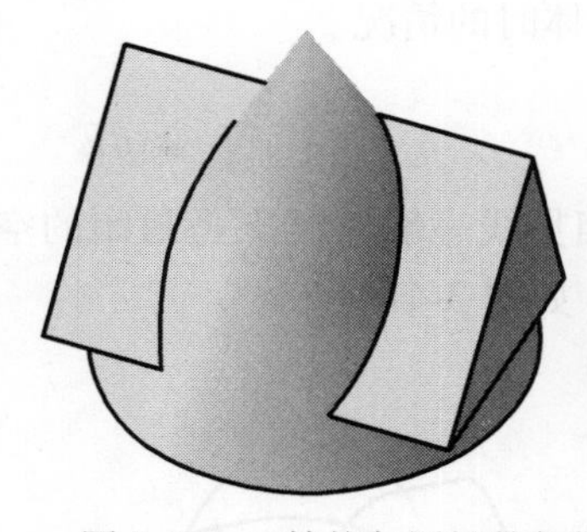

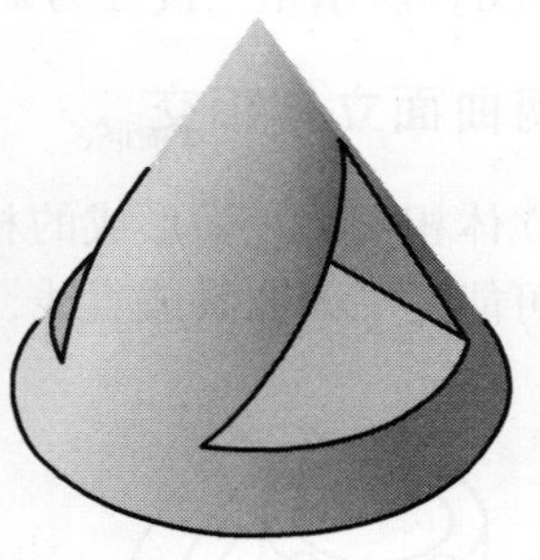

图 3-46　三棱柱与圆锥的相贯线

【分析】　三棱柱的正面投影有积聚性，相贯线的正面投影必然积聚在其上，所以只需求出相贯线的水平投影和侧面投影。

相贯线由三段平面曲线组成，即三棱柱的 *AB* 棱面与圆锥表面的截交线为椭圆，*BC* 棱面与圆锥表面的截交线为圆，*CA* 棱面与圆锥表面的截交线为过锥顶的直线。Ⅰ、Ⅱ和Ⅲ点分别是三棱柱的三条棱线与圆锥面的贯穿点，也是三段平面曲线的分界点。

【作图步骤】

（1）用细实线补画出圆锥与三棱柱的侧面投影，如图 3-46（a）所示。

（2）求出相贯线上的特殊点，如图 3-46（b）所示。

1）贯穿点Ⅰ、Ⅱ、Ⅲ。过锥顶和 1′、2′ 作素线，其水平投影与 *aa*、*cc* 交于点 1、2，并求出其侧面投影 1″、2″；过 3′ 点作纬圆求出Ⅲ的投影 3 和 3″。

2）圆锥侧面投影轮廓线上的点Ⅳ。根据 *AC* 棱面的积聚性可直接求出其侧面投影 4″，从而求出其水平投影 4。

3）相贯线的特征点Ⅴ。因为三棱柱的 *AB* 棱面与圆锥表面的截交线为椭圆，延长 2′3′ 使其与圆锥的最左、最右两条素线的正面投影相交，取其中点即为椭圆短轴的正面投影 5′；过 5′ 作辅助平面 *P*，*P* 与圆锥相交于一条平行于 *H* 面的圆，圆与投影连线的交点 5 即为特征点Ⅴ的水平投影；根据正面投影和水平投影可求出侧面投影 5″。

（3）求相贯线上的一般点。在适当位置作辅助平面 *Q*，*Q* 与圆锥的交线是平行于 *H* 面的圆，与 *AB* 棱面交线是一条正垂线，两交线的交点Ⅵ即为所求。

（4）光滑连接各点，并判断相贯线的可见性，如图 3-46（c）所示。只有当相贯线同时处于两立体表面的可见部分时，相贯线的投影才可见。圆锥表面及三棱柱的 *AB* 和 *AC* 棱面在水平投影上均可见，所以，1-2 和 2-4-5-6-3 可见，画成粗实线。三棱柱的 *BC* 棱面在水平投影上不可见，所以，相贯线 1-3 圆弧不可见，画成虚线。

在侧面投影上，*AB* 棱面虽可见，但Ⅳ是圆锥侧面投影轮廓线上的点，即可见与不可见的分界点，所以，同一段交线上 4″-5″-6″-3″可见，4″-2″不可见。交线 1″-2″，由于 *AC* 棱面和右半个圆锥侧面投影上均不可见，所以画成虚线；*BC* 棱面侧面投影有积聚性，交线 1″-3″积聚在 *BC* 棱面的侧面投影上。

（5）正确画出参与相贯的两立体轮廓线的投影，并判断可见性，如图 3-46（c）所示。由于Ⅰ、Ⅱ、Ⅲ点是三棱柱对圆锥的贯穿点，所以三棱柱的三条棱线在水平投影和侧面投影上都要画至贯穿点；圆锥的侧面投影轮廓线自锥顶画至 4″。

图 3-46（d）所示是三棱柱为虚体时的情况。

3.6.3 两曲面立体相交

两曲面立体相交，表面形成的相贯线一般情况下是封闭的空间曲线；在特殊情况下也可能是平面曲线或直线，如图 3-47 所示。

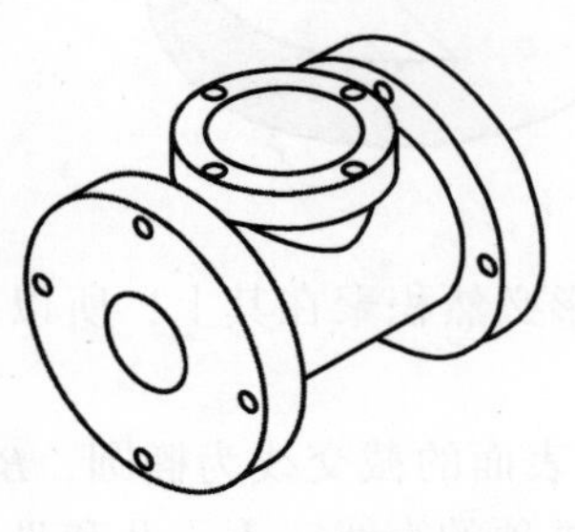

(a) 相贯线为空间曲线

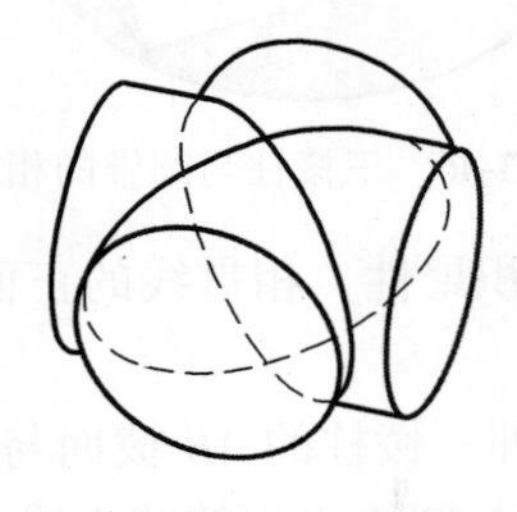

(b) 相贯线为平面曲线

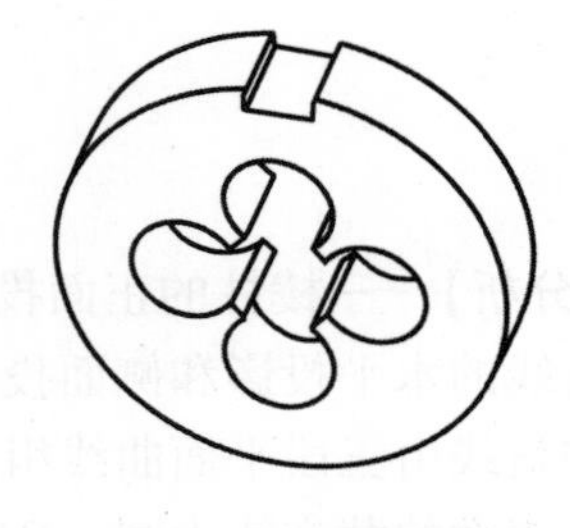

(c) 相贯线为直线

图 3-47 两曲面体相贯

求作两曲面体表面的相贯线时，通常先求出相贯线上的一些特殊点，如最高点、最低点，曲面投影轮廓线上的点等，这些点确定了相贯线的投影范围和形状特征，而且投影轮廓线上的点通常还是相贯线可见性的分界点。这些特殊点确定后，再作出一些适当的一般点。最后将这些共有点光滑连线，并判明可见性，形成相贯线的投影。

1. 利用积聚性求作相贯线

两回转体相交，如果其中之一是轴线垂直于投影面的圆柱，则圆柱面在该投影面上的投影积聚为圆，在该圆柱面上产生的相贯线的投影也位于这个圆上，可利用点、线的两个已知投影求其余投影的方法求出相贯线的投影。

例 3-21 求两轴线正交圆柱的相贯线，如图 3-48 所示。

【分析】 两圆柱的轴线正交，直立小圆柱完全贯入横置大圆柱，因此，相贯线是一条闭合的空间曲线。由于小圆柱的水平投影积聚为圆，相贯线的水平投影应积聚其上；大圆柱的侧面投影积聚为圆，相贯线的侧面投影也积聚在大圆柱的侧面投影上（即小圆柱的侧面投影轮廓线之间的一段圆弧），所以，此例只需求出相贯线的正面投影。

由于两圆柱的轴线都是投影面的垂直线，故辅助面可用水平面，也可用正平面和侧平面。

【作图步骤】

(1) 求特殊点。如图 3-48（a）所示，由于两圆柱的轴线相交，相贯线的最高点（也是最左、最右点）就是两圆柱正面投影轮廓线的交点，在正面投影上可直接确定 1′ 和 2′。相贯线的最低点（也是最前、最后点）就是小圆柱的侧面投影轮廓线上的点，在侧面投影中利用大圆柱的积聚性可直接确定 3″ 和 4″，根据投影规律可求出 3′ 和 4′。

(2) 求一般点。在水平投影的小圆上取 5、6 两点（由于对称），根据投影规律在侧面投影的大圆上确定其相应的侧面投影 5″ 和 6″。由于两圆柱垂直相交，前后、左右均对称，所以实际作图中只需求出 5′ 和 6′ 两点。

(3) 依次光滑地连接各点，并判断可见性。由于前后对称，相贯线的正面投影的可见与不可见部分重合，只需用粗实线画出其可见部分即可，如图 3-48（c）所示。

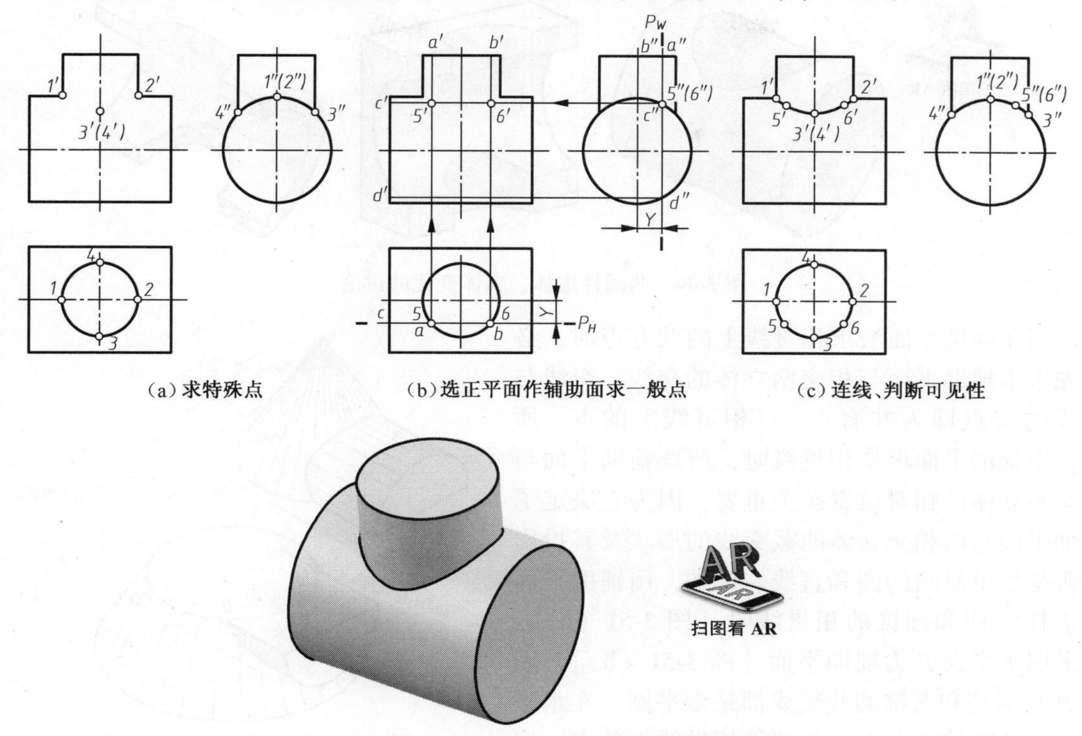

图 3-48　求作两轴线正交圆柱的相贯线

【讨论】 图 3-49（a）所示是水平圆柱为实体，直立圆柱为虚体时，两圆柱相贯的情况；图 3-49（b）所示是两圆柱均为虚体时，两圆柱相贯的情况；图 3-49（c）所示是水平空心圆柱与直立圆柱（虚体）相贯的情况。从图中可以看出，这些相贯线的性质和求解方法与两圆柱均为实体时相同，只是作图时要注意相贯线的可见性和虚体的投影轮廓线。

2. *利用辅助平面法作相贯线*

辅助平面法的基本原理是三面共点。如图 3-50 所示，用一个辅助平面 R 与两个相贯曲面体相交，平面 R 与圆锥的截交线为圆 L_A 、与圆柱面的截交线为直线 L_1 和 L_2，两截交线的交点 Ⅰ 、Ⅱ（辅助平面和两曲面立体表面的公共点）就是相贯线上的点。

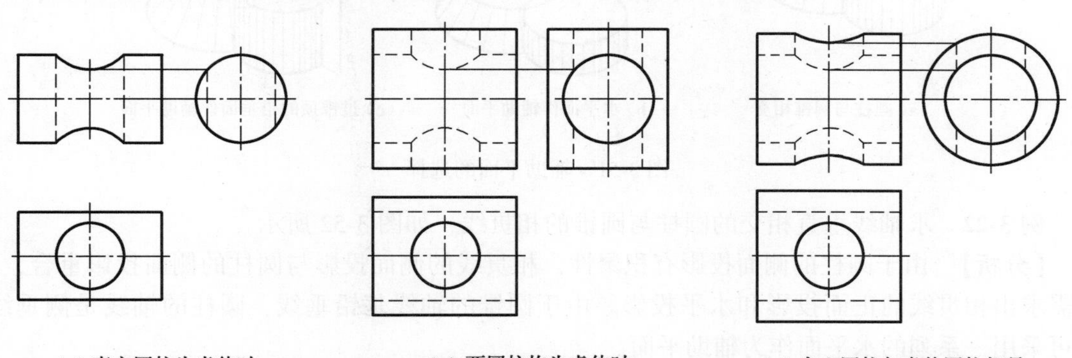

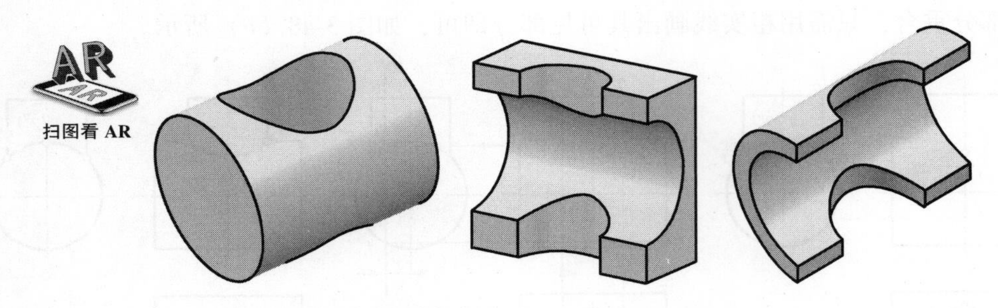

图 3-49　两圆柱虚体、实体变化的讨论

当用辅助平面法求相贯线上的共有点时，必须先求出辅助平面与相交两立体的交线，交线与交线的交点即为共有点——相贯线上的点。所以，用辅助平面求作相贯线时，所选辅助平面与相交两立体的相对位置至关重要，因为它决定了辅助平面与两相交立体的截交线的形状及其投影是否是简单易画的圆和直线。例如，用辅助平面法求作圆柱和圆锥的相贯线时［图 3-51（a）］，可采用水平面 P 为辅助平面［图 3-51（b）］。因为 P 与圆柱和圆锥的截交线都是水平圆，在水平投影上两圆的交点Ⅰ、Ⅱ就是相贯线上的点。也可以采用过锥顶 S 的铅垂面 Q 为辅助平面［图 3-51（c）］。因为 Q 过锥顶，它与圆锥的截交线是过锥顶的直素线 SL，铅垂面与圆柱的截交线是直素线 KK_1，两直素线的交点Ⅲ就是相贯线上的点。

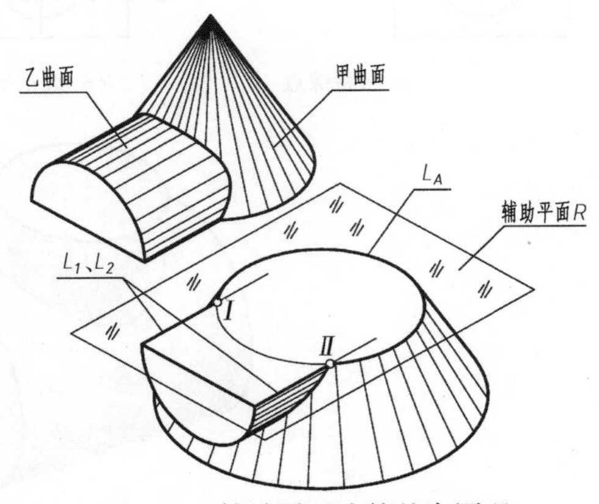

图 3-50　辅助平面法的基本原理

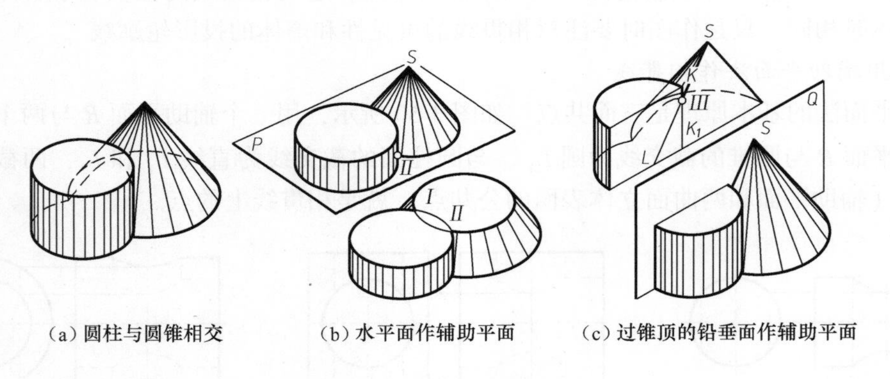

图 3-51　辅助平面的选择

例 3-22　求轴线垂直相交的圆柱与圆锥的相贯线，如图 3-52 所示。

【分析】　由于圆柱的侧面投影有积聚性，相贯线的侧面投影与圆柱的侧面投影重合，故只需求出相贯线的正面投影和水平投影。由于圆锥的轴线是铅垂线，圆柱的轴线是侧垂线，故可采用一系列的水平面作为辅助平面。

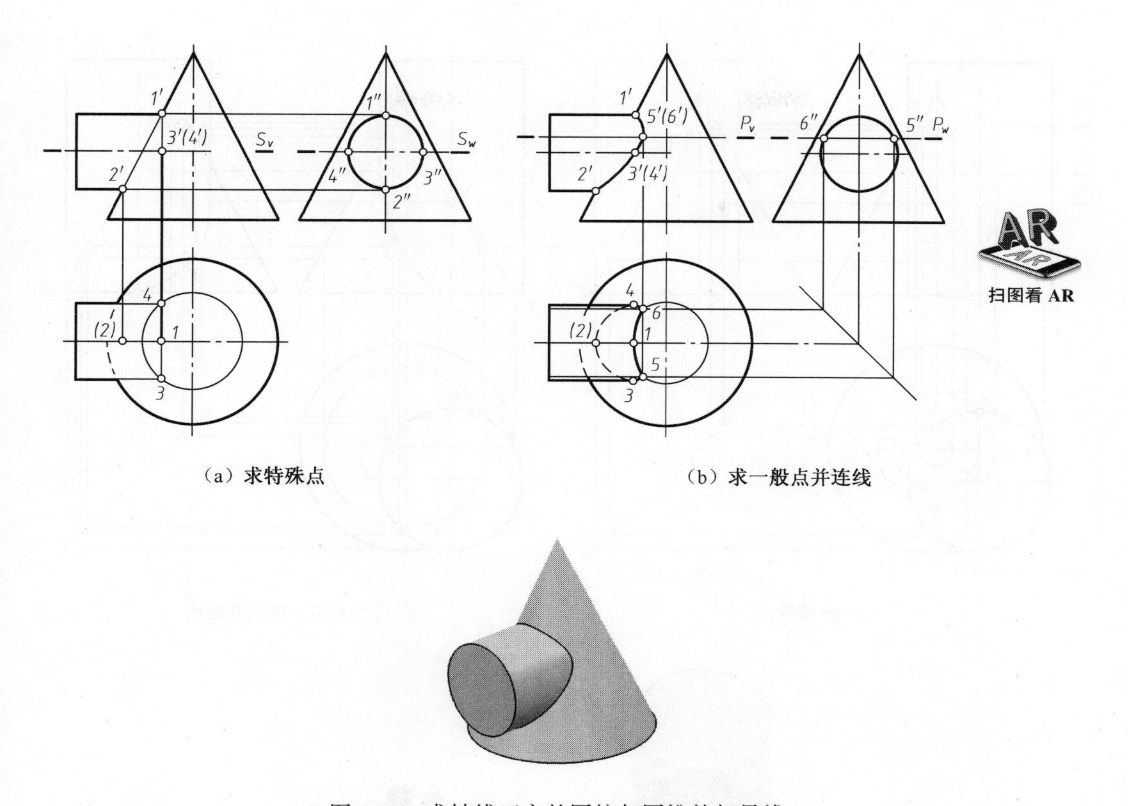

（a）求特殊点　　（b）求一般点并连线

图 3-52　求轴线正交的圆柱与圆锥的相贯线

【作图步骤】

（1）求特殊点［图 3-52（a）］。由于圆柱与圆锥的轴线相交，所以，圆柱与圆锥正面投影轮廓线的交点 1′ 和 2′ 就是相贯线上最高点和最低点 Ⅰ、Ⅱ 的正面投影。

过圆柱的轴线作水平面 *S*，*S* 与圆柱交线的水平投影就是圆柱水平投影的轮廓线，与圆锥的交线为一个水平圆，两者水平投影的交点 3、4 即为相贯线上 Ⅲ、Ⅳ 点的水平投影，也是相贯线的水平投影可见与不可见的分界点。

（2）求一般点［图 3-52（b）］。在正面投影 1′ 和 3′ 之间的适当位置，作一个水平面 *P*，*P* 与圆柱的截交线是两条直线，与圆锥的相交是一个水平圆，两者水平投影的交点 5、6 即为一般点 Ⅴ、Ⅵ 的水平投影。根据投影特性，再求出 5′、6′ 和 5″、6″。同理，可求出相贯线上其他的一般点。

（3）光滑连接各点，并判断可见性。相贯线的正面投影前后对称，其可见与不可见部分的投影重合，所以只需用粗实线画出其可见部分。3、4 是相贯线水平投影可见与不可见的分界点，故相贯线 3-5-1-6-4 为可见，画成粗实线，相贯线 4-2-3 为不可见，画成虚线。

（4）正确画出立体的投影轮廓线，并判断可见性。水平投影中，圆柱的转向轮廓线应画到 3、4 点处。圆锥的底圆有一部分被圆柱体遮住，应画成虚线。由于两立体相贯后为一整体，所以，正面投影 1′、2′ 之间无线［图 3-52（b）］。

例 3-23　求圆柱与圆锥的相贯线，如图 3-53 所示。

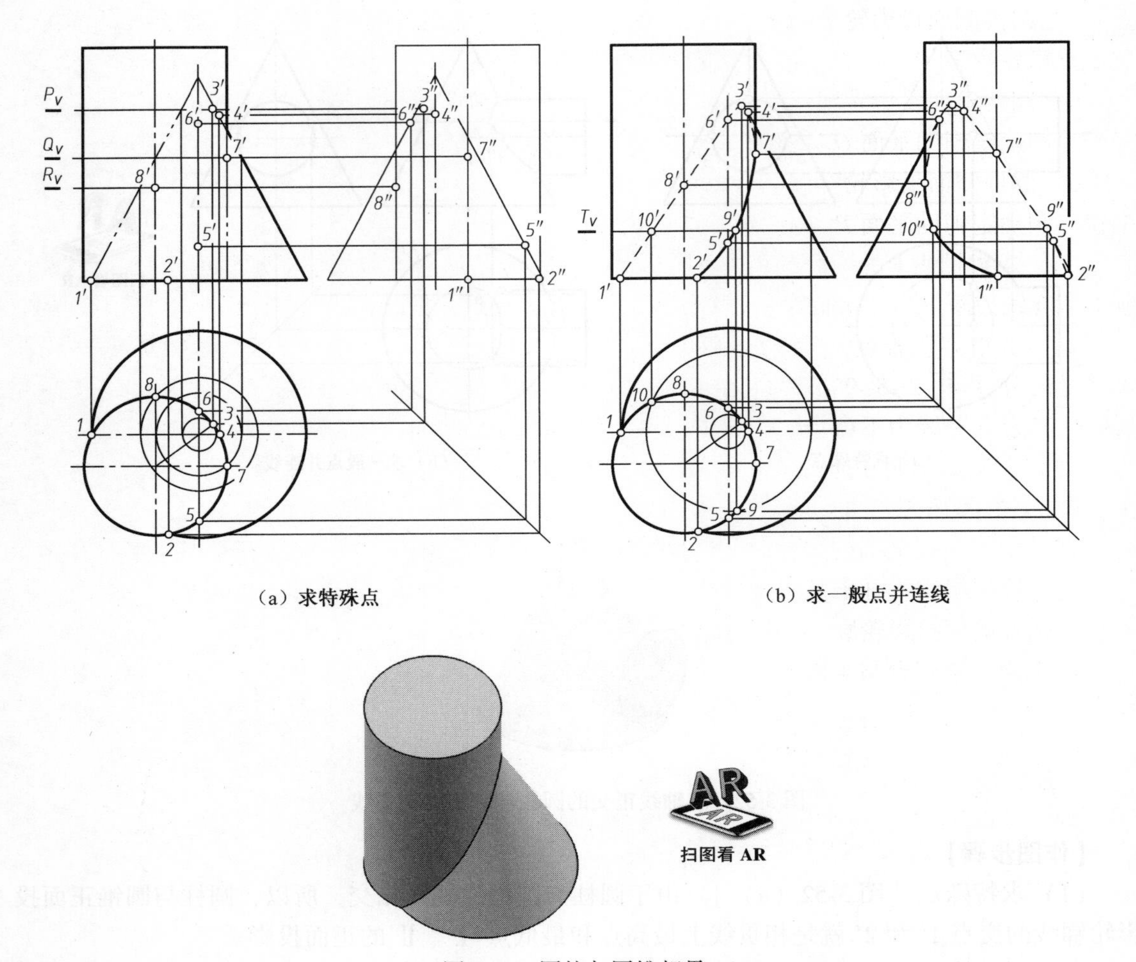

（a）求特殊点　　（b）求一般点并连线

图 3-53　圆柱与圆锥相贯

【分析】 圆柱与圆锥的轴线平行且均为铅垂线，因此圆柱的水平投影有积聚性，相贯线的水平投影积聚在圆柱的水平投影上，相贯线的正面投影和侧面投影为空间一般曲线。辅助平面可用水平面，也可用过锥顶的铅垂面。

【作图步骤】

（1）补画立体的侧投影，用细实线画出，如图 3-53（a）所示。

（2）求特殊点。

1）最低点 Ⅰ 、Ⅱ 。两曲面立体的底圆在同一水平面内，水平投影中两个底圆的交点 1、2 即为它们的水平投影，据此可求出 1′、2′ 和 1″、2″。

2）最高点 Ⅲ 。在水平投影中，以锥顶为圆心，画一小圆与圆柱的水平投影（圆）相切，得到切点 3，它就是相贯线最高点 Ⅲ 的水平投影。以切点 3 所在的小圆半径定出辅助平面 P_V 的位置，从而可以确定相贯线上最高点的其他投影 3 和 3″。

3）圆锥正面投影轮廓线上的点 Ⅳ 。在水平投影中定出 4，正面投影连线与圆锥最右投影轮廓线的交点 4′ 是其正面投影，据此可确定 4″。

4）圆锥侧面投影轮廓线上的点 Ⅴ、Ⅵ。在水平投影中定出 5、6，侧面投影连线与圆锥侧面投影轮廓线的交点 5″、6″ 是其侧面投影，据此可以确定 5′、6′。

5）圆柱正面投影轮廓线上的点 Ⅶ。在水平投影中定出 7，过 7 点在圆锥面上作纬圆，根据纬圆确定辅助平面 Q_V 的位置并定出 7′，由此确定 7″。

6）圆柱侧面投影轮廓线上的点 Ⅷ。在水平投影中定出 8，过 8 点在圆锥面上作纬圆，根据纬圆确定辅助平面 R_V 的位置并定出 8′ 和 8″。

（3）求相贯线上的一般点。如图 3-53（b）所示，用水平面 T_V 作辅助平面，T_V 与圆柱和圆锥的截交线为两个圆，它们的水平投影相交于 9、10 两点，据此在 T_V 上求出 9′、10′ 和 9″、10″。

（4）光滑连接各点，并判断可见性。如图 3-53（b）所示，在正面投影中，7′ 是可见与不可见的分界点，2′-5′-9′-7′ 各点在前半个圆锥表面和前半个圆柱表面上，所以可见，画成粗实线，其余部分皆为不可见，画成虚线。相贯线侧面投影的可见性判断与正面投影类似。

（5）正确画出两立体的投影轮廓线，并判断可见性。如图 3-53（b）所示，在正面投影上，圆柱右边的投影轮廓线用粗实线从上到下画到 7′。圆锥右边的投影轮廓线从下往上画到 4′，但其中有一段被圆柱遮住，用虚线画出。圆柱左边的投影轮廓线没有参加相贯且在圆锥的前边，故用粗实线画出其完整的投影。圆锥左边的投影轮廓线已完全贯入圆柱，故不画出。圆柱、圆锥侧面投影轮廓线的画法和可见性判断与正面投影类似。

例 3-24　求圆台与半圆球的相贯线，如图 3-54 所示。

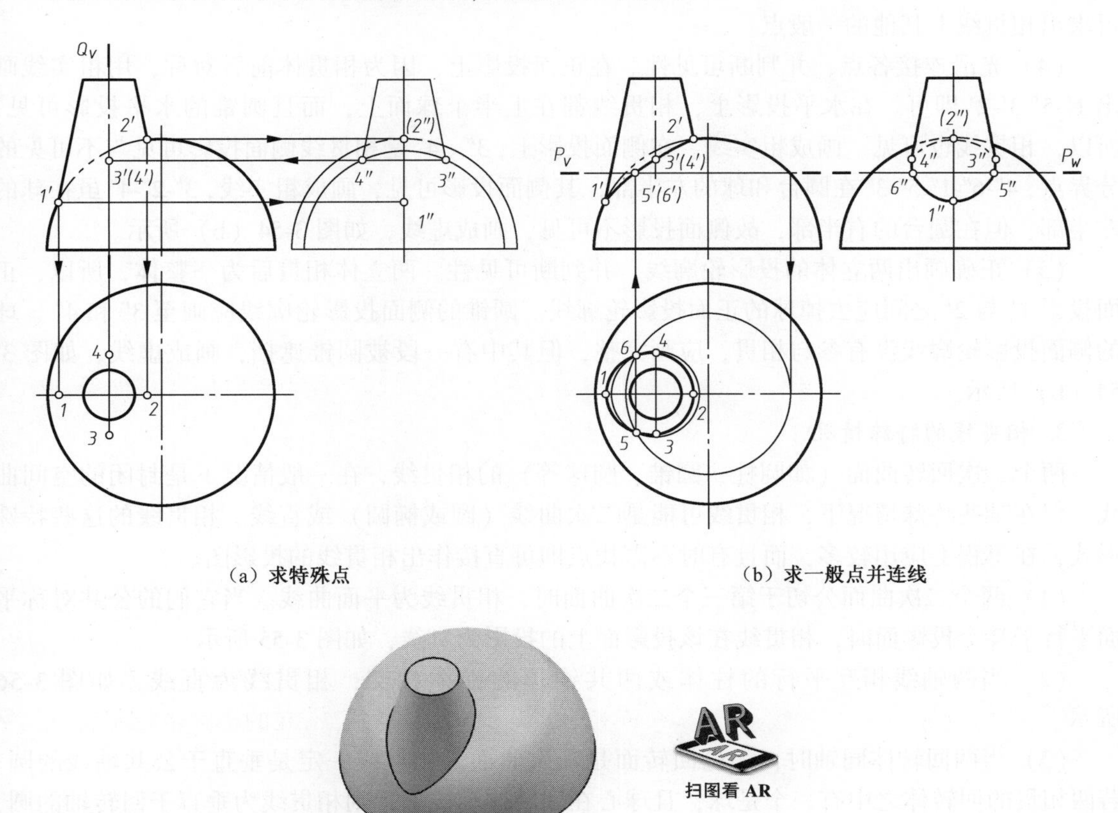

图 3-54　求圆台与半圆球的相贯线

【分析】 圆台的轴线不通过球心，但处于球的前后对称面上，所以，相贯线是一支前后对称的闭合的空间曲线。因圆台和球的三个投影均无积聚性，所以，只能采用辅助平面法解题。水平面与圆台的交线是水平圆，与球的交线也是水平圆，所以，用水平面作为辅助平面。另外，还可采用过锥顶的一个正平面和一个侧平面作辅助平面，求出圆台正面和侧面投影轮廓线上的点。但不过锥顶的正平面和侧平面都不可取，因它们与圆台的交线是双曲线。

【作图步骤】

（1）补画半圆球和圆台的侧面投影，如图 3-54（a）所示。

（2）求特殊点。

1）虽然球和圆台的轴线不相交，但球和圆台有公共的前后对称面，所以球和圆台的正面投影轮廓线相交，交点既是球和圆台正面投影轮廓线上的点，也是相贯线的最高点和最低点，其投影 1′、2′、1、2、1″、2″可直接求出。

2）过锥顶作侧平面 Q，它与圆台的截交线正是圆台的侧面投影轮廓线，与球的截交线是一侧平圆，两交线的交点 3″、4″是相贯线上的点，3′、4′和 3、4 也随之确定。

（3）求一般点。如图 3-54（b）所示，在正面投影点 1′和 3′之间的适当位置，作一个水平面 P，它与圆台的截交线为一个水平圆，与球的截交线也是一个水平圆，两圆的交点 5、6 就是相贯线上的点 Ⅴ 和 Ⅵ 的水平投影，根据 5、6 在 P 上可找出 5′、6′以及 5″、6″。同理，可求出相贯线上其他的一般点。

（4）光滑连接各点，并判断可见性。在正面投影上，因为相贯体前后对称，用粗实线画出 1′-5′-3′-2′即可。在水平投影上，相贯线都在上半个球面上，而且圆锥的水平投影可见，所以，相贯线也可见，画成粗实线。在侧面投影上，3″、4″是相贯线侧面投影可见与不可见的分界点，4″-6″-1″-5″-3″在圆台和球的左半部，其侧面投影可见，画成粗实线，3″-2″-4″虽在球的左半部，但在圆台的右半部，故侧面投影不可见，画成虚线，如图 3-54（b）所示。

（5）正确画出两立体的投影轮廓线，并判断可见性。两立体相贯后为一整体，所以，正面投影 1′与 2′之间应去掉球的正面投影轮廓线。圆锥的侧面投影轮廓线应画至 3″和 4″。球的侧面投影轮廓线没有参与相贯，应画完整，但其中有一段被圆锥遮挡，画成虚线，如图 3-54（b）所示。

3. 相贯线的特殊情况

两个二次回转曲面（如圆柱、圆锥、圆球等）的相贯线，在一般情况下是封闭的空间曲线，但在某些特殊情况下，相贯线可能是二次曲线（圆或椭圆）或直线。相贯线的这些特殊形式，在工程上应用较多，而且有时不需找点即可直接作出相贯线的投影图。

（1）两个二次曲面公切于第三个二次曲面时，相贯线为平面曲线。当它们的公共对称平面平行于某个投影面时，相贯线在该投影面上的投影为直线，如图 3-55 所示。

（2）当两轴线相互平行的柱体或两共锥顶的锥体相交，相贯线为直线，如图 3-56 所示。

（3）当两回转体同轴时，无论回转面是几次曲面，相贯线一定是垂直于公共轴线的圆。若两相贯的回转体之中有一个是球，且球心在回转体轴线上，则相贯线为垂直于回转轴的圆，如图 3-57 所示。

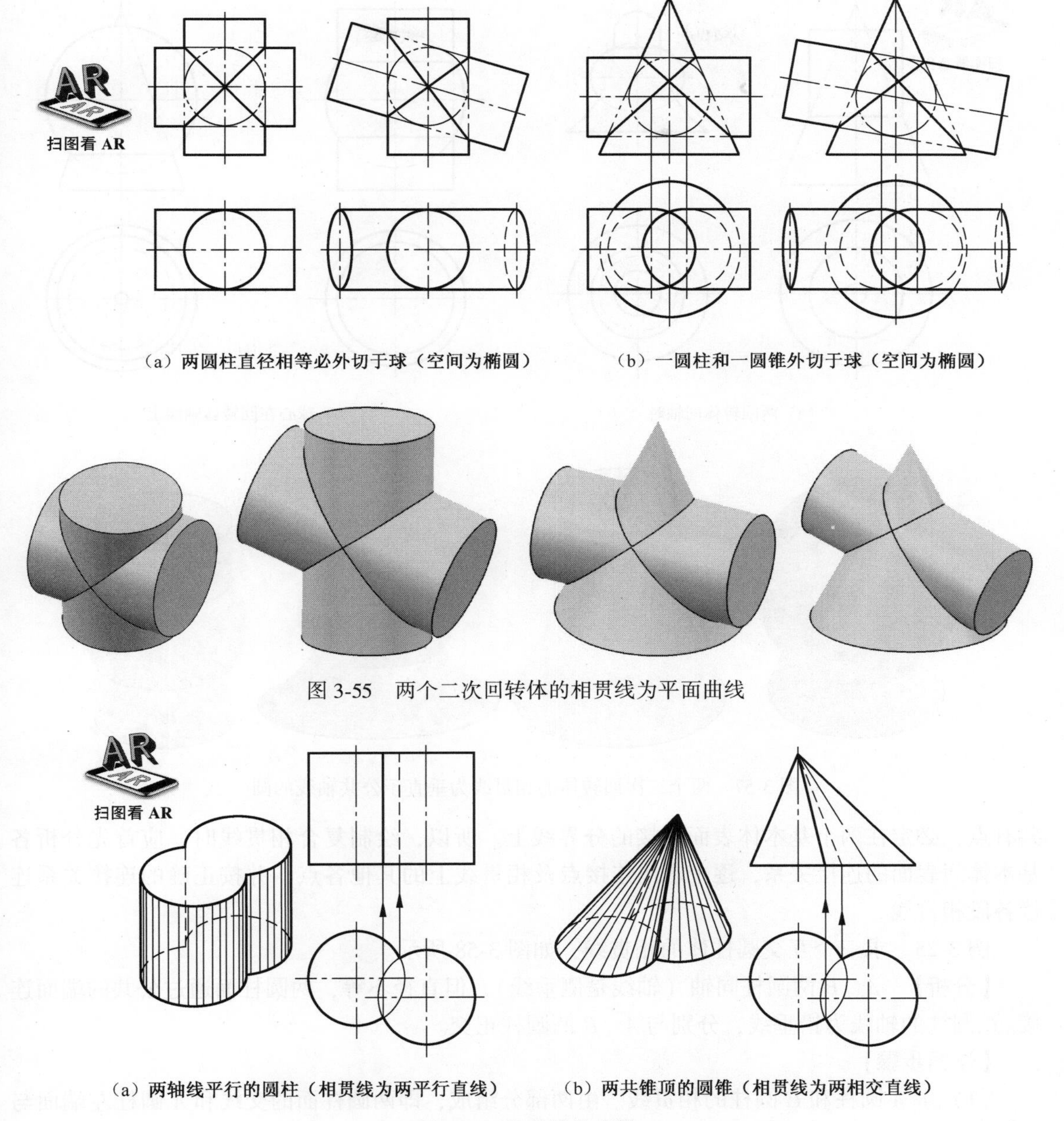

图 3-55　两个二次回转体的相贯线为平面曲线

图 3-56　相贯线为直线

3.6.4　复合相贯线

一个基本体同时与两个或两个以上的基本体相贯形成的交线称为复合相贯线，如图 3-58 所示。尽管是几个基本体同时相贯，但相贯线仍是两个基本体表面相交形成的交线，即面面相交的结果，因此复合相贯线总可以分解成由几段相贯线组合而成，每一段相贯线都是某两个基本体表面相交的结果。各段相贯线的分界点称为连接点，它们是复合相贯体上三个面的

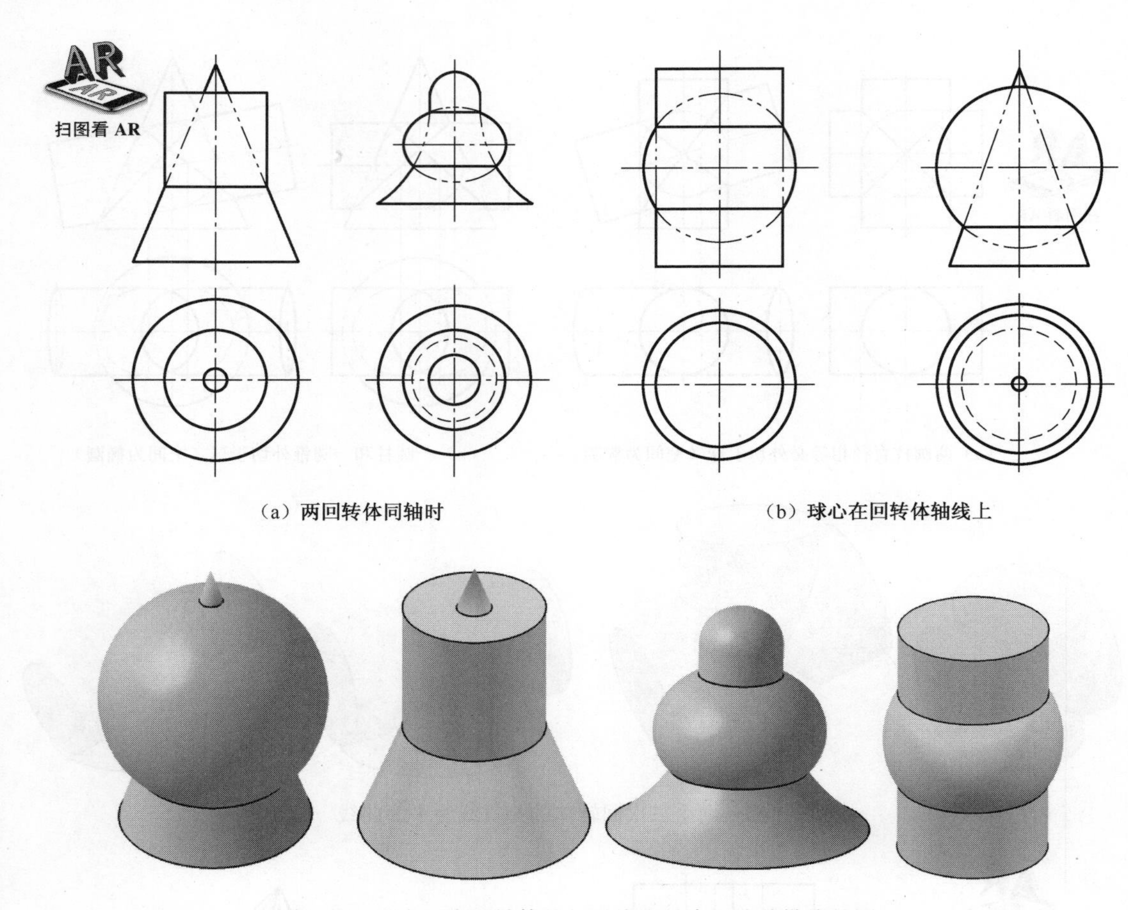

图 3-57 两个二次回转体的相贯线为垂直于公共轴线的圆

共有点，必定在两个基本体表面连接的分界线上。所以，绘制复合相贯线时，应首先分析各基本体间表面的连接关系，逐个求出连接点及相贯线上的其他各点，并按正确的连接关系连接各段相贯线。

例 3-25 求三个互交圆柱体的相贯线，如图 3-58 所示。

【分析】 *A*、*B* 两圆柱同轴（轴线是侧垂线），但直径不等，两圆柱面通过公共的端面连接。*C* 圆柱的轴线为铅垂线，分别与 *A*、*B* 两圆柱正交。

【作图步骤】

（1）求 *A* 圆柱和 *C* 圆柱的相贯线。由两部分组成，即两圆柱面的交线和 *A* 圆柱左端面与 *C* 圆柱面的交线，其中 Ⅰ 是 *A* 圆柱和 *C* 圆柱正面投影轮廓线上的点（特殊点），Ⅱ、Ⅳ既是 *A* 圆柱面和 *C* 圆柱相贯线上的点，也是 *A* 圆柱左端面与 *C* 圆柱面交线上的点。由于 *A* 圆柱的左端平面与 *C* 圆柱的轴线平行，所以，交线是 *C* 圆柱表面上的两条素线 Ⅱ-Ⅲ 和 Ⅳ-Ⅴ，如图 3-59（a）所示。

（2）求 *B* 圆柱和 *C* 圆柱的相贯线。Ⅵ是 *B* 圆柱和 *C* 圆柱正面投影轮廓线上的点，Ⅶ、Ⅷ是 *C* 圆柱侧面投影轮廓线上的点，Ⅲ、Ⅴ既是 *B* 圆柱和 *C* 圆柱相贯线上的点，也是 *A* 圆柱左端面与 *C* 圆柱面交线上的点，如图 3-59（b）所示。

扫图看 AR

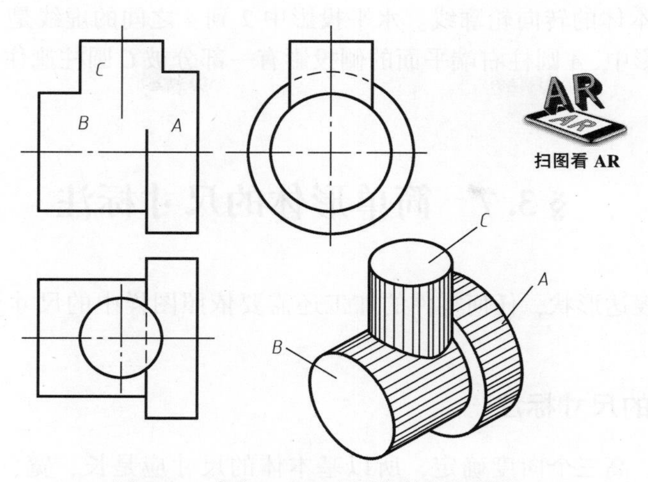

图 3-58　求作三个互交圆柱体的相贯线

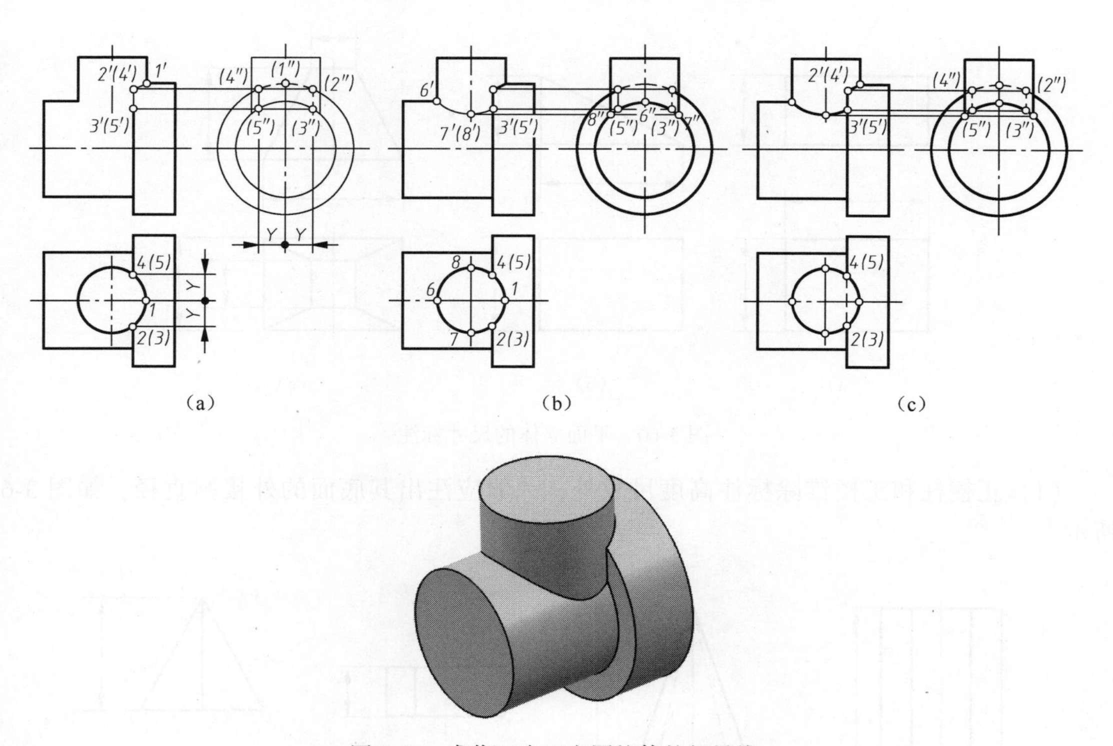

图 3-59　求作三个互交圆柱体的相贯线

（3）正确连接各段相贯线，并判别可见性。Ⅲ、Ⅴ点是 *B* 圆柱和 *C* 圆柱的相贯线与 *A* 圆柱左端面与 *C* 圆柱面交线的连接点，Ⅱ、Ⅳ点是 *A* 圆柱和 *C* 圆柱的相贯线与 *A* 圆柱左端面与 *C* 圆柱面交线的连接点。两段圆柱面的相贯线，因为相贯体前后对称，所以，正面投影画成实线，水平投影和侧面投影积聚在相应的圆周上。交线Ⅱ-Ⅲ和Ⅳ-Ⅴ的正面投影和水平投影积聚在 *A* 圆柱左端面的正面投影和水平投影上，由于交线在 *C* 圆柱的右半部，所以，侧面投影 2″3″ 和 4″5″ 不可见，应画成虚线，如图 3-59（c）所示。

（4）补全各基本体的转向轮廓线。水平投影中 2 到 4 之间的虚线是 A 圆柱左端面下部的水平投影。侧面投影中，A 圆柱右端平面的侧投影有一部分被 C 圆柱遮住，也应画成虚线，如图 3-59（c）所示。

§ 3.7　简单形体的尺寸标注

视图仅是用来表达形状，任何零件的加工还需要依照图样中的尺寸。因此图样中还需要正确地标出尺寸。

3.7.1　基本体的尺寸标注

立体由长、宽、高三个向度确定，所以基本体的尺寸应是长、宽、高三个方向的尺寸，一般分别标注在不同的视图上，如图 3-60 所示。

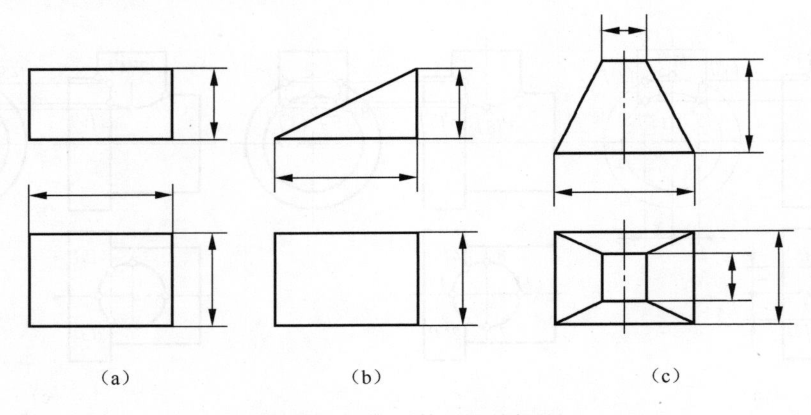

图 3-60　平面立体的尺寸标注

（1）正棱柱和正棱锥除标注高度尺寸外，一般应注出其底面的外接圆直径，如图 3-61 所示。

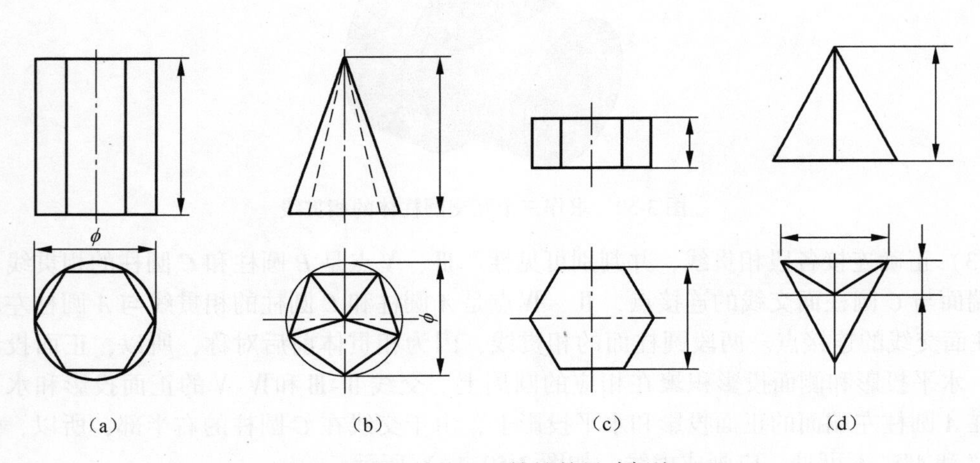

图 3-61　正棱柱和正棱锥的尺寸标注

（2）圆柱与圆台（或圆锥）应注出其高和底圆直径，并在直径尺寸前加注“ ϕ ”，如图 3-62所示。

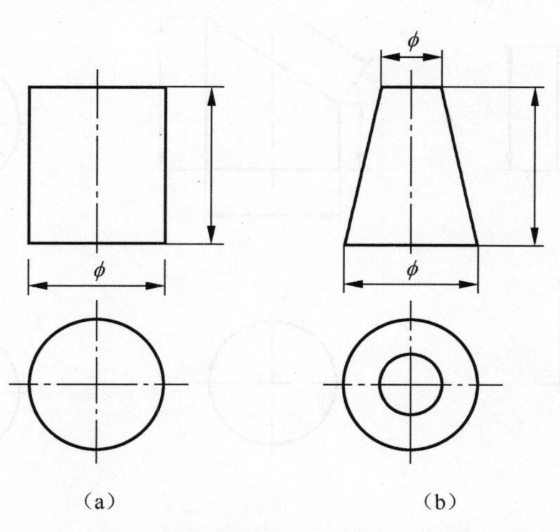

图 3-62　圆柱与圆台的尺寸标注

（3）圆球只用一个视图就可将其形状和大小表示清楚。圆球尺寸只标直径，并在尺寸前加注“ $S\phi$ ”，如图 3-63 所示。

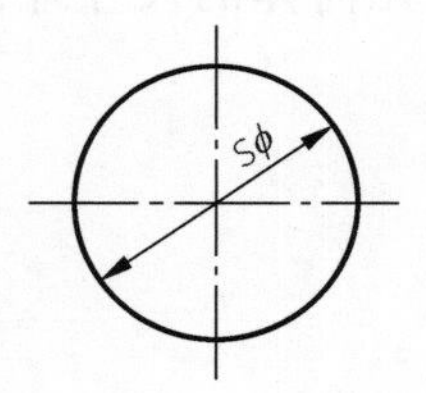

图 3-63　球体的尺寸标注

3. 7. 2　切割体的尺寸标注

（1）带切口的几何体，除标注几何体的尺寸外，还必须注出切口的位置尺寸，如图 3-64 所示。

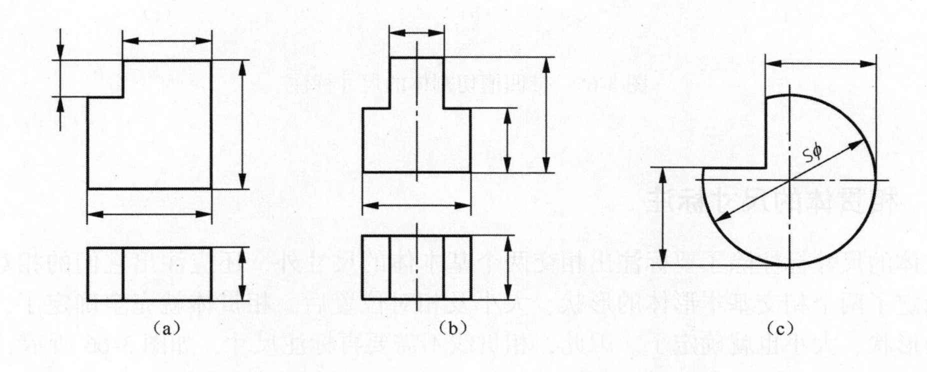

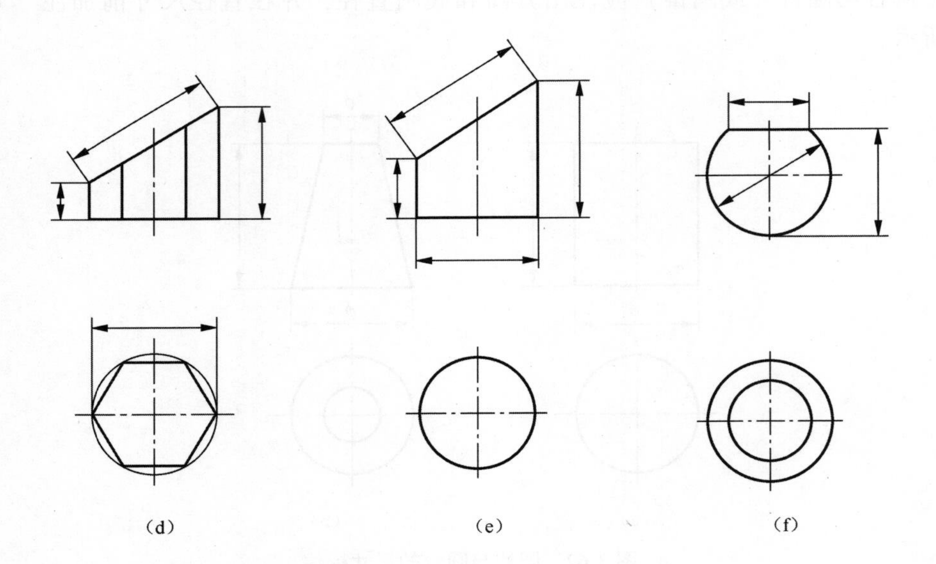

图 3-64　带切口切割体的尺寸标注

（2）带凹槽的几何体，除标注出几何体的尺寸外，还必须注出确定槽大小和位置的尺寸，如图 3-65 所示。

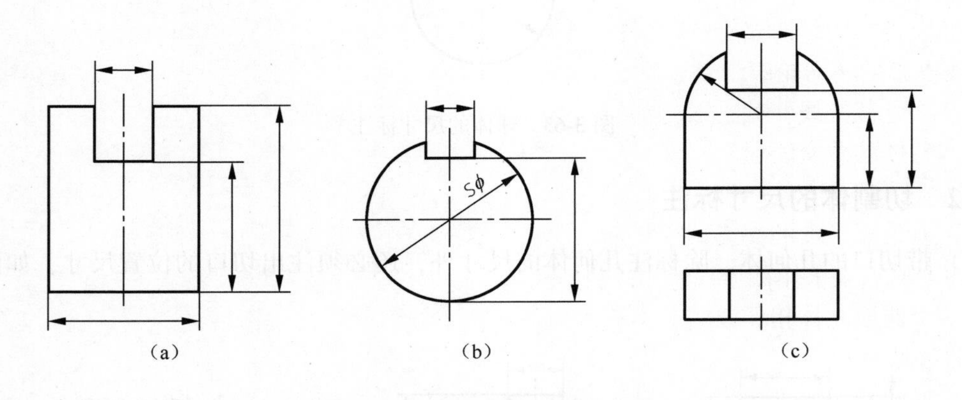

图 3-65　带凹槽切割体的尺寸标注

3.7.3　相贯体的尺寸标注

相贯体的尺寸标注除了要标注出相交两个基本体的尺寸外，还应注出它们的相对位置尺寸。当确定了两个相交基本形体的形状、大小及相对位置后，相贯体就完全确定了，相应的相贯线的形状、大小也就确定了。因此，相贯线不需要再标注尺寸，如图 3-66 所示。

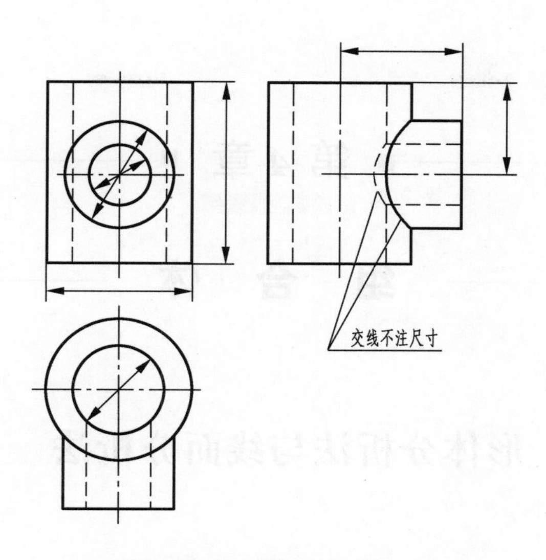

图 3-66　相贯体的尺寸标注

复习思考题

1. 怎样在投影图中表示平面立体？如何判断投影图中平面立体轮廓线的可见性？怎样在平面立体表面上取点、取线？

2. 曲面投影的转向轮廓线是怎样形成的？它通常对曲面投影的可见性有什么意义？怎样判断曲面投影的转向轮廓线的可见性？怎样在回转面上取点、取线？

3. 什么是截交线？截交线是如何形成的及其基本特性是什么？

4. 回转体的截交线通常是什么形状？当截平面为特殊位置平面时，怎样求作曲面立体的截交线和断面实形？

5. 平面与圆锥面的交线有哪几种情况？圆锥面的三个投影都没有积聚性，可用哪些方法在圆锥面上取点来求作截交线？

6. 两个曲面立体相贯线的基本性质是什么？怎样求两个常见回转体的相贯线？如何判断相贯线的可见性？

7. 用辅助平面法求作两个回转体表面的相贯线的基本原理是什么？如何恰当地选择辅助平面？

8. 两个回转体的相贯线的两种比较常见的特殊情况是什么？试分别说明这两种情况。

■ 第 4 章 ■

组　合　体

§ 4.1　形体分析法与线面分析法

扫一扫

4.1.1　形体分析法

从构型角度出发，任何形状复杂的机械零件都可抽象成几何模型——组合体，而组合体则是由几何形体（称为基本体）按一定的位置关系组合而成的复杂立体。假想把组合体分解为若干个基本体，并确定各基本体间的组合形式和相对位置，这种研究解决组合体问题的方法称为形体分析法。运用形体分析法可以把复杂组合体的投影问题转化为简单基本体的投影问题，因此形体分析法是画组合体三视图、读组合体三视图和组合体尺寸标注最基本的方法之一。

1. 基本体间的组合形式

基本体间的组合形式通常有叠加、挖切和共有。叠加是基本体和基本体合并。挖切是从基本体中挖去一个基本体，被挖去的部分（称为虚体）就形成空腔或孔洞；或者是在基本体上切去一部分。共有是由两个基本体的公共部分形成。表 4-1 为基本体的组合形式举例。

表 4-1　基本体的组合形式举例

基本体	组　合　形　式		
	叠加	挖切	共有
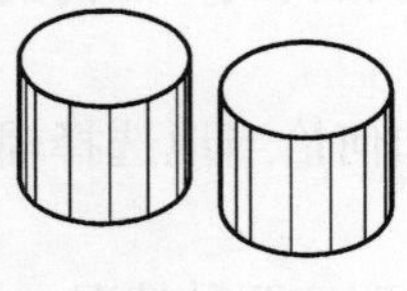	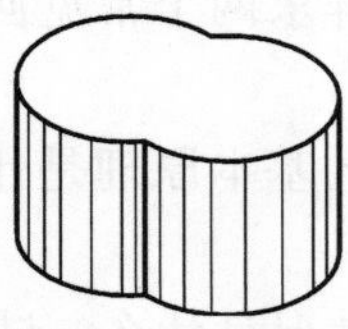	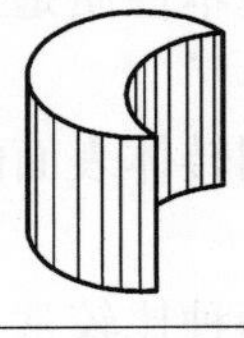	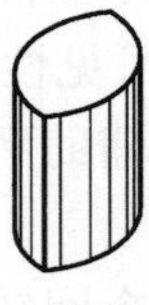
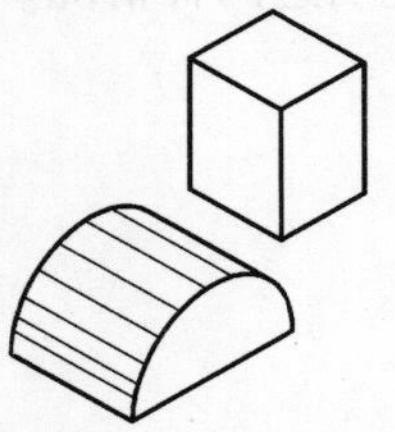	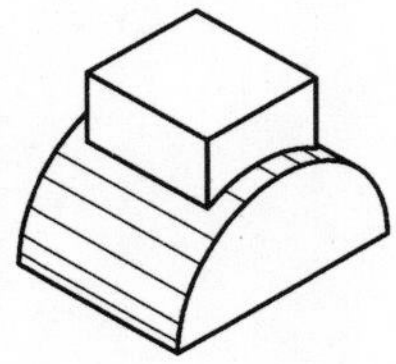	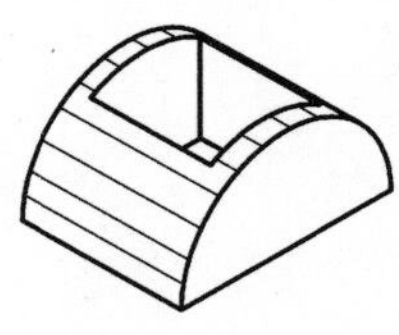	

续表

基本体	组合形式		
	叠加	挖切	共有
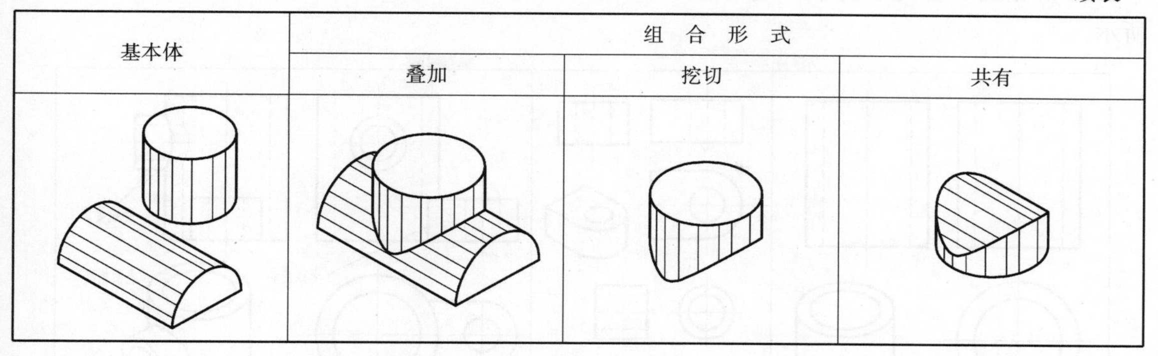			

2. 基本体邻接表面间的相对位置

基本体经叠加、挖切、共有任一方式组合后，它们的邻接表面间可能产生共面、相切和相交三种情况。

（1）共面。两个基本体的邻接表面连接为一个表面，即为共面，两个基本体邻接表面在共面处不应画出分界线，如图 4-1 所示。

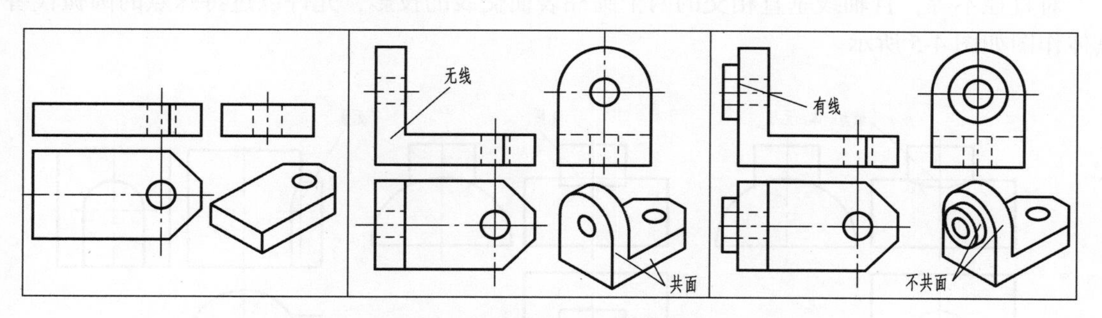

图 4-1　邻接表面间共面的画法

（2）相切。若两个基本体的邻接表面（平面与曲面或曲面与曲面）相切，邻接表面在切线处光滑过渡，因此，在视图中切线的投影不画，如图 4-2 所示。

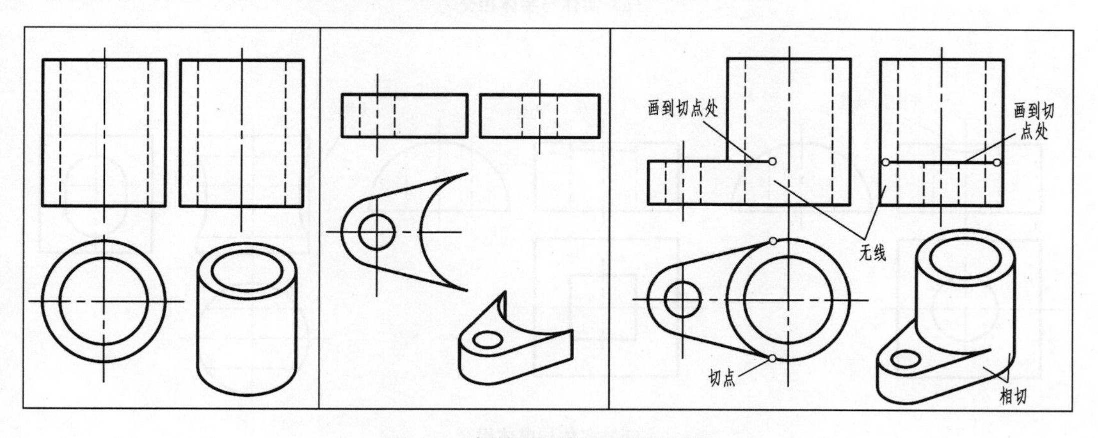

图 4-2　邻接表面间相切的画法

（3）相交。若两个基本体的邻接表面相交，在视图中一定画出交线的投影，如图 4-3 所示。

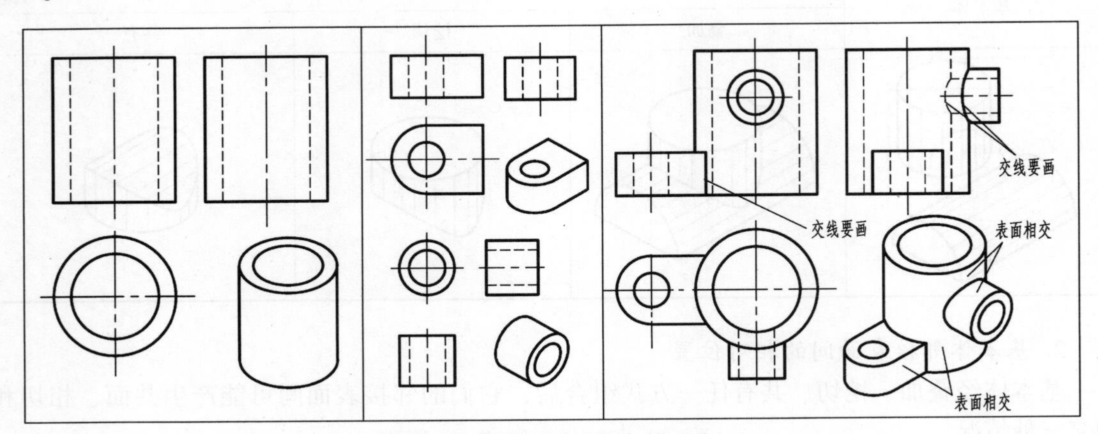

图 4-3　邻接表面间相交的画法

图 4-4 所示为常见形体表面相交的实例。

对直径不等，且轴线垂直相交的两个圆柱表面交线的投影，允许以过特殊点的圆弧代替，具体作图如图 4-5 所示。

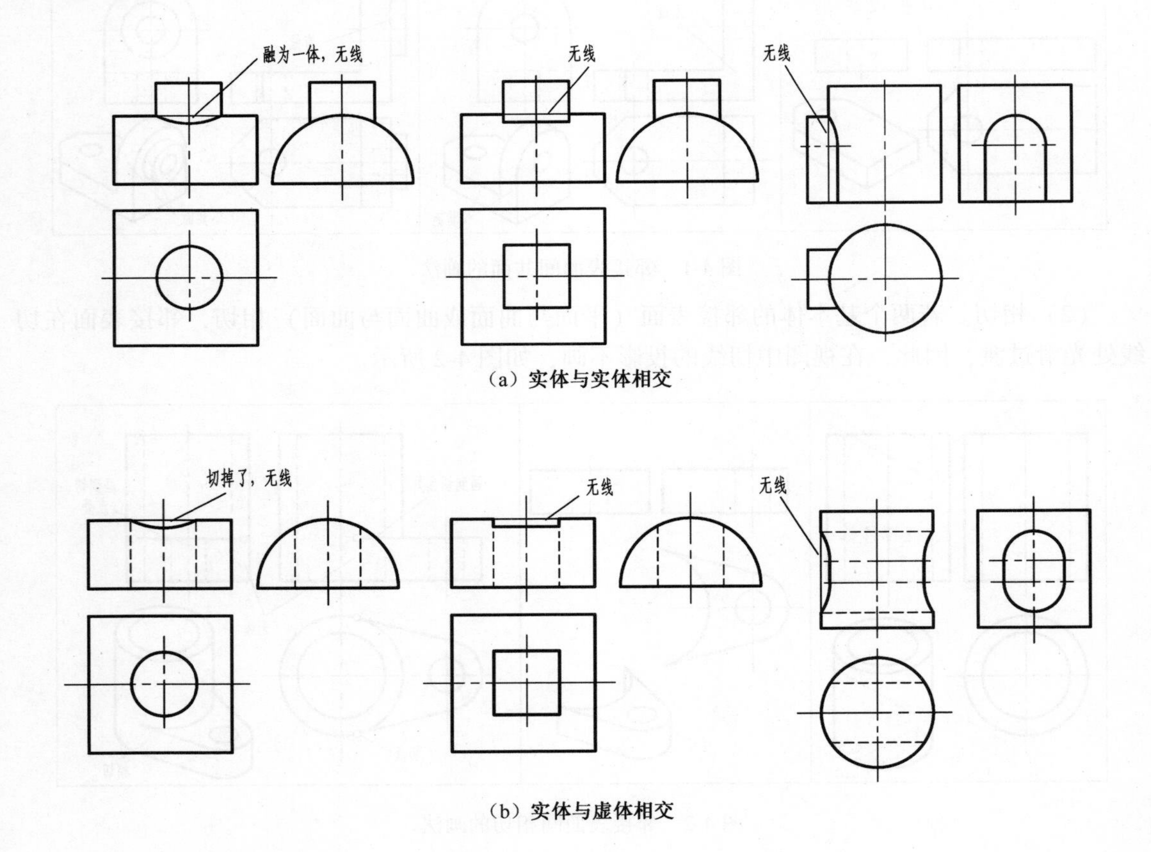

（a）实体与实体相交

（b）实体与虚体相交

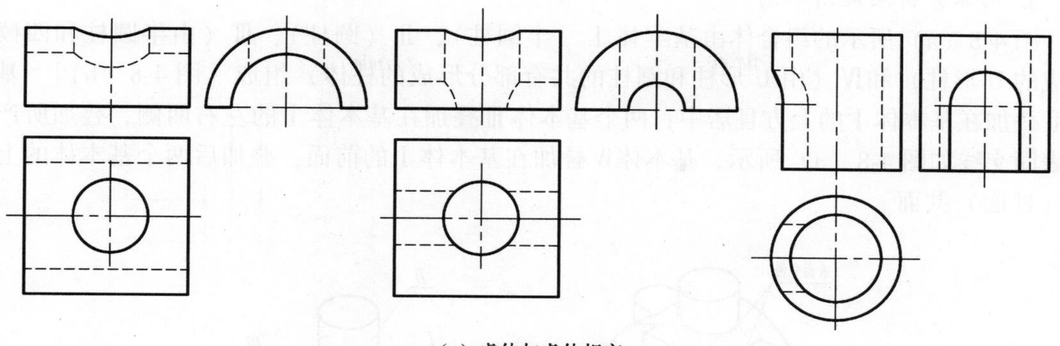

（c）虚体与虚体相交

图 4-4　常见形体表面相交的实例

运用形体分析法假想分解组合体时，分解的过程并非是唯一和固定的。图 4-6（a）所示的 L 形柱体，可以分解为一个大四棱柱和一个与其等宽的小四棱柱［图 4-6（b）］；也可分解为一个大四棱柱挖去一个与其等宽的小四棱柱［图 4-6（c）］。随着投影分析能力的提高，该形体还可以直接分析为 L 形柱体。尽管分析的中间过程各不相同，但其最终结果都是相同的。因此对一些常见的简单组合体，可以直接把它们作为构成组合体的基本形体，不必作过细的分解。图 4-7 所示为一些常见的组合柱体。

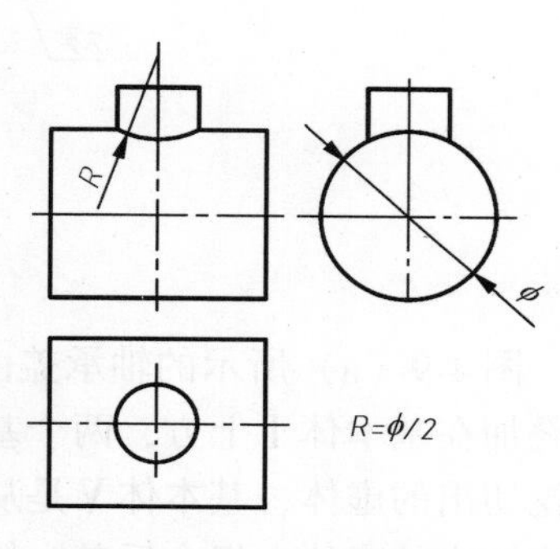

图 4-5　相贯线的近似画法

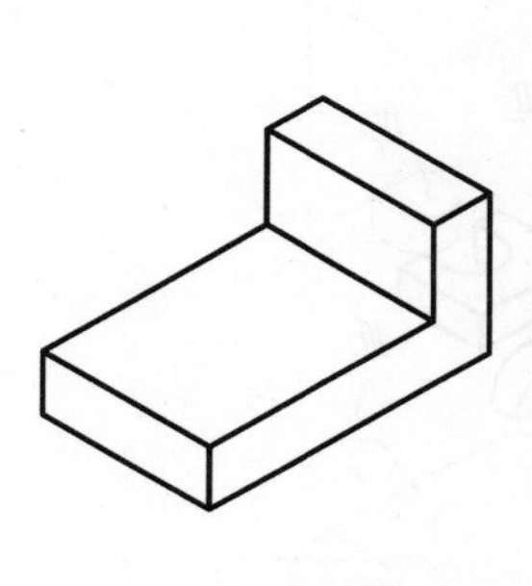

（a）L形柱体

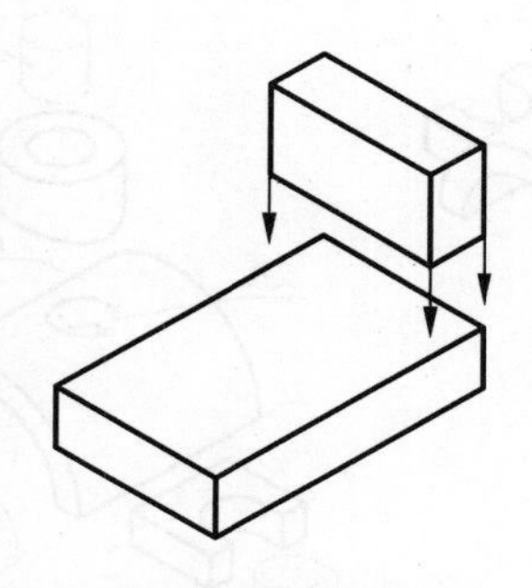

（b）形体分析（方案一）

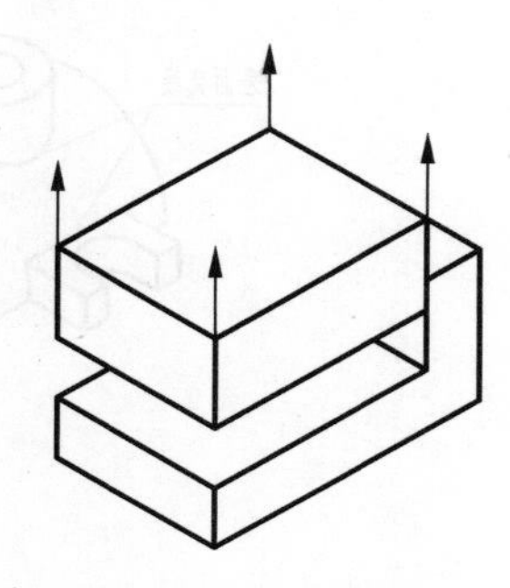

（c）形体分析（方案二）

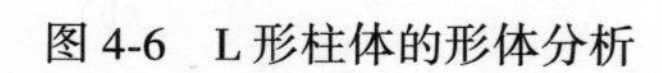

图 4-6　L 形柱体的形体分析

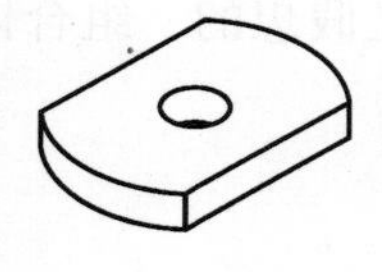
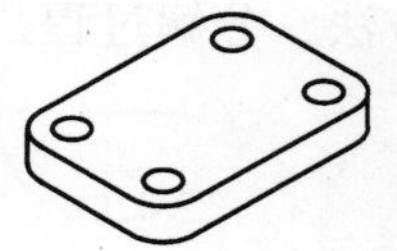
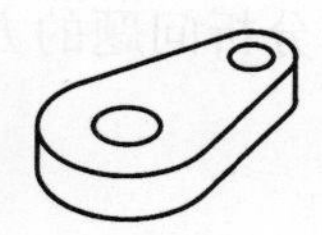
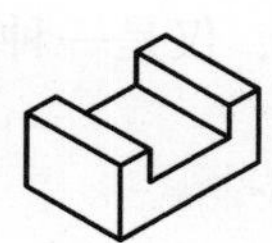
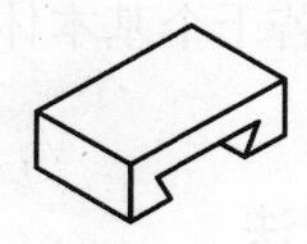

图 4-7　常见组合柱体

3. 形体分析法应用举例

图 4-8（a）所示的组合体由基本体Ⅰ（半圆柱）、Ⅱ（圆柱）、Ⅲ（由半圆柱和四棱柱组成的 U 形柱）和Ⅳ（由 U 形柱和圆柱的共有部分形成的柱体）组成［图 4-8（b）］。基本体Ⅱ叠加在基本体Ⅰ的上方且居中；两个基本体Ⅲ叠加在基本体Ⅰ的左右两侧，叠加所产生的表面交线如图 4-8（a）所示，基本体Ⅳ叠加在基本体Ⅰ的前面，叠加后两个基本体的上表面（柱面）共面。

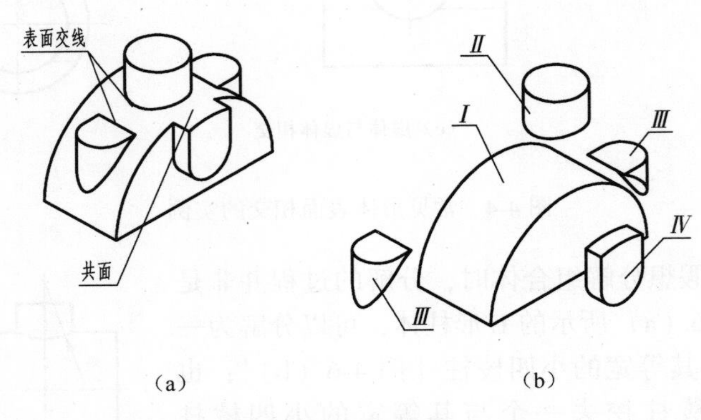

图 4-8　形体分析举例（一）

图 4-9（a）所示的轴承盖由基本体Ⅰ、Ⅱ、Ⅲ、Ⅳ、Ⅴ、Ⅵ组成［图 4-9（b）］。基本体Ⅱ叠加在基本体Ⅰ上方，两个基本体Ⅲ叠加在基本体Ⅰ的左右两侧；基本体Ⅳ是从基本体Ⅲ中挖切出的虚体，基本体Ⅴ是从基本体Ⅰ中挖切出的虚体，基本体Ⅵ是从基本体Ⅰ和基本体Ⅱ中挖出的虚体。组合后基本体表面间所产生的交线如图 4-9 所示。

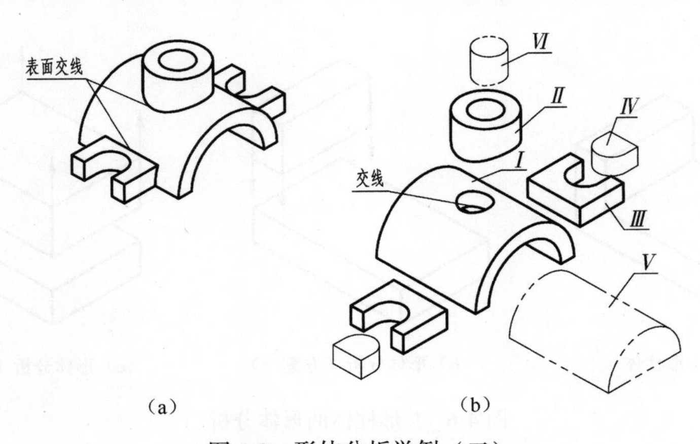

图 4-9　形体分析举例（二）

把组合体分解为若干个基本体，仅是一种分析问题的方法，分解过程是假想的，组合体仍是一个整体。

4.1.2　线面分析法

在绘制和阅读组合体的视图时，对比较复杂的组合体通常在运用形体分析的基础上，对不易表达或难以读懂的局部，还要结合线面的投影分析，如分析组合体的表面形状、表面与表面的相对位置以及表面交线等，来帮助表达或读懂这些局部的形状，这种方法称为线面分析法。

线面分析法的应用举例如下：对图 4-10（a）所示的组合体作形体分析，可知该组合体是两个圆柱的共有部分切割后形成的［图 4-10（b）］。但对其表面上的交线，画图时比较难以处理，因此进一步作线面分析，得知组合体上的交线 C 是上表面的圆柱面 A 和直立圆柱面 B 的交线；ⅠⅡ、ⅡⅢ和ⅢⅣ是切平面 D 与圆柱面 A 和 B 的交线，如图 4-10（a）所示。根据线面分析的结果，便可正确画出组合体上这些交线的投影，如图 4-11 所示。

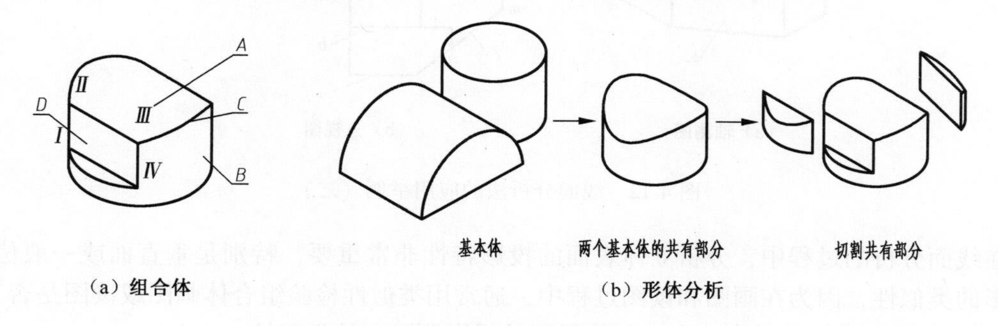

（a）组合体　（b）形体分析

图 4-10　形体分析过程

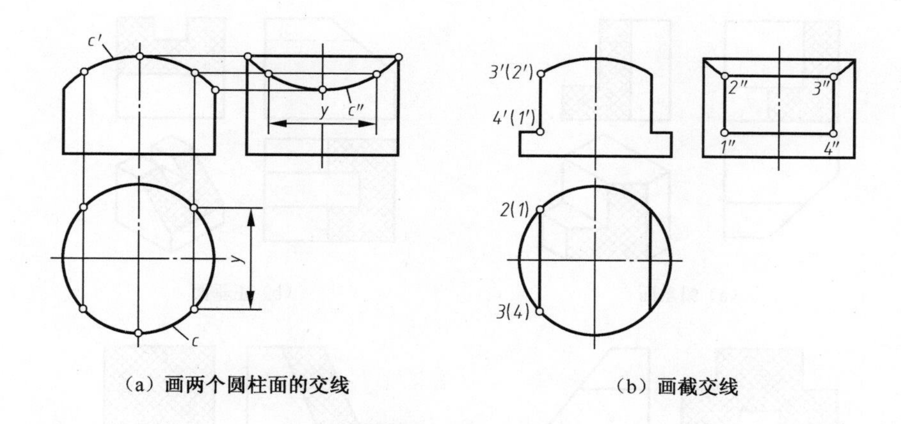

（a）画两个圆柱面的交线　（b）画截交线

图 4-11　线面分析法的应用举例（一）

画图 4-12（a）所示组合体的三视图时，作形体分析可知，该组合体为一长方体用 A、B、C、D 四个平面切割而成的。按形体分析的结果，逐步画出基本体长方体的投影及各个切平面的投影，但画各切平面的投影时，还需作线面分析：如分析正垂面 D 的形状，根据投影特性知道其正面投影积聚为一条直线，侧面投影和水平投影反映其类似性［图 4-12（b）］，然后正确画出正垂面 D 的投影；同样也可对铅垂面 C 和正垂面 D 的交线作分析，可知交线为一般位置直线 MN，根据投影特性确定 $m'n'$ 在正垂面 D 的积聚性投影上，mn 在铅垂面 C 的积聚性投影上，从而正确画出其侧面投影 $m''n''$，如图 4-12（b）所示。若要读图 4-12（b）所示三视图时，与画图过程一样，首先用形体分析的方法，得知该三视图表达的组合体的大概形状是一个长方体用几个平面切割而成的，然后对各个切平面的投影进一步作分析，得知各切平面的形状及其相对位置，从而更清楚地想象出组合体的形状。

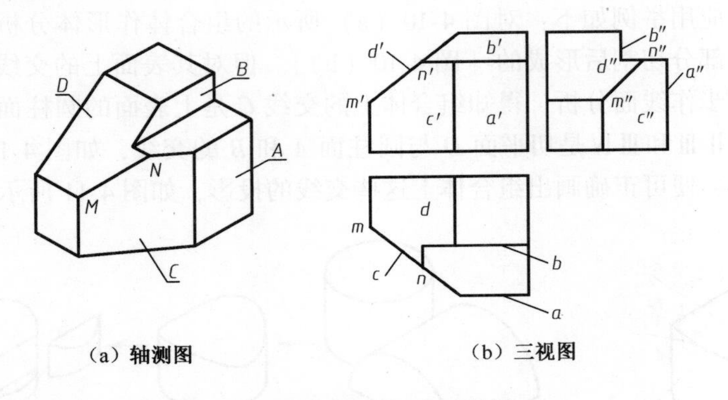

图 4-12 线面分析法的应用举例（二）

在线面分析的过程中，分析立体表面的投影特性非常重要，特别是垂直面或一般位置平面投影的类似性，因为在画图和读图过程中，通常用类似性检验组合体画图或读图是否正确。图 4-13 列出了组合体上垂直面和一般位置面的投影所具有的类似性。

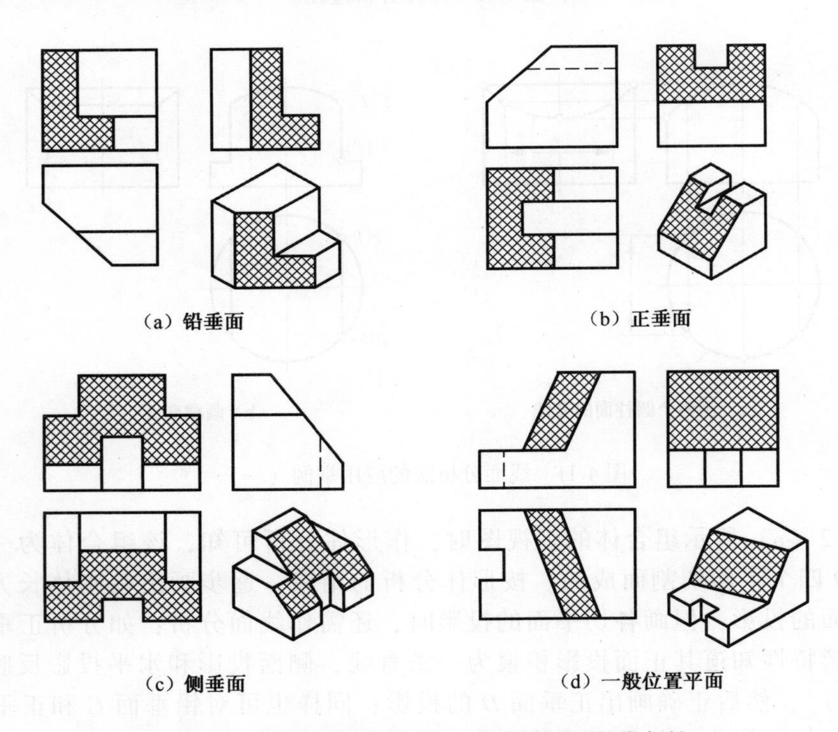

图 4-13 投影面的垂直面和一般位置平面的类似性

§ 4.2　画组合体的三视图

扫一扫

4.2.1　画组合体三视图的方法和步骤

画组合体三视图时，首先运用形体分析法假想把组合体分解为若干基本体，并分析确定各基本体之间的相对位置及组合形式，判断基本体邻接表面间的连接关系；然后根据分析逐个画出各基本体的三视图，同时分析检查那些处于共面、相切或相交位置的邻接表面的投影是否正确，即有无漏线和多余线；最后对局部难懂的结构运用线面分析法重点分析校核，以保证正确地绘制组合体的三视图。

以图 4-14（a）所示支架为例，说明画组合体三视图的步骤。

（1）形体分析。图 4-14（b）所示支架可分解为直立空心圆柱、底板、肋板、耳板、横置空心圆柱五个基本体。肋板叠加在底板上；底板的侧面与直立空心圆柱面相切；肋板和耳板的侧面与直立空心圆柱的柱面相交；耳板的顶面和直立空心圆柱的顶面共面；横置空心圆柱与直立空心圆柱垂直相交，且两孔相通。

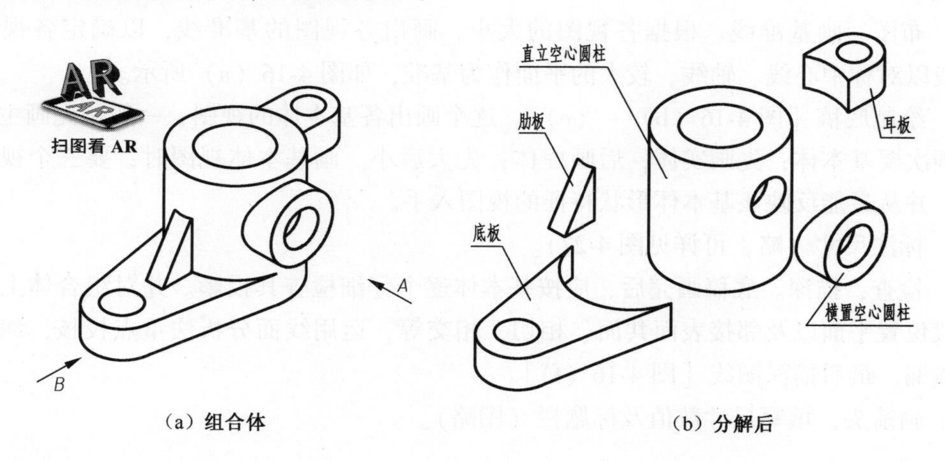

（a）组合体　　（b）分解后

图 4-14　支架的形体分析

（2）确定主视图。组合体在投影体系的摆放位置和主视图的投影方向是确定主视图的两个因素。

1）组合体的摆放位置。选择组合体的自然位置，并考虑使组合体的各表面尽可能多地与基本投影面处于平行或垂直的位置。

2）主视图的投射方向。主视图是最主要的视图，应能反映组合体的形状特征及结构特征（各基本体的相互位置关系）；主视图一经确定，俯、左两视图亦随之确定。因此，以使主视图能较多地反映组合体的形状特征及结构特征，并尽可能使各视图中虚线最少为原则来确定投影方向。图 4-15（a）是以图 4-14（a）中的 *A* 方向投射所得主视图，图 4-15（b）是以图 4-14（a）中的 *B* 方向投射所得主视图。通过比较知，图 4-15（a）能较多地表达支架各基本体的形状特征及其相对位置关系。

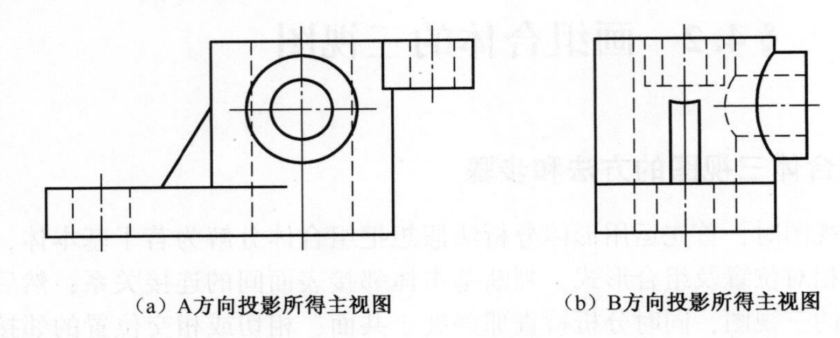

（a）A方向投影所得主视图　　（b）B方向投影所得主视图

图 4-15　分析主视图的投影方向

本例选择 4-15（a）所示的摆放位置，并选 *A* 方向作为主视图的投射方向。

（3）选比例，定图幅。画图时，按选定的比例（在可能的情况下尽量选用 1：1 的比例，这样既便于直接估量组合体的大小，也便于画图），根据组合体的长、宽、高大致估算出三个视图所占面积，并考虑各视图之间留出标注尺寸的位置和适当的间距，据此选用合适的标准图幅。

（4）布图、画基准线。根据各视图的大小，画出各视图的基准线，以确定各视图的位置。一般以对称中心线、轴线、较大的平面作为基准，如图 4-16（a）所示。

（5）绘制底稿［图 4-16（b）～（e）］。逐个画出各基本体的视图，一般是先画主要基本体，后画次要基本体；先画实体，后画虚体；先大后小。画基本体视图时，要三个视图联系起来画，并从最能反映该基本体形状特征的视图入手。

（6）标注尺寸（略，可详见图 4-27）。

（7）检查，描深。底稿画完后，应按基本体逐个仔细检查其投影。并对组合体上的垂直面、一般位置平面以及邻接表面共面、相切、相交等，运用线面分析法重点校核，纠正错误和补充遗漏。最后描深图线［图 4-16（f）］。

（8）画箭头，填写尺寸数值及标题栏（图略）。

4.2.2　画图举例

例 4-1　绘制图 4-17（a）所示组合体的三视图。

［作图步骤］

（1）形体分析。参见图 4-8，该组合体由形体Ⅰ、Ⅱ、Ⅲ和Ⅳ组成。

（2）确定主视图。选择图 4-17（a）所示的摆放位置，并以箭头所指投射方向确定主视图。

（3）选比例，定图幅。

（4）绘制底稿。画图过程见图 4-17。

（5）标注尺寸（略，可详见图 4-26）。

（6）检查，描深。底稿画完后，应按基本体逐个仔细检查其投影。并对组合体上的垂直

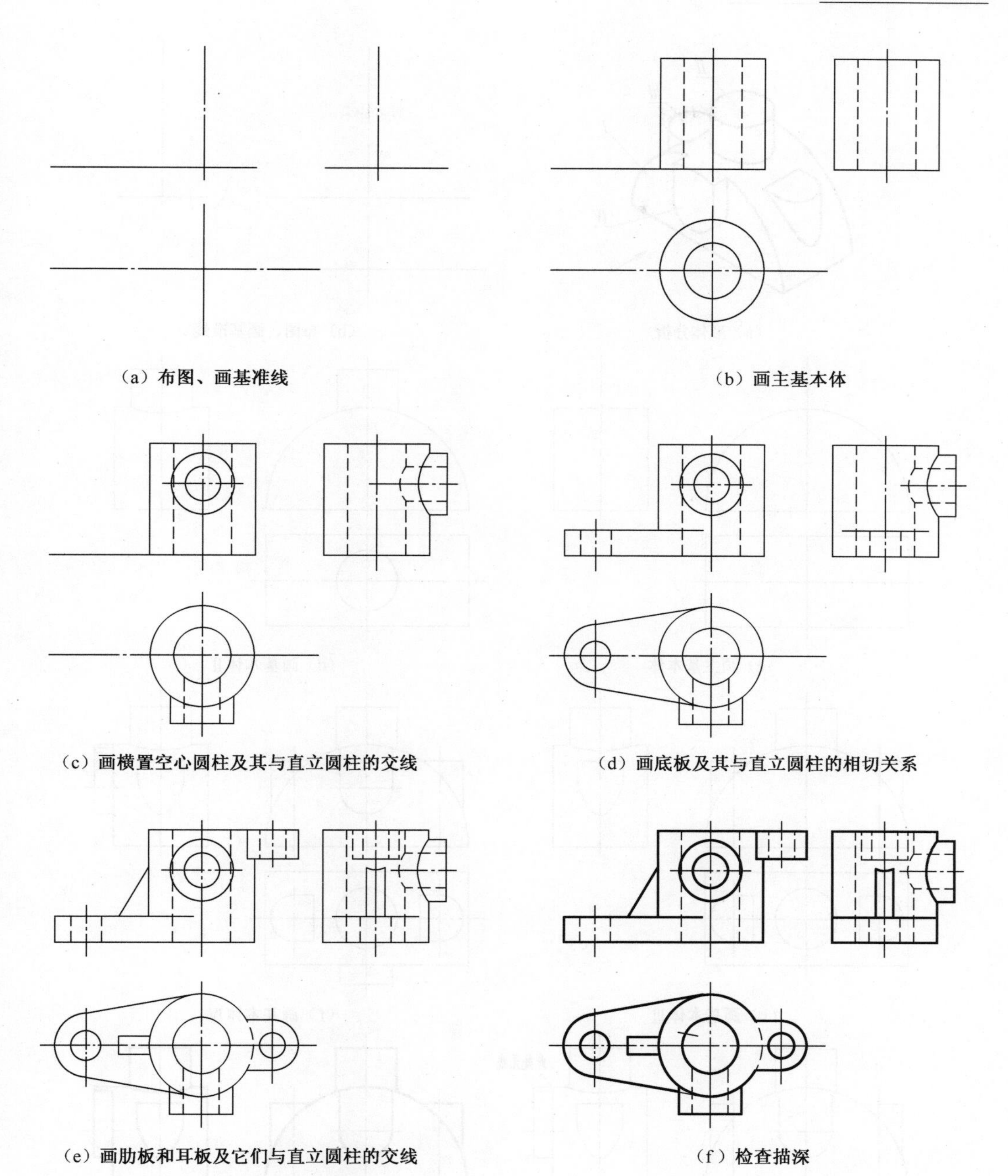

图 4-16　支架三视图的作图过程

面、一般位置平面以及邻接表面共面、相切、相交等运用线面分析法重点校核［图 4-17（g）］，纠正错误和补充遗漏。最后描深图线［图 4-17（h）］。

（7）画箭头，填写尺寸数值及标题栏（图略）。

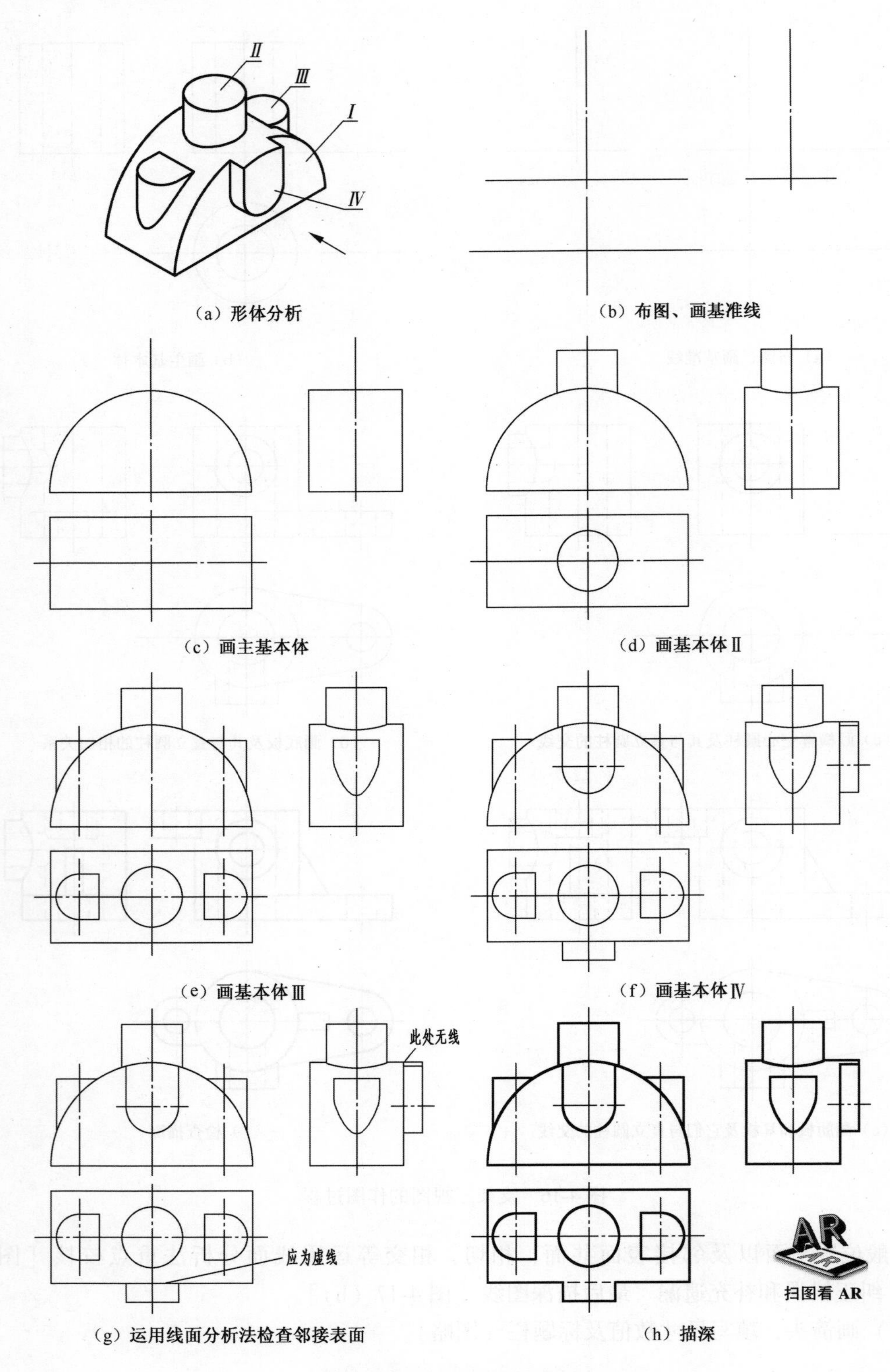

图 4-17　画组合体的三视图

扫一扫

§4.3　组合体的尺寸标注

视图只能表达组合体的形状，而组合体各部分的大小及其相对位置，还要通过标注尺寸来确定。尺寸标注的基本要求是正确、完整和清晰。

正确是指图样中所注尺寸要符合国家标准《机械制图》GB/T 4448.4—2003 中的规定。这部分内容已在第 1 章 1.1 节中说明。

完整是指所注尺寸必须完全确定组合体各基本形体的大小及其相对位置，既不能遗漏，也不能重复。

清晰是指标注尺寸要布局均匀、整齐、清楚，便于读图。

为了保证组合体的尺寸标注完整，应采用形体分析法标注尺寸，即标注组合体中每个基本体的定形尺寸和确定各个基本体间相对位置的定位尺寸，然后根据组合体的形状、结构特点来调整标注总体尺寸。

4.3.1　定形尺寸

确定基本体形状和大小的尺寸称为定形尺寸。基本体定形尺寸的标注方法见本书第 3 章 3.7 节。

标注组合体的尺寸时，应首先标注出各基本形体的定形尺寸，如图 4-18（a）所示。

4.3.2　尺寸基准和定位尺寸

尺寸基准是指标注尺寸的起始位置。通常选择组合体的对称面、端面、底面以及主要的轴线。

定位尺寸是确定组合体中各基本体间相对位置的尺寸。

标注定位尺寸时，应首先在组合体的长（x）、宽（y）、高（z）三个方向上，分别选定尺寸基准（根据需要还可以选择辅助基准），然后分别标注出各基本体在三个方向上的定位尺寸，如图 4-18（b）所示。

标注回转体的定位尺寸时，一般标注它的轴线的位置。

4.3.3　总体尺寸

组合体的总长、总高、总宽尺寸，称为总体尺寸。为了表达组合体所占空间的大小，尺寸标注中，标注组合体的总体尺寸是必要的。但由于按形体分析法标注定形尺寸和定位尺寸后，尺寸已完整，若加注总体尺寸就会出现重复尺寸，此时必须在同方向减去一个尺寸。如图 4-18（c）中标注总高尺寸 29 后，就应在高度方向上去掉一个不太重要的高度尺寸 22。有时定形尺寸或定位尺寸就反映了组合体的总体尺寸，如图 4-18 中底板的宽度和长度就是组合体的总宽、总长，此时不必另外标注总宽尺寸和总长尺寸。

当组合体的端部不是平面而是回转面时，该方向一般不直接标注总体尺寸，而是由确定回转面轴线的定位尺寸和回转面的定形尺寸来间接确定（图 4-19）。

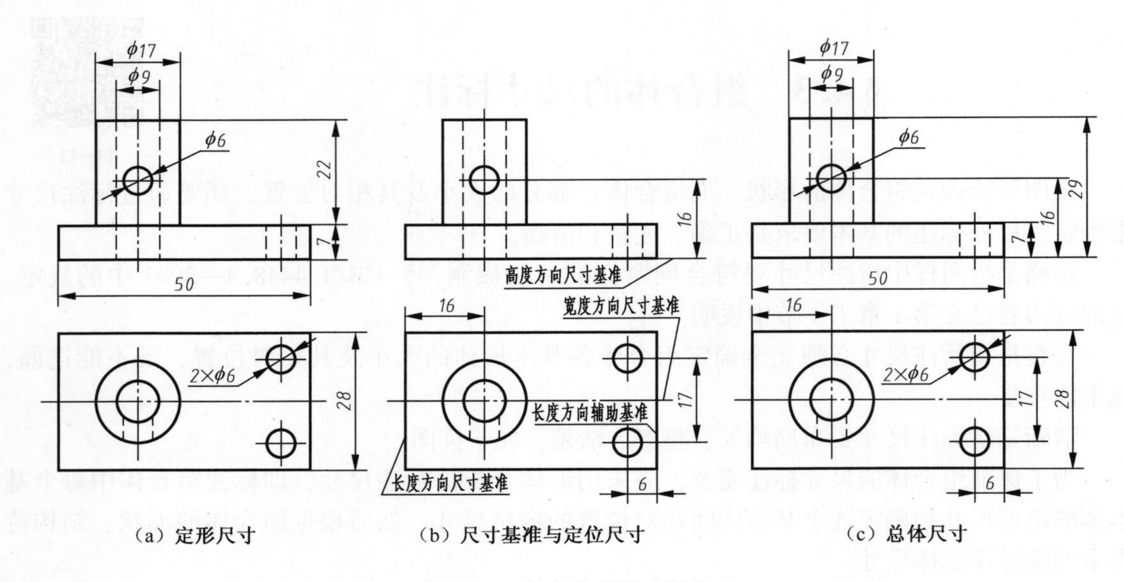

（a）定形尺寸　（b）尺寸基准与定位尺寸　（c）总体尺寸

图 4-18　组合体的尺寸标注

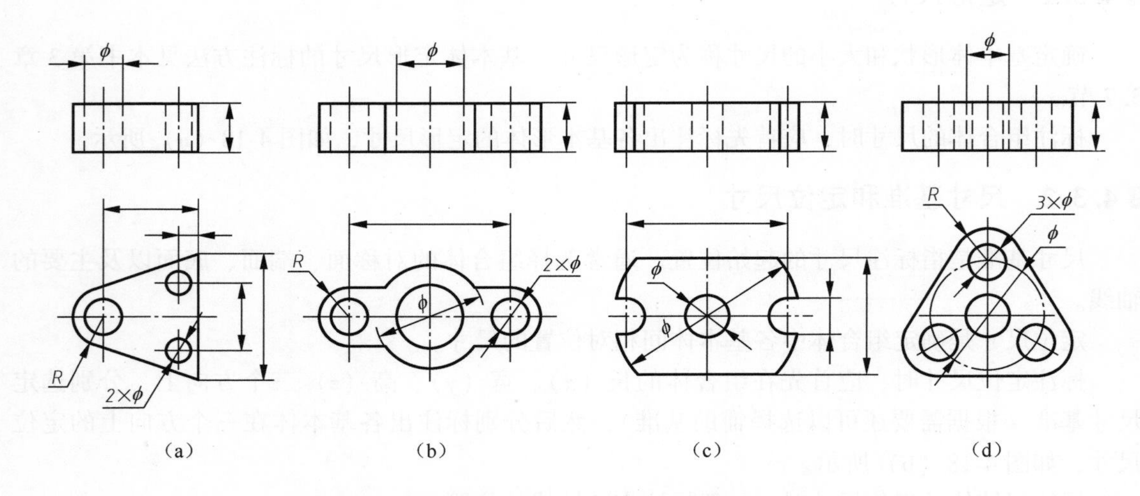

（a）　（b）　（c）　（d）

图 4-19　不直接标注总体尺寸的图例

4.3.4　标注定形、定位尺寸时应注意的问题

（1）当基本体被平面截切时，除了标注基本体的定形尺寸，还需标注截平面的定位尺寸，而不能标注截交线的尺寸。如图 4-20 中打“×”的尺寸不能标注。

（2）当立体表面有相贯线时，需标注产生相贯线的两个基本体的定形尺寸及其定位尺寸，而不能标注相贯线的尺寸。如图 4-21 中打“×”的尺寸不能标注。

（3）图 4-22 为常见的底板结构。在俯视图上，矩形板四个角上圆弧的圆心可能与圆孔同心，也可能不同心。标注尺寸时，四个角的圆弧应按连接圆弧处理，所以仅标注定形尺寸 R，而四个圆孔与底板是不同的基本体，所以必须标注定位尺寸。

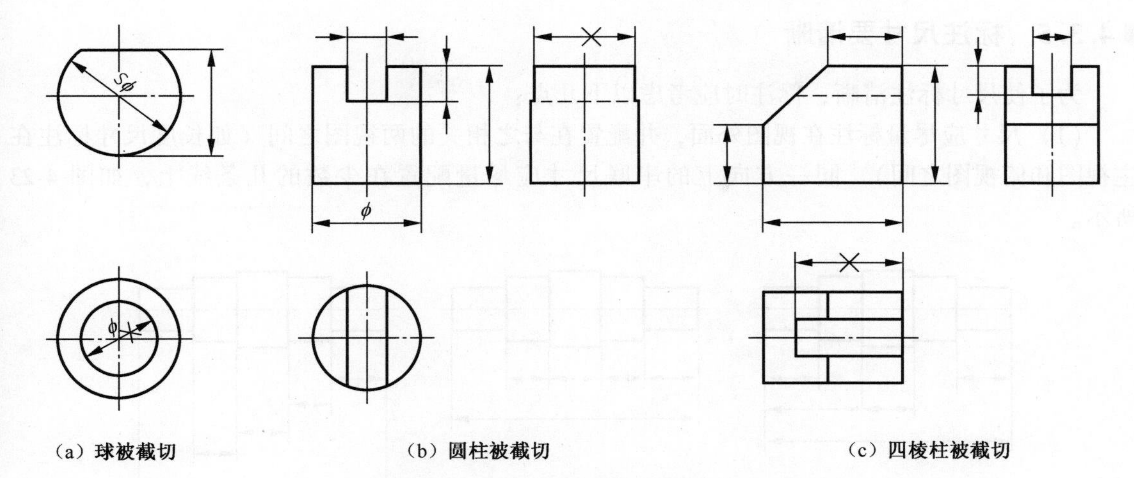

（a）球被截切　　（b）圆柱被截切　　（c）四棱柱被截切

图 4-20　截交线不标尺寸的图例

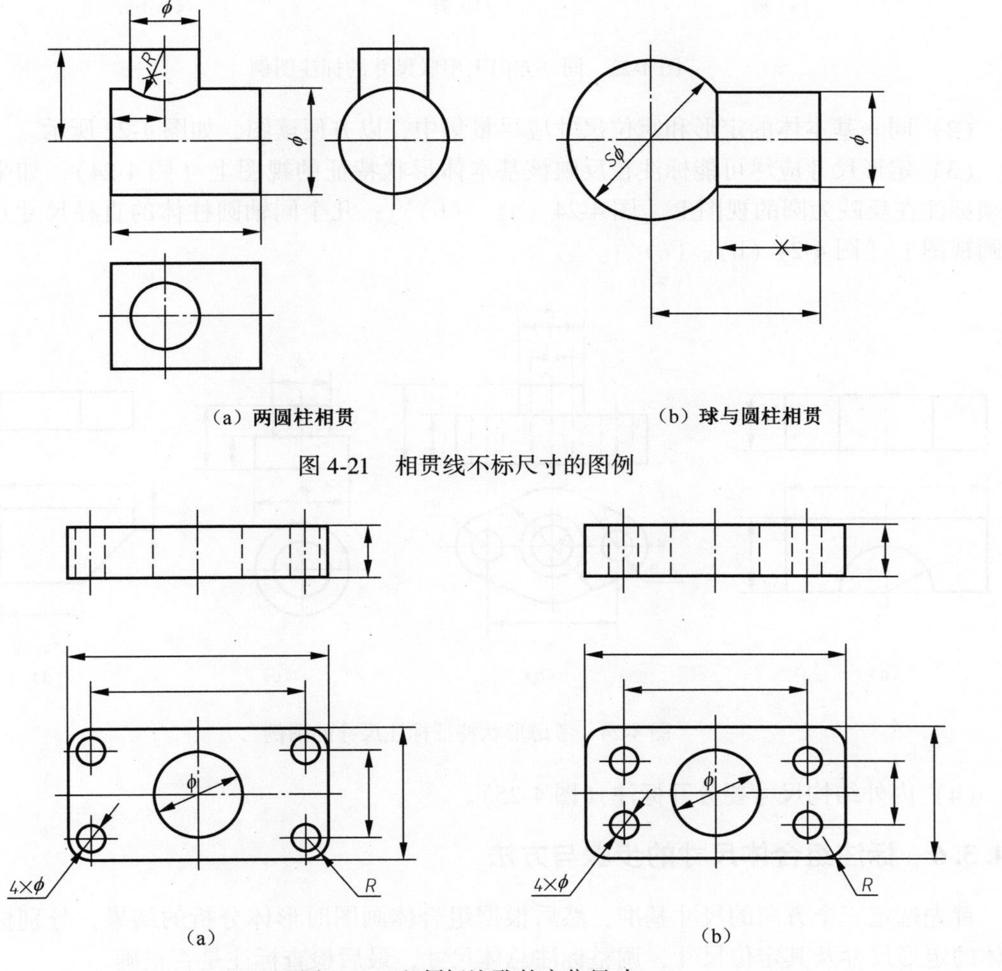

（a）两圆柱相贯　　（b）球与圆柱相贯

图 4-21　相贯线不标尺寸的图例

(a)　　(b)

图 4-22　必须标注孔的定位尺寸

4.3.5 标注尺寸要清晰

为了使尺寸标注清晰，标注时应考虑以下几点：

（1）尺寸应尽量标注在视图外面，并配置在与之相关的两视图之间（如长度尺寸标注在主视图和俯视图之间）。同一方向上的串联尺寸应尽量配置在少数的几条线上，如图 4-23 所示。

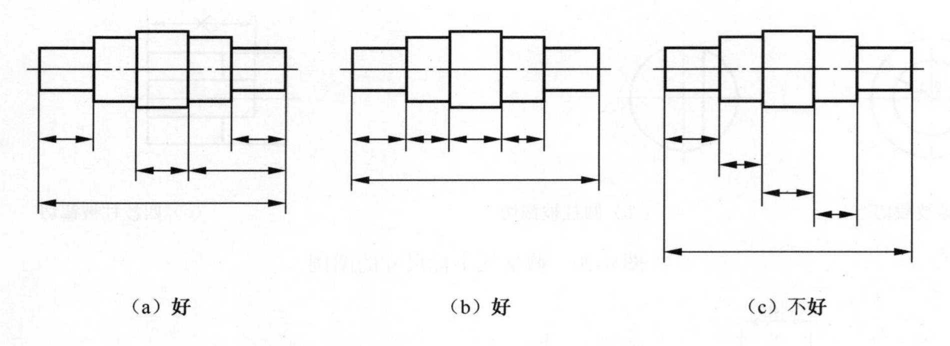

（a）好　（b）好　（c）不好

图 4-23　同一方向上串联尺寸的标注图例

（2）同一基本体的定形和定位尺寸应尽量集中，以方便读图，如图 4-21 所示。

（3）定形尺寸应尽可能标注在反映该基本体形状特征的视图上（图 4-24）。如半径尺寸必须标注在反映为圆的视图上［图 4-24（a）、（b）］；几个同轴圆柱体的直径尺寸宜标注在非圆视图上［图 4-24（b）、（c）］。

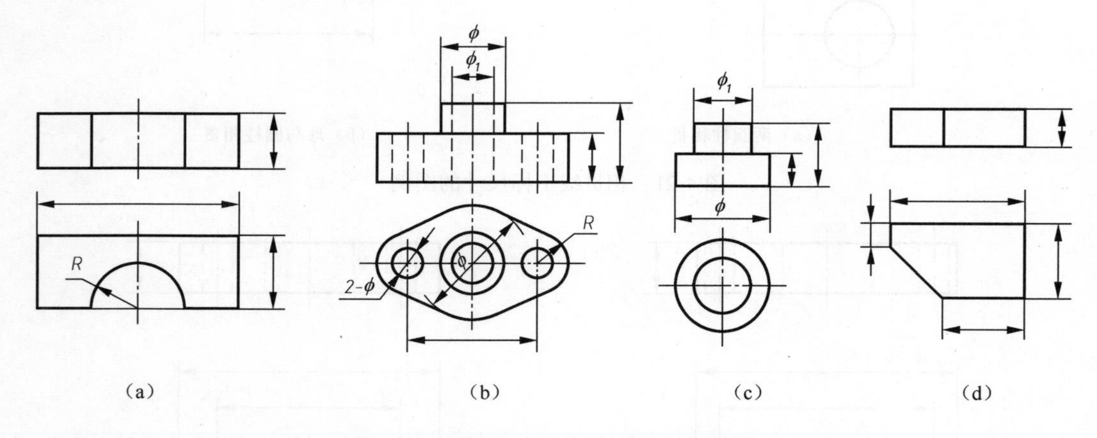

（a）　（b）　（c）　（d）

图 4-24　考虑形状特征标注尺寸的图例

（4）内外结构尺寸要分开标注（图 4-25）。

4.3.6 标注组合体尺寸的步骤与方法

首先选定三个方向的尺寸基准，然后根据组合体画图时形体分析的结果，分别标注各基本体的定形尺寸及其定位尺寸，调整标注总体尺寸，最后检查标注是否正确。

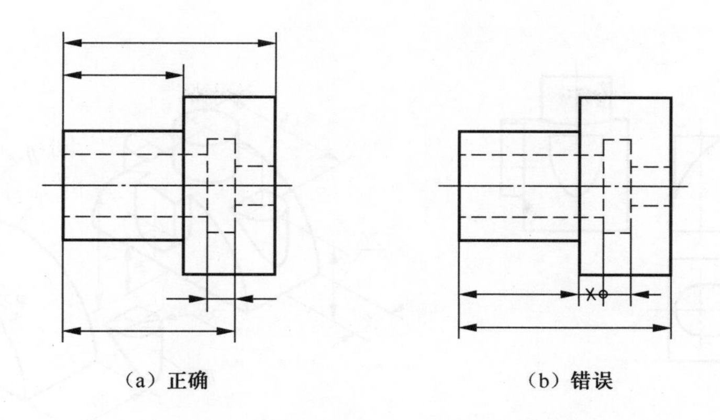

图 4-25 内外形尺寸分开标注的图例

例 4-2 标注组合体［图 4-26（a）］的尺寸。

［作图步骤］

（1）形体分析。根据形体分析的结果，初步考虑每个基本体的定形尺寸和定位尺寸［参见图 4-26（b）］。

（2）确定尺寸基准。组合体在长度方向对称，所以选其左、右对称面为长度方向的基准；高度方向和宽度方向不对称，因此分别选较大的底面和后表面为高度和宽度方向的基准，如图 4-26（c）所示。

（3）标注定形尺寸和定位尺寸。

1）基本体Ⅰ为半圆柱，有两个定形尺寸 *R*32 和 30［图 4-26（d）］。定位尺寸不用标注，因为基本体Ⅰ的底面、后面和轴线分别与该组合体的长、宽、高三个方向的尺寸基准重合。

2）基本体Ⅱ（凸台），标注了定形尺寸 $\phi20$，就确定了其长度和宽度方向的形状大小；凸台的轴线位于长度方向的基准上，因此不用标注长度方向的定位尺寸；凸台与基本体Ⅰ宽度方向的相对位置由定位尺寸 14 可确定；由于凸台是叠加在半圆柱上，在高度方向上只要凸台和半圆柱的相对位置确定，凸台的高度就确定了，因此仅标注凸台和半圆柱高度方向的定位尺寸 44 即可［图 4-26（e）］。

3）尺寸 *R*8 是基本体Ⅲ长度和宽度方向的定形尺寸；由于基本体Ⅲ是对称叠加在基本体Ⅰ的两侧，因此其长度方向和高度方向的定形尺寸及其与基本体Ⅰ间的定位尺寸，由长度方向的对称定位尺寸 44 和高度方向的定位尺寸 26 即可确定；宽度方向的定位尺寸与基本体Ⅱ用同一尺寸。特别要注意基本体Ⅲ和基本体Ⅰ叠加时，表面所产生的交线不允许标注尺寸，所以图 4-26（f）中带“×”尺寸 32 不应标注。

4）尺寸 *R*8 和 6 是基本体Ⅳ长度和宽度方向的定形尺寸；基本体Ⅳ长度方向的对称面与基准重合，故不标注定位尺寸；尺寸 6 既是其宽度方向的定形尺寸，也是定位尺寸；高度方向的定形尺寸和定位尺寸由尺寸 18 确定［图 4-26（g）］。

（4）调整标注总体尺寸。在本例中，总长尺寸由定形尺寸 *R*32 确定，增加总宽尺寸 36，去掉一个宽度方向尺寸 6；总高尺寸由定位尺寸 44 确定［图 4-26（h）］。

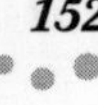

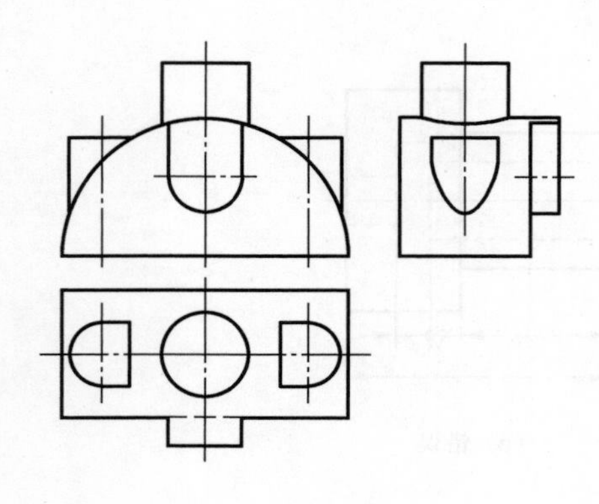

（a）组合体三视图

（b）组合体尺寸

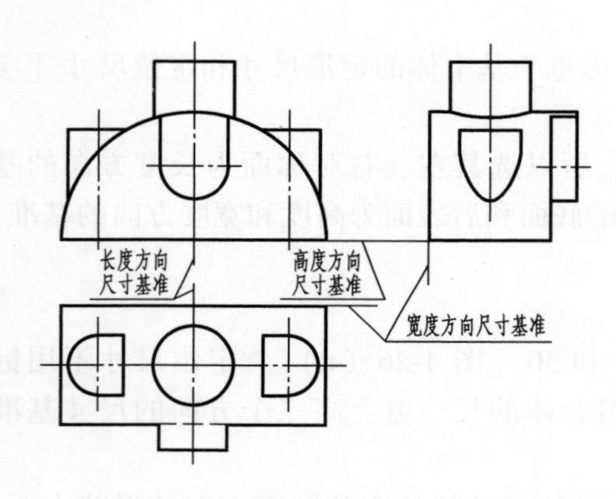

（c）确定尺寸基准

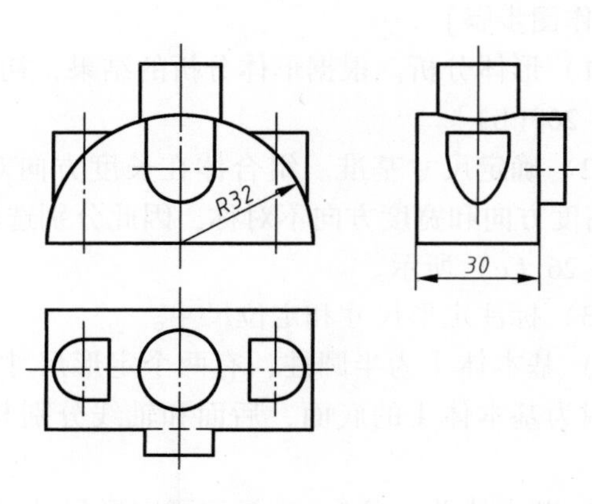

（d）标注基本体Ⅰ的定形、定位尺寸

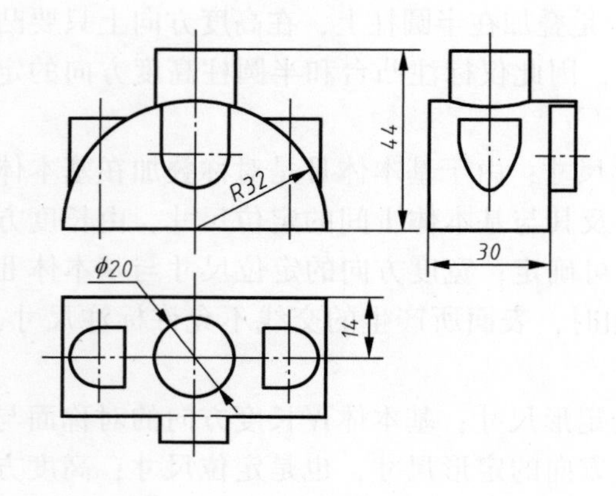

（e）标注基本体Ⅱ的定形、定位尺寸

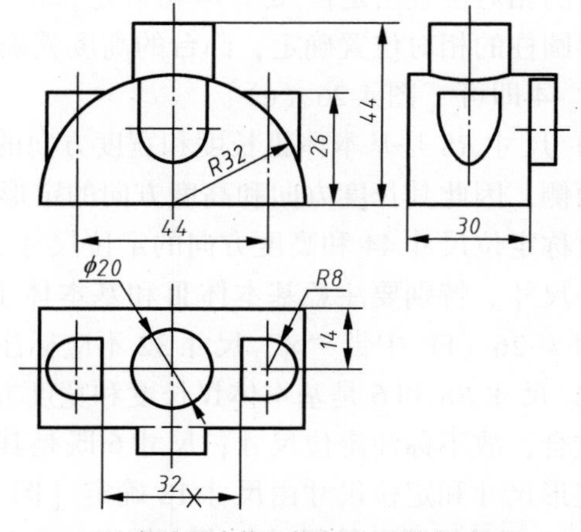

（f）标注基本体Ⅲ的定形、定位尺寸

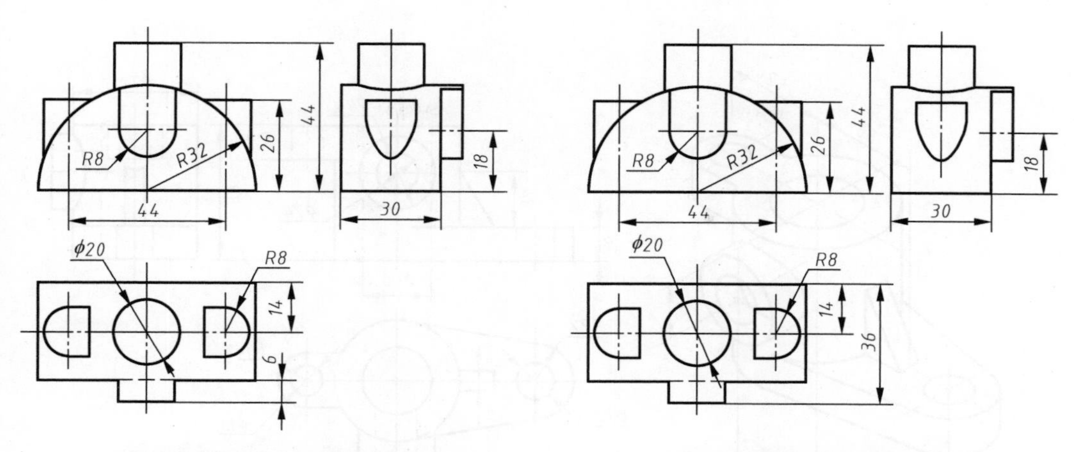

（g）标注基本体Ⅳ的定形、定位尺寸　　（h）调整总体尺寸，检查校核

图 4-26　尺寸标注举例

（5）检查、校核。按完整、正确、清晰的要求检查、校核所注尺寸，如有不妥，则作适当修改或调整。主要是核对尺寸数量，同时检查所注尺寸配置是否明显、集中和清晰［图 4-26（h）］。

例 4-3　标注组合体［图 4-27（a）］的尺寸。

［作图步骤］

（1）形体分析。组合体形体分析的结果及其定形尺寸和定位尺寸的初步考虑见图 4-27（a）、（b）、（c）。

（2）标注定形尺寸［图 4-27（d）］。

（3）标注定位尺寸［图 4-27（e）］。

（4）调整总体尺寸并检查、校核［图 4-27（f）］。

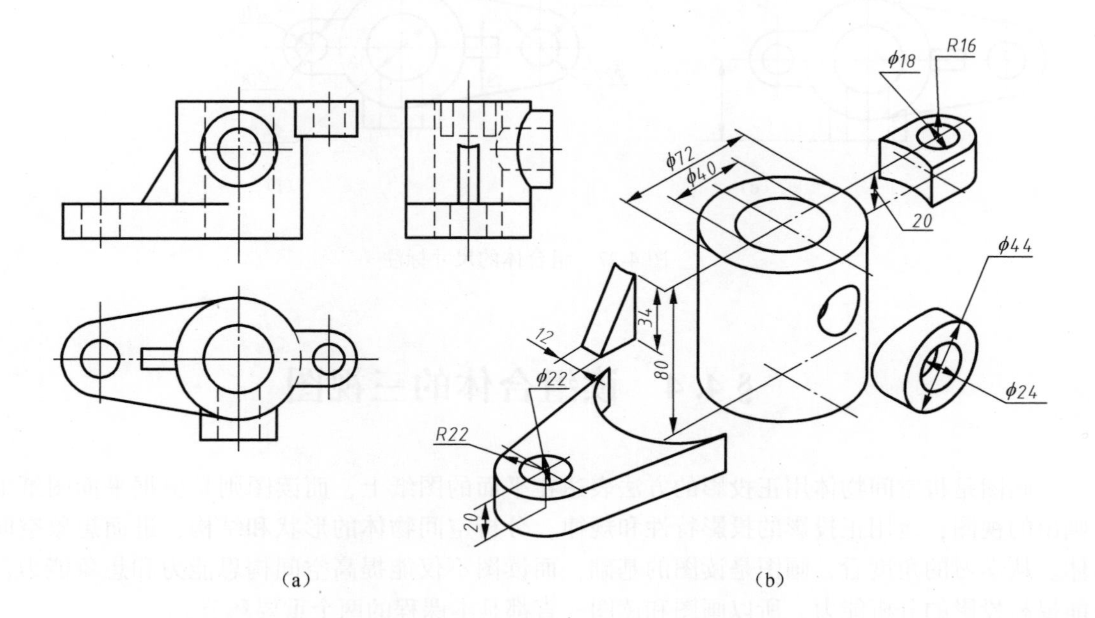

（a）　　（b）

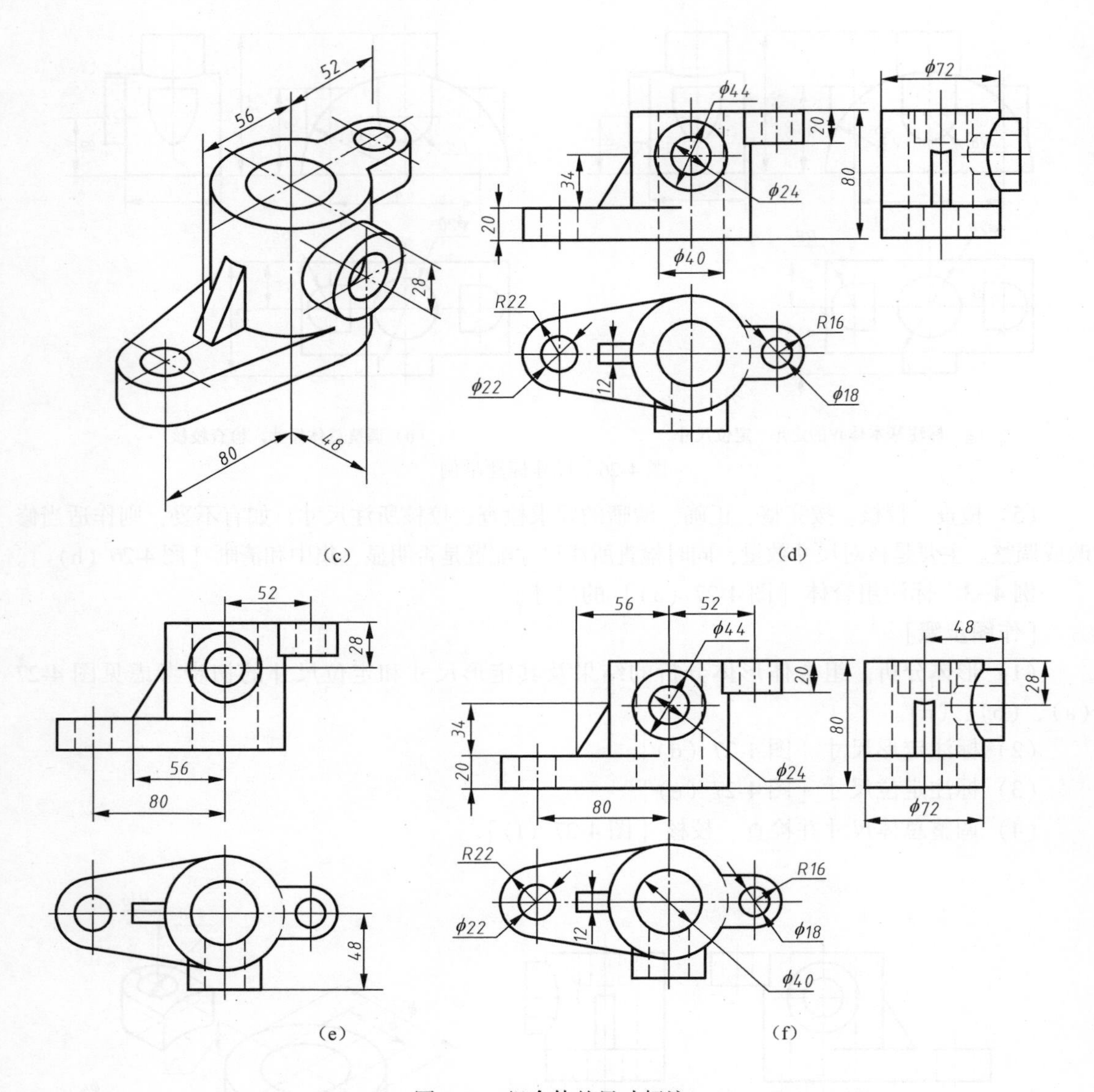

图 4-27 组合体的尺寸标注

§4.4 读组合体的三视图

画图是将空间物体用正投影的方法表达在平面的图纸上，而读图则是根据平面图纸上已画出的视图，运用正投影的投影特性和规律，分析空间物体的形状和结构，进而想象空间物体。从学习的角度看，画图是读图的基础，而读图不仅能提高空间构思能力和想象能力，又能提高投影的分析能力，所以画图和读图一直都是本课程的两个重要环节。

4.4.1　读图的基本方法

读图仍然是以形体分析法为主，线面分析法为辅。运用形体分析法和线面分析法读图时，大致经过以下三个阶段。

1. 粗读

根据组合体的三视图，以主视图为核心，联系其他视图，运用形体分析法辨认组合体是由哪几个主要部分组成的，初步想象组合体的大致轮廓。

2. 精读

在形体分析的基础上，确认构成组合体的各个基本体的形状，以及各基本体间的组合形式和它们之间邻接表面的相对位置。在这一过程中，要运用线面分析法读懂视图上的线条以及由线条所围成的封闭线框的含义。

3. 总结归纳

在上述分析判断的基础上，想象出组合体的形状，并将想象的形状向各个投影面投影并与给定的视图对比，验证给定的视图与所想象的形状的视图是否相符。当两者不一致时，必须按照给定的视图来修正想象的形状，直至所想象出的形状与给定视图相符。

4.4.2　读图时要注意的问题

1. 不能只凭一个视图臆断组合体的形状

在工程图样中，是用几个视图共同表达物体形状的。组合体是用三视图来表达的，每个视图只能反映组合体某个方向的形状，而不能概括其全貌。例如，图 4-28 中，同一个主视图，配上不同的左视图和俯视图，所表达的就是不同形状的组合体。所以只根据一个或两个视图是不能确定组合体的形状的，读图必须几个视图联系起来看。

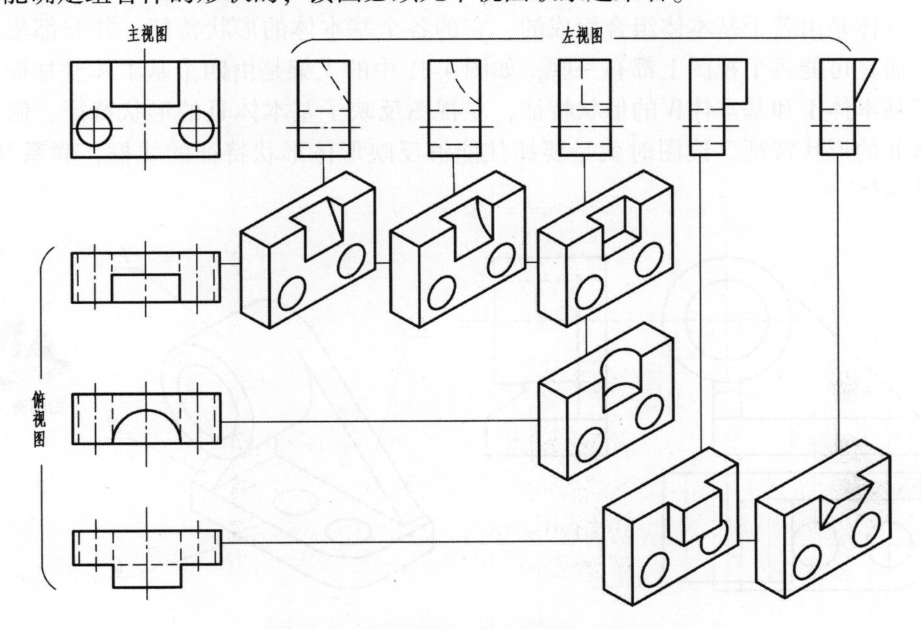

图 4-28　一个视图不能确定物体的形状

2. 找出反映形体特征的视图

对于基本体来说，在几个视图中，总有一个视图能比较充分地反映该基本体的形状特征，如图 4-29 中的左视图和图 4-30 中的俯视图。在形体分析的过程中，若能找到形体的特征视图，再联系其他视图，就能比较快而准确地辨认基本体。

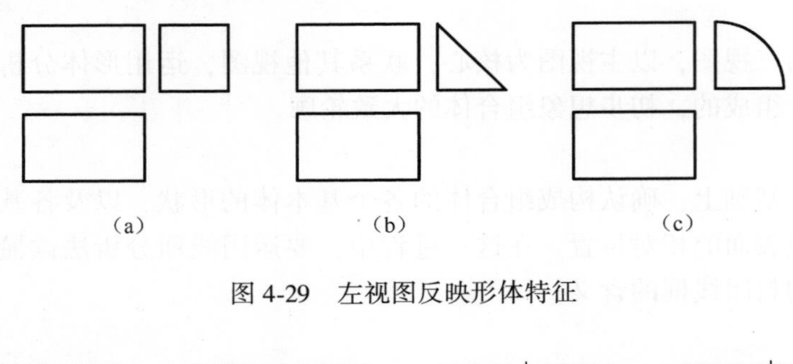

图 4-29　左视图反映形体特征

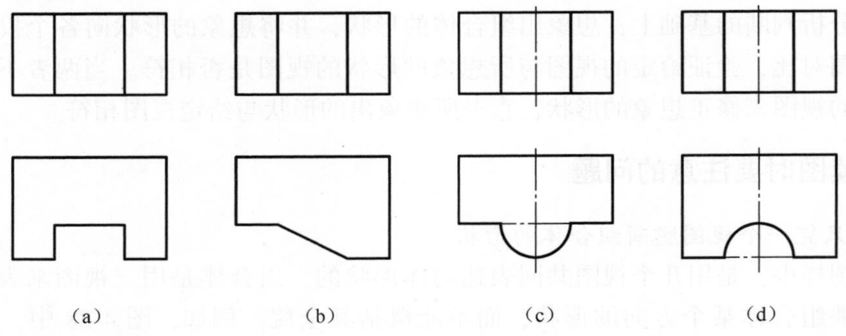

图 4-30　俯视图反映形体特征

但组合体是由若干基本体组合而成的，它的各个基本体的形状特征，并非都集中在一个视图上，而是可能每个视图上都有一些，如图 4-31 中的支架是由四个基本体叠加而成，主视图反映了基本体Ⅰ和基本体Ⅳ的形状特征，左视图反映了基本体Ⅲ的形状特征，俯视图反映了基本体Ⅱ的形状特征。读图时就是要抓住能够反映形体形状特征的线框，联系其他视图，来划分基本体。

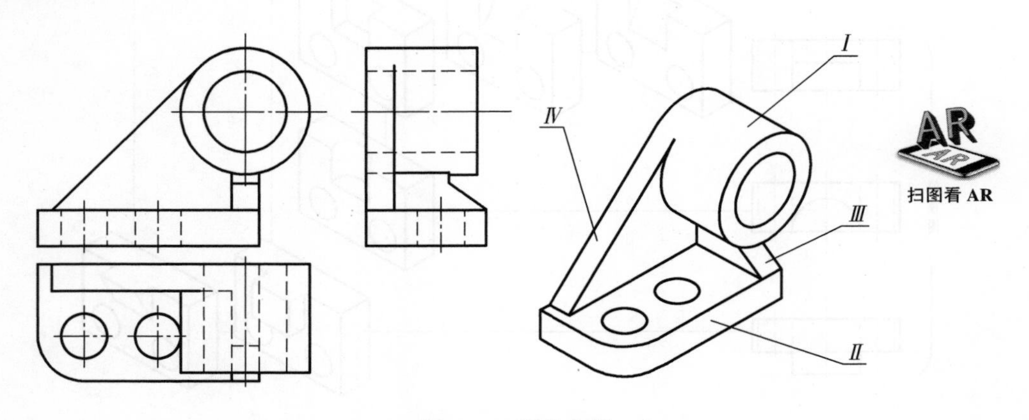

图 4-31　形体分析

3. 熟悉基本体的投影特性，多做形体积累

即使是初学制图，看到图 4-32 所示的三视图都会马上反映出：图 4-32（a）表达的是一个横置的圆柱体，图 4-32（b）表达的是一个直立的圆锥体。这是因为通过学习基本体的投影，已经了解并熟悉了圆柱体、圆锥体的投影特性，并能随时根据其投影反映出立体形状来；另一原因是图上所表达的物体是经常看到和摸到的实物，或是类似的实物，读图时就会产生一种“好像见过面”的感觉，这就是形体积累在读图过程中的作用。构成组合体的各个基本体，就像一篇文章里的字和词，若字和词都不认识，当然无法阅读文章。若熟悉基本体的投影特性以及形体积累越来越多，就能很快提高投影分析能力和形体识别能力。

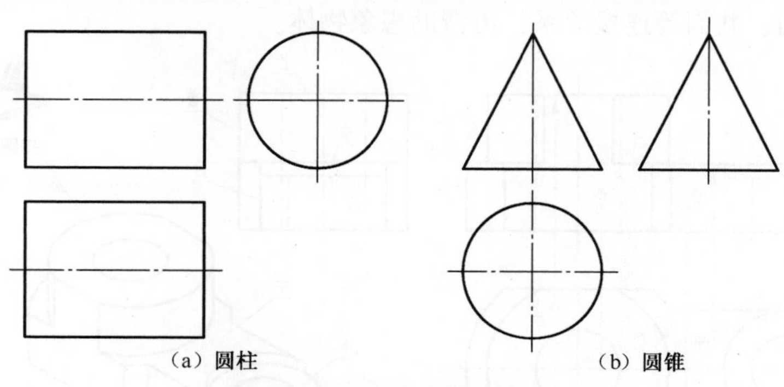

（a）圆柱　　（b）圆锥

图 4-32　基本体的三视图

4. 明确视图中的线框和图线的含义

视图中的图线可能是平面或曲面有积聚性的投影，也可能是物体上某一条棱线的投影；视图中的封闭线框可能是物体上某一表面（可以是平面也可以是曲面）的投影，也可能是孔、洞的投影。因此，明确视图中图线和线框的含义，才可能正确识别基本体邻接表面间或基本体和基本体邻接表面间的相对位置和连接关系。

视图中图线（粗实线或虚线）的含义分别有以下三种不同情况：

（1）物体上垂直于投影面的平面或曲面有积聚性的投影［图 4-33（a）］。

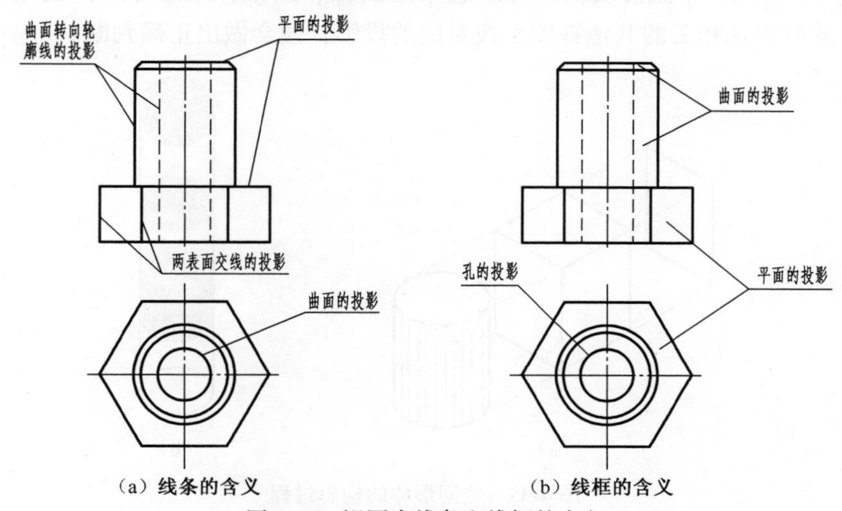

（a）线条的含义　　（b）线框的含义

图 4-33　视图中线条和线框的含义

（2）物体上相邻两表面交线的投影［图 4-33（a）］。

（3）物体上曲面转向轮廓线的投影［图 4-33（a）］。

视图中封闭线框的含义分别有以下三种情况：

（1）平面的投影［图 4-33（b）］。

（2）曲面的投影［图 4-33（b）］。

（3）孔、洞的投影［图 4-33（b）］。

视图中相连的线框或重叠的线框则表示物体上不同位置的面，并反映了组合体邻接表面间的相对位置和连接关系（图 4-34）。读图时，通过对照投影，区分出它们的前后、上下、左右和相交、相切、共面等连接关系，可帮助想象物体。

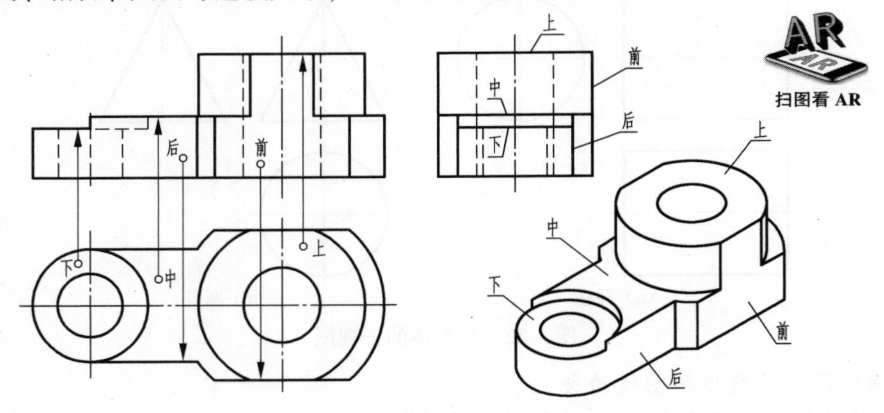

图 4-34　表面间的相对位置

5. *要善于构思形体的空间形状，在读图过程中不断修正空间想象的结果*

通常所说的形体积累，除柱、锥、球、环这些基本体外，还包括一些基本体经简单切割或叠加构成的简单组合体，读图时要善于根据已知视图构思出这些形体的空间形状。

例如，在某一视图上看到一矩形线框，可以想象出很多形体，如四棱柱、圆柱等［图 4-35（a）］，看到一个圆形线框，可以想象是圆柱、圆锥、圆球等形体的某一投影［图 4-35（b）］。此时再从相关的其他视图上找对应的投影，便会做出正确判断。

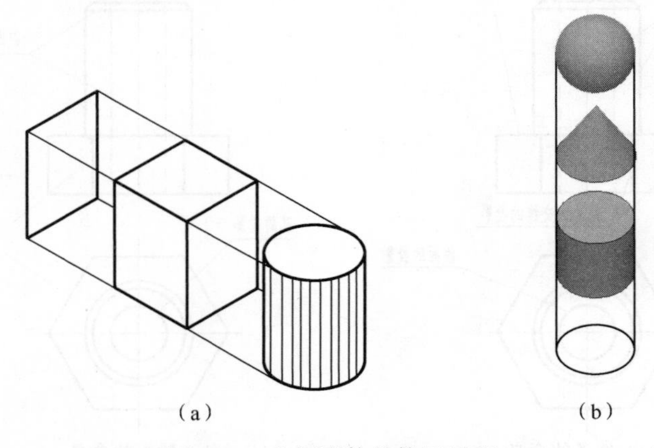

（a）　　　　（b）

图 4-35　空间形体的构思过程

图 4-36 是某一组合体的三视图。主视图的最外线框是一个矩形、俯视图是一个圆形线框，可知其主体一定是一个圆柱［图 4-37（a）］。再联系左视图（外形是三角形）分析，可知圆柱体用两个侧垂面在前后各切去一部分；主视图矩形线框内有侧垂面与圆柱体表面截交线的投影（半个椭圆），俯视图圆形线框中间的粗实线为两侧垂面交线的投影，从而得到图 4-36所表达的组合体是圆柱体用两个侧垂面切去前后两块后的形体，如图 4-37（b）所示。

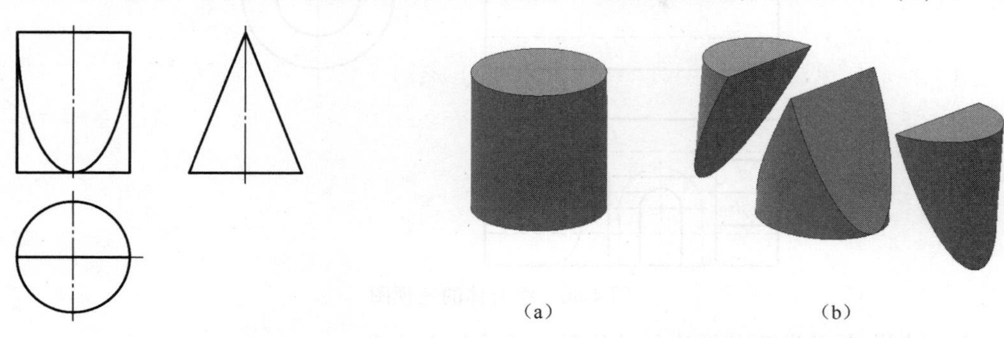

图 4-36　组合体的三视图　　　图 4-37　组合体的构思过程

读图的过程就是根据视图不断修正想象组合体的思维过程。如想象图 4-38 所示组合体形状时，根据主、俯两视图有可能构思出图 4-39（a）所示的形体，但对照左视图就会发现图 4-39（a）所示形体的左视图与图 4-38 所示组合体的左视图不相符，此时需根据它们左视图之间的差异来不断修正所构思的形体，直至得到图 4-39（b）所示的形体。

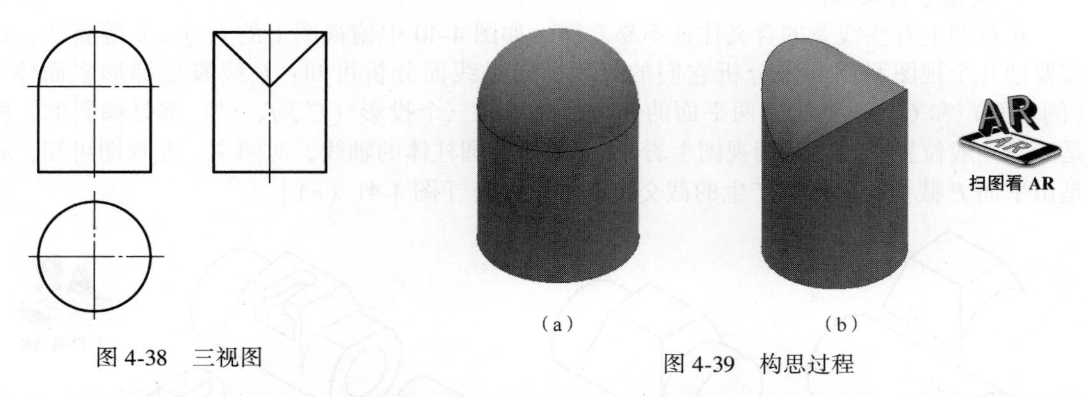

图 4-38　三视图　　　图 4-39　构思过程

通过对读图时要注意的几个问题的讨论可知，读图时必须要几个视图联系起来看，还要对视图中的线框和图线的含义做细致的投影分析，在构思形体的过程中不断修正想象的形体，才能逐步得到正确的结论。同时不断地加大、加深形体的积累，也是培养读图能力的一个途径。

4.4.3　读图的一般步骤

1. 分析视图，对照投影，想主体形状

分析视图应先从能够反映组合体形状特征的主视图入手，弄清各视图之间的关系，按照三视图的投影规律，几个视图联系起来看，并从中找出组合体的主体，以便在短时间内对组合体的大致轮廓有一个初步的了解。图 4-40 的三视图所示组合体，其主体就是由水平圆柱和梯形多面体构成［图 4-41（a）］。

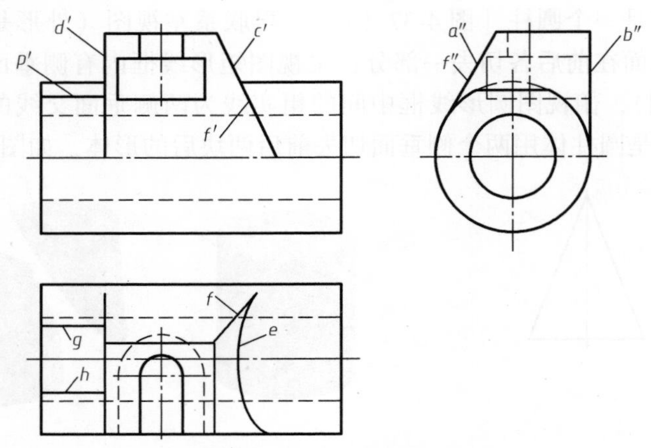

图 4-40　组合体的三视图

2. 识别各基本形体及它们的相对位置，明确组合关系

梯形多面体在圆柱上方，这从主视图（图 4-40）上一目了然，从左视图上看，构成梯形多面体的 A、B 两平面分别切于圆柱面上，空间情况如图 4-41（b）所示，切线在主视图上不画出。从主视图上看，构成梯形多面体的 C、D 两平面与圆相交。D 是侧平面，C 是正垂面，C 平面与圆柱的交线是一段椭圆，其水平投影为俯视图上的线段 e。

3. 线面分析攻难点

在视图上有些线条的含义往往不易看懂，如图 4-40 中俯视图上的 f、g、h 等直线，这就需要把几个视图联系起来分析它们的投影。通过线面分析可知：F 线段是梯形多面体上 A（侧垂面）和 C（正垂面）两平面的交线，由于其三个投影（f'、f、f''）都是倾斜的，所以是一条一般位置直线。从俯视图上看 g、h 平行于圆柱体的轴线，对照主、左视图可知，g、h 是由平面 P 截切圆柱体所产生的截交线的水平投影［图 4-41（c）］。

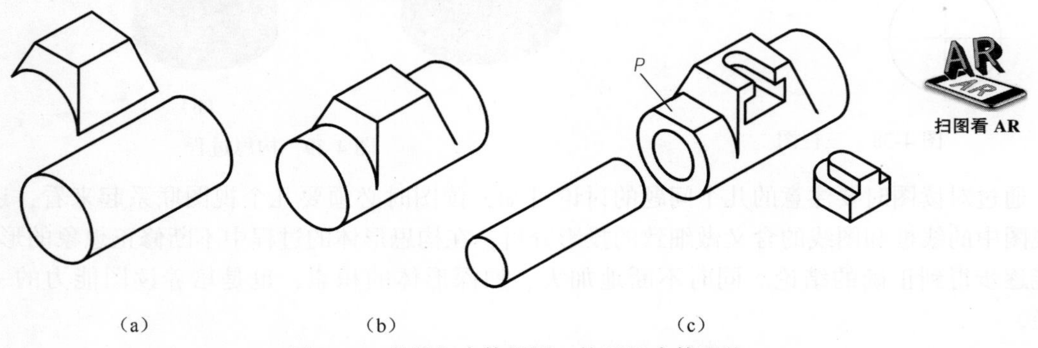

图 4-41　分析组合体投影，构思组合体形状

4. 对照投影，分析细部形状

主体形状读懂后，再读细节部分。从图 4-40 中的主视图上看，梯形多面体的投影范围内有一个“凸”形线框，对照俯视图相应的投影可知，梯形多面体上有后部为圆端的“T”形槽，如图 4-41（c）所示。此外，从主、左视图上可知，圆柱体轴向有通孔［图 4-41（c）］。

5. 综合起来想象组合体全貌

读图的最后要求是读懂组合体的全貌，也就是要求把构成组合体的基本形体的形状和个别线、面以及细部的形状全面地综合起来，想象出组合体的形状。图 4-41 正是说明了这样一个综合想象的过程。

上述步骤只是一般的读图步骤，绝不是一成不变的程序，读图时各步骤之间互相交织，有时遇到复杂的物体还要重复上述步骤才能读懂。

4.4.4　读图举例

扫一扫

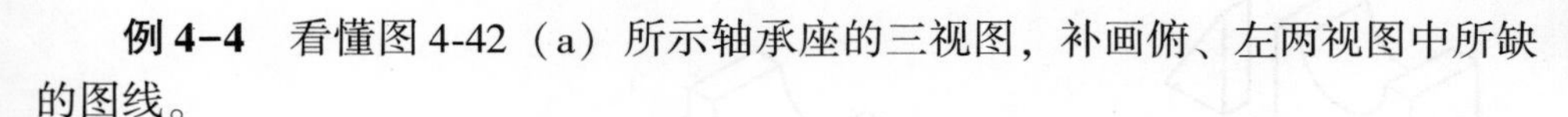

例 4-4　看懂图 4-42（a）所示轴承座的三视图，补画俯、左两视图中所缺的图线。

［作图步骤］

（1）分析视图，对照投影，想主体形状。从主视图入手，按主视图的线框将组合体分解为Ⅰ、Ⅱ、Ⅲ三个基本形体［图 4-42（a）］。

（2）辨识各基本形体及其相对位置，明确组合关系。根据主视图上基本形体Ⅰ的投影，按照投影关系找到基本形体Ⅰ在俯、左两视图上的相应投影。可知基本形体Ⅰ是一个长方体，其上部挖去一个半圆柱，所以在图 4-42（a）给出的三视图中，俯视图上缺两条粗实线（半圆槽轮廓线的投影），正确投影如图 4-42（b）中的粗线框。

同样可分析基本形体Ⅱ的其余两投影（如图 4-42（c）中的粗线框），可知形体Ⅱ为三角形肋板。

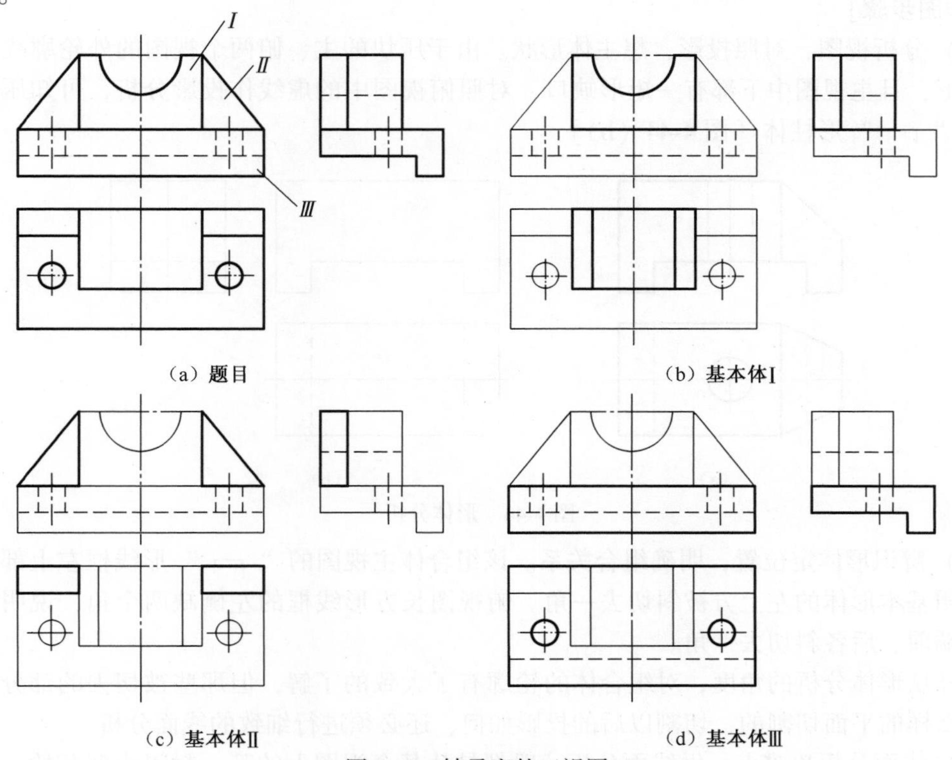

（a）题目　（b）基本体Ⅰ

（c）基本体Ⅱ　（d）基本体Ⅲ

图 4-42　轴承座的三视图

基本体Ⅲ（底板）的左视图反映了底板的形状特征，从主、左视图可看出，底板是一个“L”形柱体，上面钻了两个圆孔，所以俯视图上缺了一条虚线，如图 4-42（d）所示。

从主、俯两视图可以清楚地看出：基本体Ⅰ在基本体Ⅲ的上面，位置是中间靠后，其后表面与基本体Ⅲ的后表面共面。基本体Ⅱ位于基本体Ⅰ的两侧和基本体Ⅲ的上面，且后表面与基本体Ⅲ后表面共面，如图 4-43（a）所示。

（3）综合起来想整体。在读懂每个基本形体及其相对位置的基础上，最后对组合体的形状有一个完整认识［图 4-43（b）］。

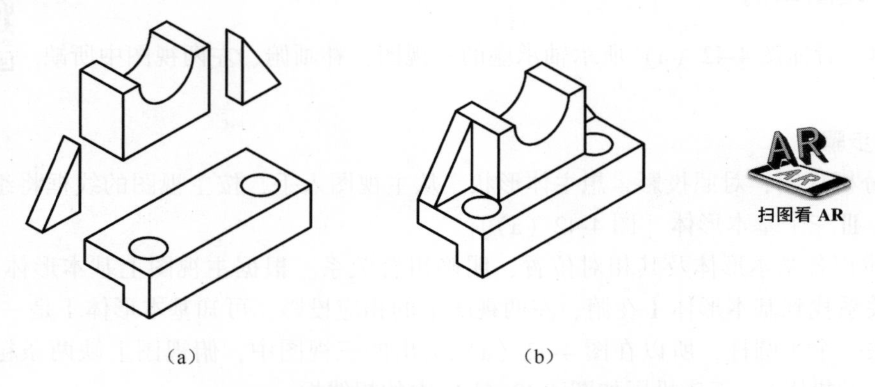

扫图看 AR

图 4-43 分析轴承座投影，构思形状

例 4-5 根据图 4-44（a）给出的压块的主、俯两视图，补画左视图。

［作图步骤］

（1）分析视图，对照投影，想主体形状。由于压块的主、俯两个视图的外轮廓线基本都是长方形，且主视图中下部有一矩形缺口，对照俯视图中的虚线作投影分析，可知压块的基本体是“┌┐”形柱体［图 4-44（b）］。

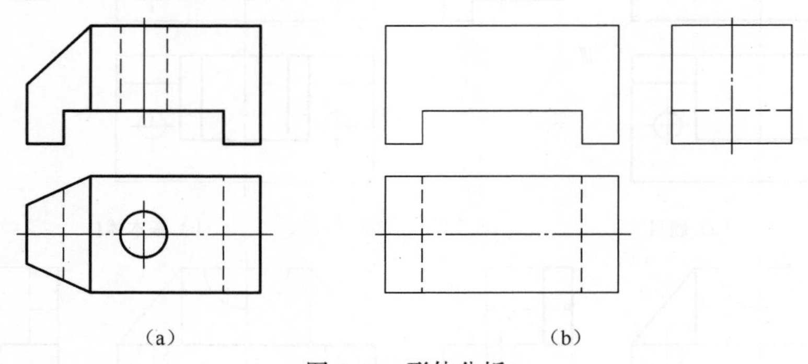

图 4-44 形体分析

（2）辨识形体定位置，明确组合关系。该组合体主视图的“┌┐”形线框左上部缺一个角，说明基本形体的左上方被斜切去一角。俯视图长方形线框的左侧缺两个角，说明基本形体的左端前、后各斜切去一角。

这样从形体分析的角度，对组合体的轮廓有了大致的了解，但那些被切去的部分，究竟是被什么样的平面切割的，切割以后的投影如何，还必须进行细致的线面分析。

（3）线面分析攻难点。做线面分析一般都是从某个视图上的某一封闭线框开始，根据投影规律找出封闭线框所代表的面的投影，然后分析其在空间的位置，及其与形体上其他表面相交后所产生交线的空间位置及投影。

1）分析俯视图上的梯形封闭线框 p，图 4-45（a）中的粗线框。由于主视图上没有与它对应的梯形线框，所以它的正面投影只能对应于斜线 p'，由此判断平面 P 是一个正垂面，或者说基本体用正垂面 P 切去一块，根据投影规律画出平面 P 与基本体的顶面和侧面相交后在俯、左视图上的投影［图 4-46（a）］。

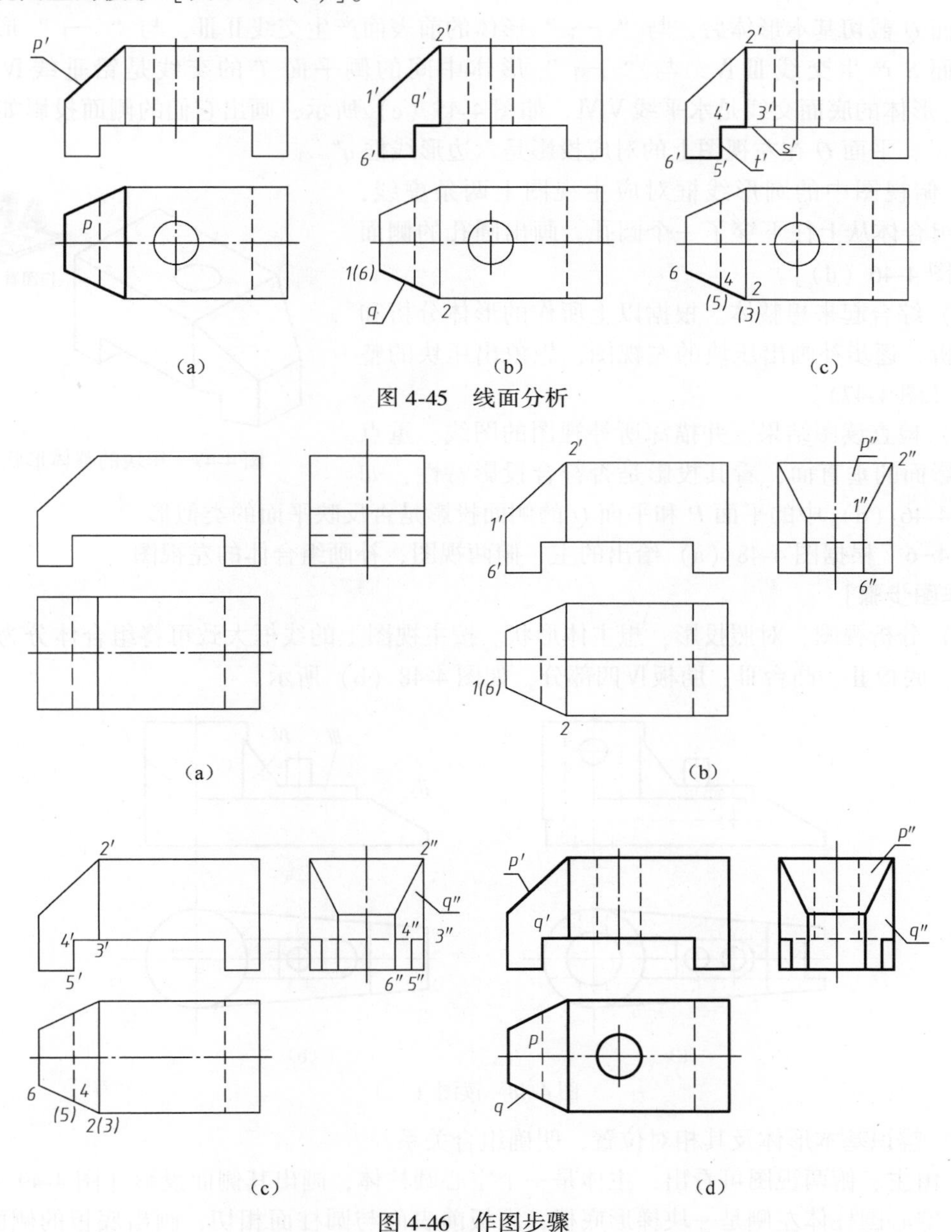

图 4-45　线面分析

图 4-46　作图步骤

2）分析主视图上的六边形 q'［图 4-45（b）中的粗线框］，在俯视图上找到它的对应投

影是 q，积聚为一条直线，从而可知平面 Q 是铅垂面，也就是说基本体用两个铅垂面前后各切去一块。平面 Q 与平面 P 相交，平面 P 在俯视图上的投影变为梯形线框，平面 P 和平面 Q 相交后产生交线Ⅰ Ⅱ［图 4-45（b）］，根据投影规律找出平面 Q 与基本形体左侧面交线Ⅰ Ⅵ的三个投影 $1'6'$、16、$1''6''$及与平面 P 交线Ⅰ Ⅱ的三个投影 12、$1'2'$和 $1''2''$［图 4-46（b）］，直线Ⅰ Ⅱ在空间的位置是一般位置直线。平面 P 在左视图上的对应投影应是类似的梯形线框 p''。

平面 Q 截切基本形体后，与“ ┌┐ ”形体的前表面产生交线Ⅱ Ⅲ，与“ ┌┐ ”形体中间的水平面 S 产生交线Ⅲ Ⅳ，与“ ┌┐ ”形体中间的侧平面 T 的交线是铅垂线Ⅳ Ⅴ，与“ ┌┐ ”形体的底面交线是水平线Ⅴ Ⅵ，如图 4-45（c）所示，画出它们的侧面投影如图 4-46（c）所示，平面 Q 在左视图上的对应投影是六边形线框 q''。

3）俯视图中的圆形线框对应主视图上两条虚线，可知该组合体从上往下穿了一个圆孔。画出圆孔的侧面投影［图 4-46（d）］。

（4）综合起来想整体。根据以上所作的形体分析和线面分析，逐步补画出压块的左视图，想象出压块的整体形状（图 4-47）。

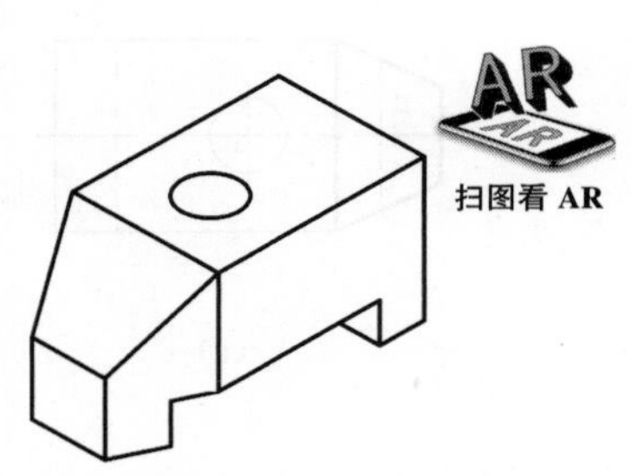

图 4-47　压块的整体形状

（5）检查读图结果，并描深所补视图的图线。重点检验投影面的垂直面，看其投影是否符合投影特性，如检验图 4-46（d）中的平面 P 和平面 Q 的侧面投影是否反映平面的类似形。

例 4-6　根据图 4-48（a）给出的主、俯两视图，补画组合体的左视图。

［作图步骤］

（1）分析视图，对照投影，想主体形状。按主视图上的线框大致可将组合体分为空心圆柱体Ⅰ、底板Ⅱ、凸台Ⅲ、肋板Ⅳ四部分，如图 4-48（b）所示。

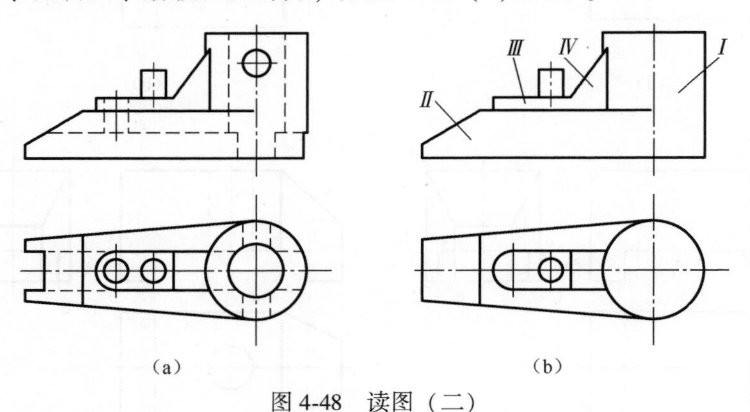

图 4-48　读图（二）

（2）辨识基本形体及其相对位置，明确组合关系。

1）由主、俯两视图可看出，主体是一个空心圆柱体，画出其侧面投影［图 4-49（a）］。

2）空心圆柱体左侧是一块梯形底板，底板前表面与圆柱面相切，画出底板的侧面投影，其上表面的投影应画至切点处［图 4-49（b）］。

3）底板上方有一凸台，图 4-49（c）中的粗线框，画出其侧面投影。

4）三角形肋板在底板的上方，左侧与凸台相连，右侧与空心圆柱体相连，其前、后位置在组合体的主要对称面上［图4-49（d）］。由于凸台与肋板的前表面共面，所以从主视图上看凸台的投影线框与肋板的投影线框连为一个线框，且它们的宽度相等。画出三角形肋板的侧面投影［图4-49（d）］。

（3）线面分析攻难点。

1）底板的左侧用一正垂面 P 切去一块，其主视图积聚为一条直线 p'，俯视图上的对应投影是一梯形线框 p，平面 P 与底板左侧表面的交线为直线 AB，平面 P 与底板上表面的交线为直线 CD，根据投影关系在左视图上找出 A、B、C、D 四点的投影 a''、b''、c''、d''，并顺次连接 $a''b''d''c''a''$，得到交线的左视图［图4-49（e）］。

2）分析组合体下部细节可知：下部有一个左右贯通的矩形槽，是由 R、S、T 三个平面截切组合体而形成的。R、S、T 三个平面在组合体的左端与 P 平面相交所产生的交线分别为ⅠⅡ、ⅡⅢ、ⅢⅣ［图4-49（f）］。矩形槽在组合体的右端与主体的内、外圆柱表面亦产生交线。由于 R、S、T 三个平面在空间的位置分别为特殊位置平面，它们的侧面投影都有积聚性，画出其侧面投影［图4-49（f）］。

3）在主视图圆柱体投影的中部有一个圆形线框，图4-49（g）中的粗线框，找到它在俯视图上的对应投影，可知在空心圆柱体中部有一个前后贯通的圆孔。圆孔表面与主体的内、外圆柱表面产生相贯线，圆孔及相贯线的侧面投影如图4-49（g）所示。

4）三角形肋板与圆柱体表面相连，其斜面与圆柱体的外表面产生交线，交线上特殊点的侧面投影如图4-49（g）所示。

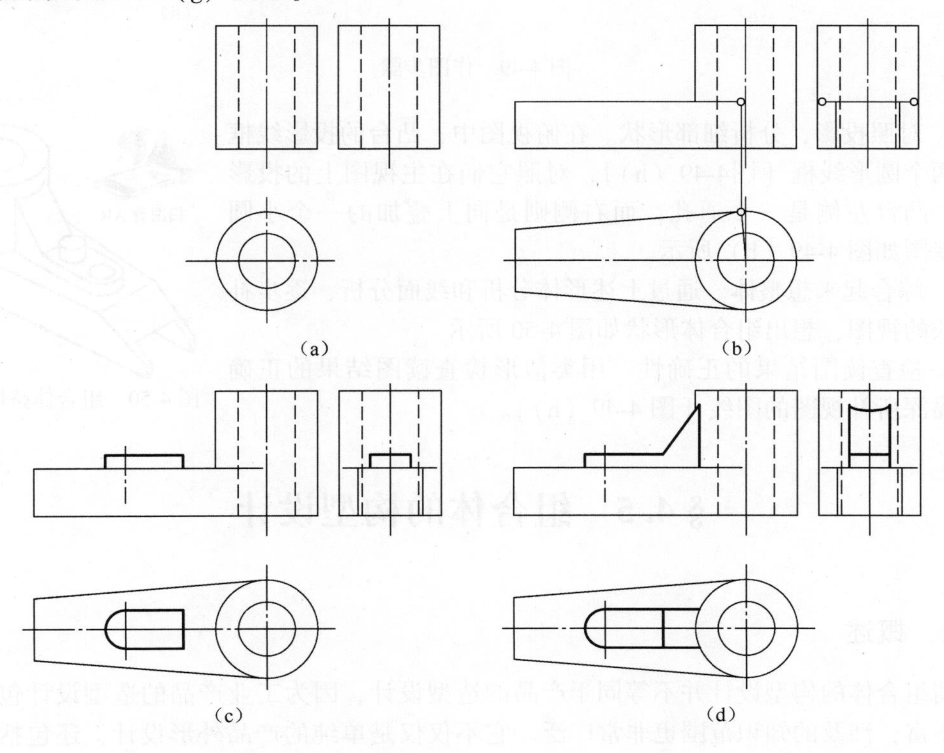

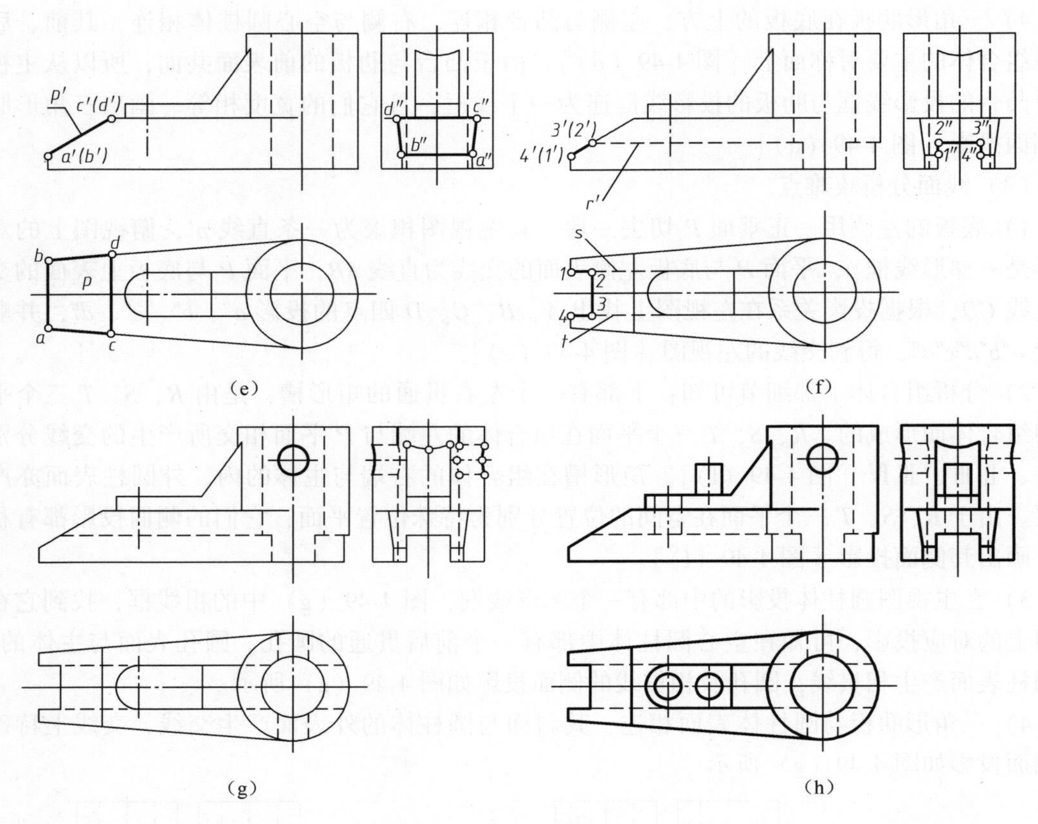

图 4-49 作图步骤

（4）对照投影，分析细部形状。在俯视图中，凸台的投影线框内部有两个圆形线框［图4-49（h）］，对照它们在主视图上的投影可看出，凸台左侧是一个通孔，而右侧则是向上叠加的一个小圆柱，左视图如图 4-49（h）所示。

（5）综合起来想整体。通过上述形体分析和线面分析，逐步补出了所缺的视图，想出组合体形状如图 4-50 所示。

（6）检查读图结果的正确性。用类似形检查读图结果的正确性，并描深所补视图的图线［图 4-49（h）］。

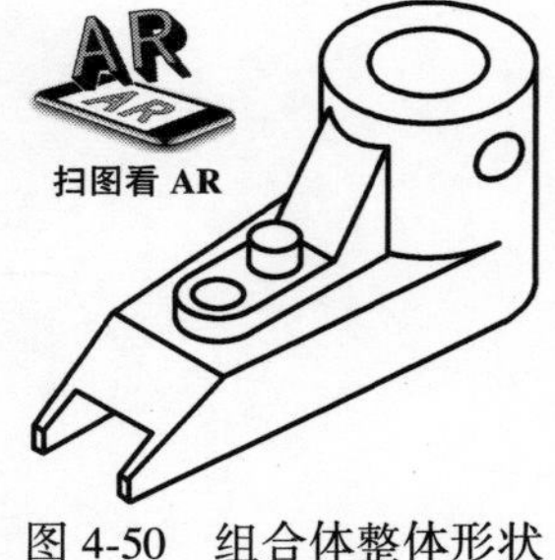

图 4-50 组合体整体形状

§ 4.5 组合体的构型设计

4.5.1 概述

所谓组合体的构型设计并不等同于产品的造型设计，因为工业产品的造型设计包含的内容十分丰富，涉及的知识范围也非常广泛。它不仅仅是单纯的产品外形设计，还包括产品形态的艺术性、观赏性设计，以及与如何实现产品的形态、产品的所需功能有关的一系列诸如材料、结构、构造工艺等多方面的技术性设计，是融工程技术、美学艺术、社会经济为一体的一门新型应用学科。产品造型设计中的一个重要内容是产品形体的构思和表达。本节关于组合体的构型设计的内容就是试图通过组合体的构型设计，培养、训练工程设计人员对于产品形体的构思和表达能力。称其为构型设计是因为它符合人们对设计下的定义："将构思转化为现实的创造过程"。设计必须要有创新，而创新有两种形式：一是整体结构的创新，二是在现有的基础上作局部的创新。本节的主要内容就是对组合体的局部结构和形状作局部的创新，即比照、修改已有组合体。通过已有组合体的结构和形状，捕捉、追踪、激发设计者的创作思维，从而开发出较多的潜在构型设计方案，以了解、实践、熟悉构型设计的构思过程和设计过程。

4.5.2　组合体的构型举例

例 4-7　参照图 4-51 所示的组合体，构思不同形状的组合体，使构思的组合体与图 4-51 所示组合体的主、俯视图相同。

［**作图步骤**］

（1）对原有组合体进行形体分析，把图 4-51 所示的组合体分解为图 4-52 所示的三个基本体。

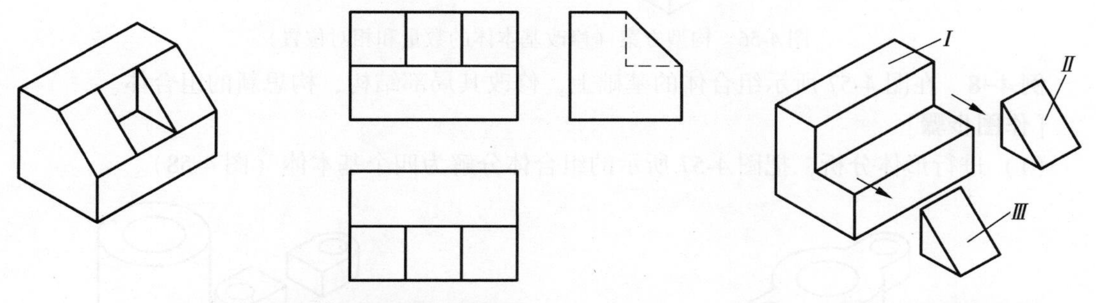

图 4-51　组合体的三视图及轴测图　　图 4-52　分解组合体

（2）在主、俯视图不变的情况下，修改基本体 I 的形状可以得到图 4-53 所示的不同组合体。

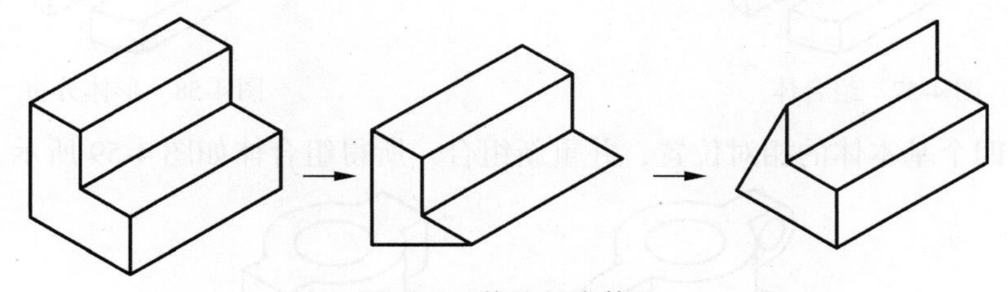

图 4-53　修改基本体 I

（3）在主、俯视图不变的情况下，修改基本体 II 和基本体 III 的形状，如图 4-54 所示。

（4）把经过修改的三个基本体重新叠加组合，可以得到不同形状的组合体，并且使它们的主、俯视图不变（图 4-55）。

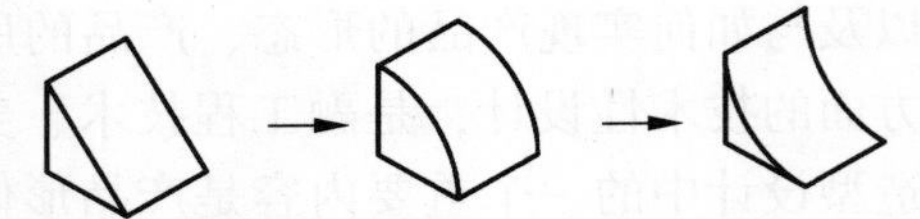

图 4-54　修改基本体Ⅱ和Ⅲ

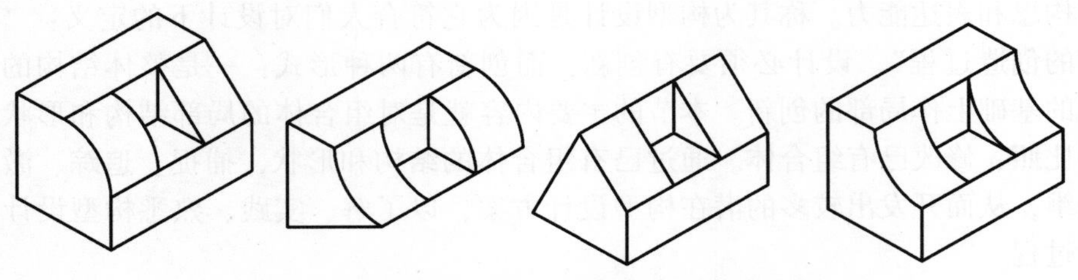

图 4-55　构型方案（修改基本体的形状）

（5）还可以改变基本体的数量和相对位置，构思新的组合体，如图 4-56 所示。

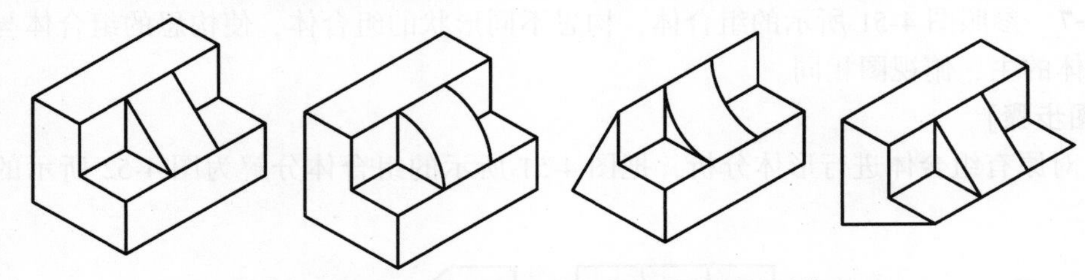

图 4-56　构型方案（修改基本体的数量和相对位置）

例 4-8　在图 4-57 所示组合体的基础上，修改其局部结构，构思新的组合体。

[作图步骤]

（1）进行形体分析，把图 4-57 所示的组合体分解为四个基本体（图 4-58）。

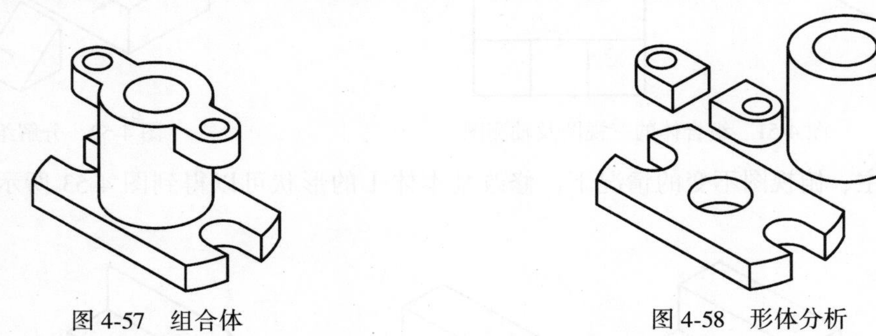

图 4-57　组合体　　图 4-58　形体分析

（2）改变四个基本体的相对位置，并重新组合，所得组合体如图 4-59 所示。

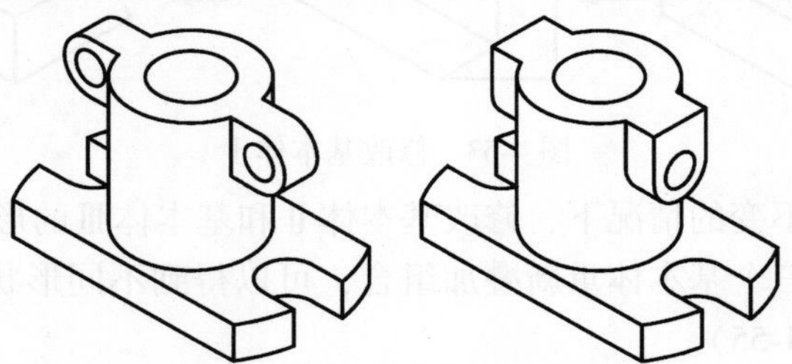

图 4-59　构型方案（改变基本体的相对位置）

（3）修改三个基本体中任意一个基本体的形状，也可以得到不同的组合体，如图 4-60 所示。

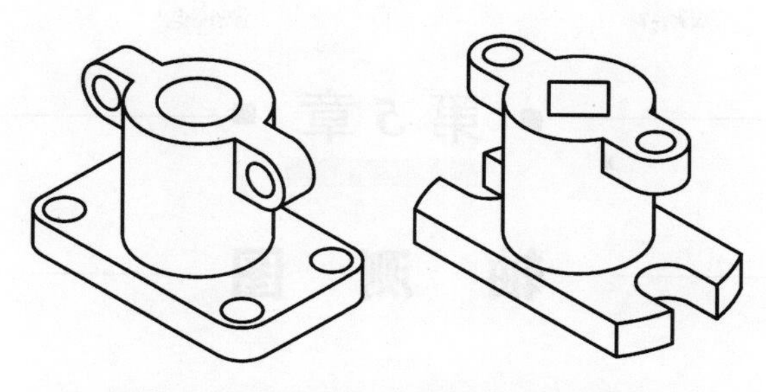

图 4-60　构型方案（改变基本体的形状）

（4）改变组合体中基本体的数量和组合方式，也可以得到不同的组合体，如图 4-61 所示。

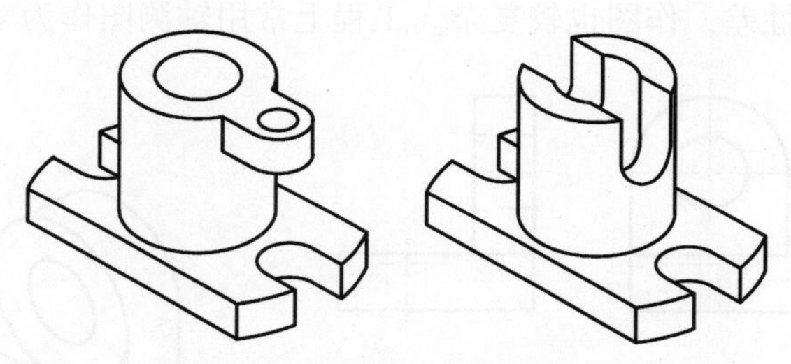

图 4-61　构型方案（改变基本体的数量和组合方式）

通过以上两个例子可知：组合体的形状是千变万化的，而比照、修改构型是组合体构型最基本的方法。组合体的形状与组成组合体的基本体的数量、形状、形体间的相对位置及组合形式有关。在做组合体的构型设计时，对已有组合体的形体结构进行分析，从而修改构型，设计出较多的构型方案，以激发和培养创新意识及构型能力。

复习思考题

1. 什么是形体分析法？组合体的组合形式有哪些？组合体中各个基本体邻接表面间的关系有哪些？它们各自的画法有什么特点？

2. 什么是线面分析法？

3. 画组合体的三视图时，如何确定其主视图？

4. 组合体的尺寸标注有哪些基本要求？怎样才能满足这些要求？标注组合体尺寸时，应按哪些步骤来标注？

5. 阅读组合体投影图的基本方法是什么？你在读图中积累了哪些经验？

第5章 轴测图

多面投影图作图方便，度量性好，因此它是工程上应用最广的图样［图5-1（a)］。但是多面投影图缺乏立体感，看图时必须应用正投影原理把几个视图联系起来阅读，有一定的读图能力方可看懂。物体的轴测图［图5-1（b)］是单面投影图，立体感较好，但不能反映物体表面的实形，且度量性差，作图也较复杂。工程上常用轴测图作为辅助图样。

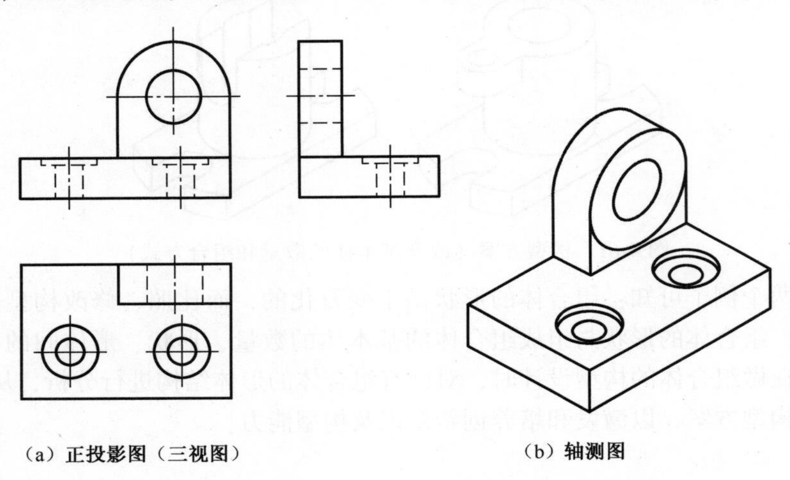

（a）正投影图（三视图）　　（b）轴测图

图5-1　正投影图与轴测图的比较

§5.1　轴测投影的基本知识

扫一扫

5.1.1　轴测投影的形成

用平行投影法将物体连同表示其长、宽、高三个向度的直角坐标系沿不平行于任一坐标轴的S方向，向投影面P投射，在平面P上所得的投影称为轴测投影，也称轴测图（图5-2)。其中，平面P称为轴测投影面，空间直角坐标轴OX、OY、OZ在轴测投影面上的投影O_1X_1、O_1Y_1、O_1Z_1称为轴测轴。

5.1.2　轴间角及轴向伸缩系数

1. 轴间角

如图 5-2 所示，两个轴测轴之间的夹角（$\angle X_1O_1Y_1$、$\angle X_1O_1Z_1$、$\angle Y_1O_1Z_1$）称为轴间角。轴测图中不允许任何一个轴间角等于零。

2. 轴向伸缩系数

如图 5-3 所示，各个轴测轴的单位长度（分别用 i、j、k 表示）与空间相应直角坐标轴的单位长度（用 u 表示）之比，称为轴向伸缩系数。其中：

（1）$p=i/u$ 为 OX 轴的轴向伸缩系数。

（2）$q=j/u$ 为 OY 轴的轴向伸缩系数。

（3）$r=k/u$ 为 OZ 轴的轴向伸缩系数。

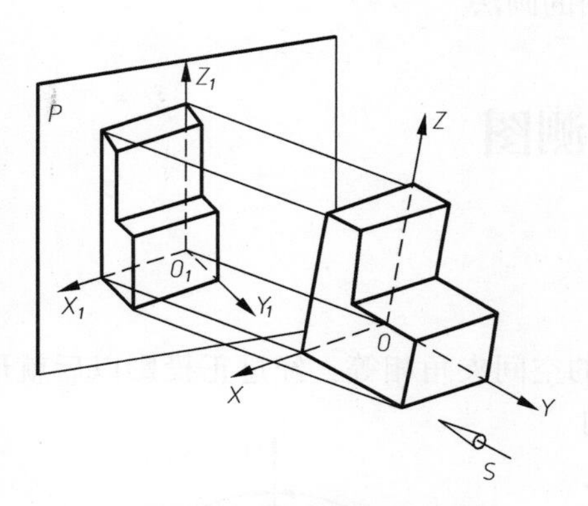

图 5-2　轴测投影的形成

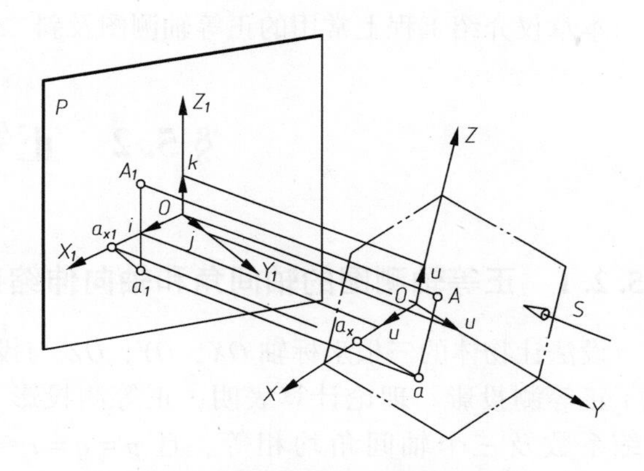

图 5-3　轴间角及轴向伸缩系数

5.1.3　轴测投影的基本性质

1. 平行性

空间平行的线段，经过轴测投影后仍然保持平行。

2. 定比性

空间互相平行的线段之比等于它们的轴测投影之比。

根据以上性质可知：平行于坐标轴 OX、OY、OZ 的线段，其轴测投影必然相应地平行于轴测轴 O_1X_1、O_1Y_1、O_1Z_1，且具有和 OX、OY、OZ 坐标轴相同的伸缩系数。

3. 从属性

空间从属于坐标轴 OX、OY、OZ 上的点，其轴测投影仍从属于相应的轴测轴 O_1X_1、O_1Y_1、O_1Z_1。

根据以上性质，若已知各轴的轴向伸缩系数，在轴测图中便可计算出平行于坐标轴各线段的轴测投影，并画出其轴测投影。轴测投影因此而得名。

5.1.4　轴测图的分类

轴测图根据所用投影法分为两大类，即正轴测图和斜轴测图。

投射方向垂直于轴测投影面 P，即由平行正投影法得到的称为正轴测图。

投射方向倾斜于轴测投影面 P，即由平行斜投影法得到的称为斜轴测图。

根据三根轴的轴向伸缩系数是否相等，这两类轴测图又各分为三种。

1. 正轴测图

（1）当 $p=q=r$，称正等轴测图，简称正等测。

（2）当 $p=q\neq r$，或 $p\neq q=r$，或 $p=r\neq q$，称正二轴测图，简称正二测。

（3）当 $p\neq q\neq r$，称正三轴测图，简称正三测。

2. 斜轴测图

（1）当 $p=q=r$，称斜等轴测图，简称斜等测。

（2）当 $p=q\neq r$，或 $p\neq q=r$，或 $p=r\neq q$，称斜二轴测图，简称斜二测。

（3）当 $p\neq q\neq r$，称斜三轴测图，简称斜三测。

本章仅介绍工程上常用的正等轴测图及斜二轴测图的画法。

§5.2　正等轴测图

5.2.1　正等轴测图的轴间角和轴向伸缩系数

设法让物体的三根坐标轴 OX、OY、OZ 与投影面的空间夹角相等，经过正投影以后就形成了正等测投影。理论计算表明，正等测投影各轴向伸缩系数及三个轴间角均相等。且 $p=q=r\approx 0.82$，$\angle X_1O_1Y_1=\angle X_1O_1Z_1=\angle Y_1O_1Z_1=120°$。画正等轴测图时，一般将轴测轴 O_1Z_1 画成竖直位置，此时 O_1X_1 轴和 O_1Y_1 轴与水平线成30°，利用30°三角板可方便地作出 O_1X_1 和 O_1Y_1 轴，如图5-4所示。

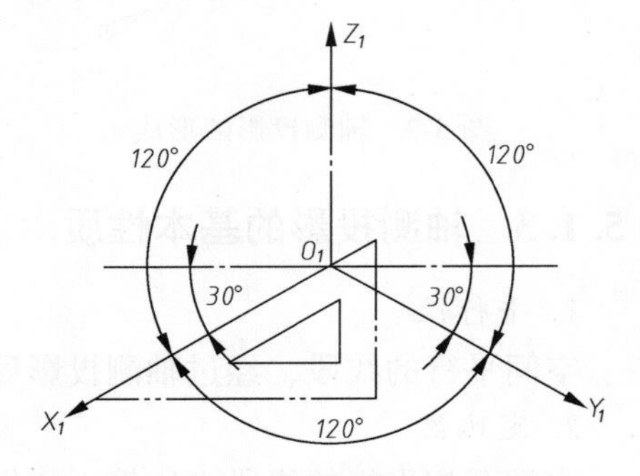

图5-4　正等轴测图的轴间角

正等轴测图的轴向伸缩系数，$p=q=r\approx 0.82$，为了免除作图时计算尺寸的麻烦，使作图方便，常采用简化轴向伸缩系数，即 $p=q=r=1$，按此简化轴向伸缩系数作图时，画出的轴测图沿各轴向的长度分别放大了 $1/0.82\approx 1.22$ 倍。

5.2.2　平面立体的正等轴测图

扫一扫

根据物体的三视图画轴测图的基本方法是坐标法，即根据物体的尺寸确定各顶点的坐标，画出顶点的轴测投影，然后将同一棱线上的两顶点连线即得物体的轴测图。下面举例说明平面立体正等轴测图的画图步骤。

例5-1　作出如图5-5所示三棱锥的正等轴测图。

【分析】三棱锥由四个不同位置的平面组成，绘制时应根据其形状特点，确定恰当的坐标系和相应的轴测轴，再用坐标法画出三棱锥各顶点的轴测投影，连接各顶点后得三棱锥的正等轴测图。

【作图步骤】

（1）在三视图上建立坐标系 $O\text{-}XYZ$，如图 5-5 所示。

（2）画出正等轴测图的轴测轴 $O_1\text{-}X_1Y_1Z_1$，如图 5-6（a）所示。

（3）由图 5-5 可知：B 点与坐标原点 O 重合，所以 O_1 点即为 B 点的轴测投影 B_1；A 点在 OX 轴上，因此可沿 O_1X_1 轴量取 $O_1A_1=oa$，得 A_1 点。

（4）C 点在 XOY 平面上，因此根据 C 点的 X、Y 坐标可确定 C_1 点，如图 5-6（a）所示，即：

1）沿 O_1Y_1 轴量取 $O_1c_{y1}=oc_y$（C 点的 Y 坐标），得 c_{y1} 点。

2）过 c_{y1} 点作 O_1X_1 轴的平行线，并截取 $C_1c_{y1}=oc_x$（C 点的 X 坐标），得 C_1 点。

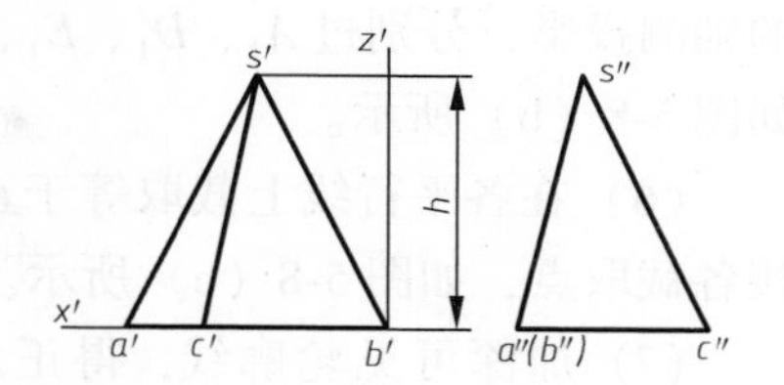

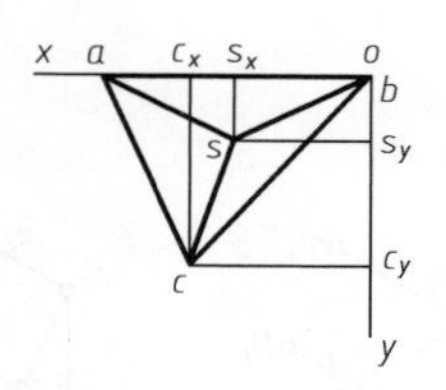

图 5-5 三棱锥

（5）根据 S 点的坐标确定 S_1 点，如图 5-6（b）所示，即：

1）由 S 点的 X、Y 坐标在 $X_1O_1Y_1$ 轴测坐标面上确定 s_1，方法与确定 C_1 点相同。

2）过 s_1 向上作 O_1Z_1 轴的平行线，量取 $s_1S_1=h$（h 为 S 点的 Z 坐标），得 S_1 点。

（6）在 A_1、B_1、C_1、S_1 各点之间连线并判别可见性，加深可见棱线，得三棱锥的正等轴测图，如图 5-6（c）所示。

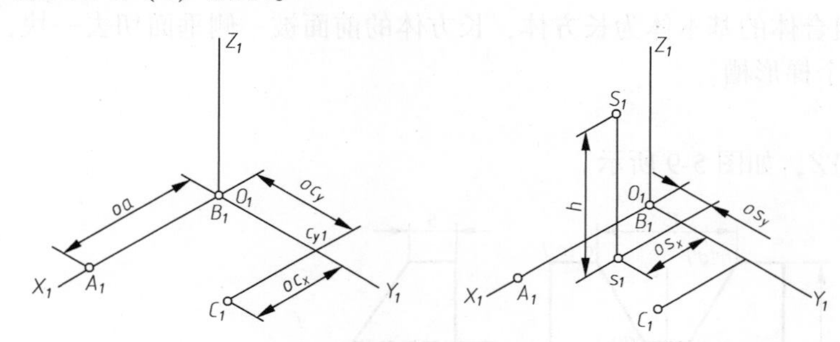

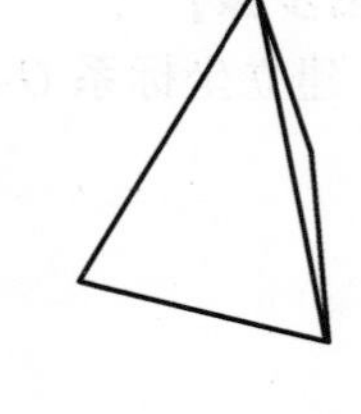

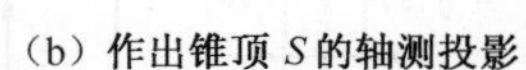

（a）画出轴测轴及 ABC 各点的轴测投影　（b）作出锥顶 S 的轴测投影　（c）棱锥的正等轴测图

图 5-6 三棱锥正等轴测图的作图步骤

例 5-2 作出如图 5-7 所示正六棱柱的正等轴测图。

【分析】由于六棱柱前后、左右均对称，且绘制轴测图时，一般不画虚线，因此为减少不必要的作图线，选择正六棱柱顶面的中心为坐标原点。

【作图步骤】

（1）在视图上建立坐标系 $O\text{-}XYZ$，如图 5-7 所示。

（2）画出正等轴测图的轴测轴 $O_1\text{-}X_1Y_1Z_1$，如图 5-8（a）所示。

（3）沿 O_1Y_1 轴量取 $O_1a_{y1}=oa_y$、$O_1e_{y1}=oe_y$，得到 a_{y1} 和 e_{y1} 两点，沿 O_1X_1 轴量取 $O_1C_1=oc$、$O_1F_1=of$，得 C_1 和 F_1 两点。

（4）分别过点 a_{y1} 和 e_{y1} 作 O_1X_1 的平行线，量取 $A_1a_{y1}=aa_y$、$B_1a_{y1}=ba_y$、$D_1e_{y1}=de_y$、$E_1e_{y1}=ee_y$，得 A_1、B_1、D_1、F_1 四点。

（5）顺次连接 A_1、B_1、C_1、D_1、E_1、F_1 各点，得正六棱柱顶面的轴测投影，分别过 A_1、D_1、E_1、F_1 四点向下作 O_1Z_1 轴的平行线，如图 5-8（b）所示。

（6）在各平行线上截取等于正六棱柱高 h 的一段长度，顺次连接各截取点，如图 5-8（c）所示。

（7）加深可见轮廓线，得正六棱的正等轴测图，如图 5-8（d）所示。

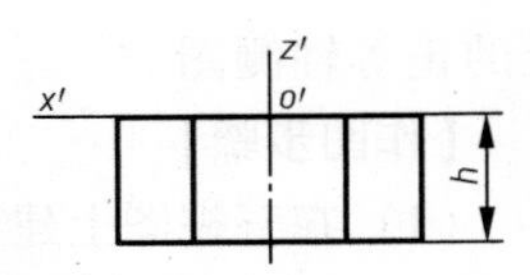

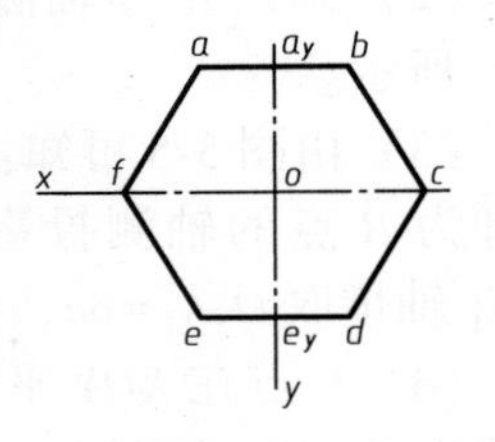

图 5-7 正六棱柱

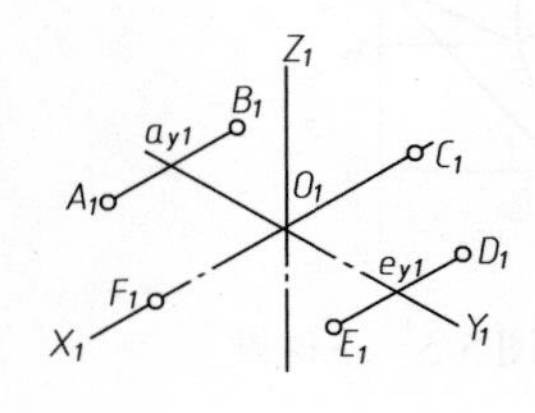

（a）画出轴测轴及各顶点的轴测投影

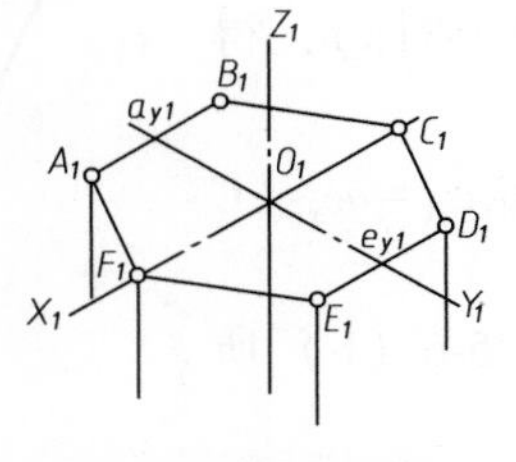

（b）过顶点作 Z 轴平行线

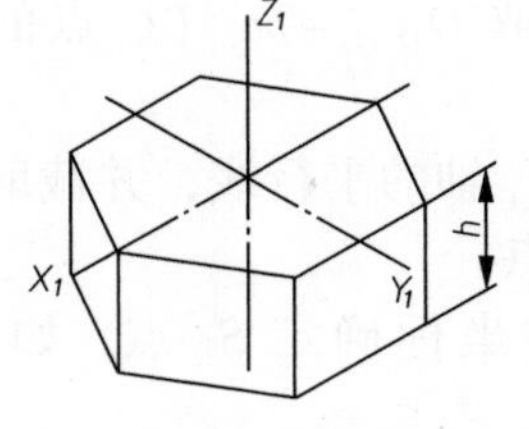

（c）在棱线上截取棱柱高度

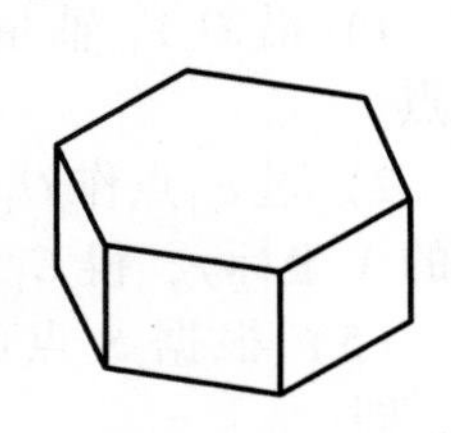

（d）棱柱的正等轴测图

图 5-8 正六棱柱正等轴测图的作图步骤

例 5-3 作出图 5-9 所示组合体的正等轴测图。

【分析】 图 5-9 所示组合体的基本体为长方体，长方体的前面被一侧垂面切去一块，长方体的上面从前往后穿了一个梯形槽。

【作图步骤】

（1）建立坐标系 *O-XYZ*，如图 5-9 所示。

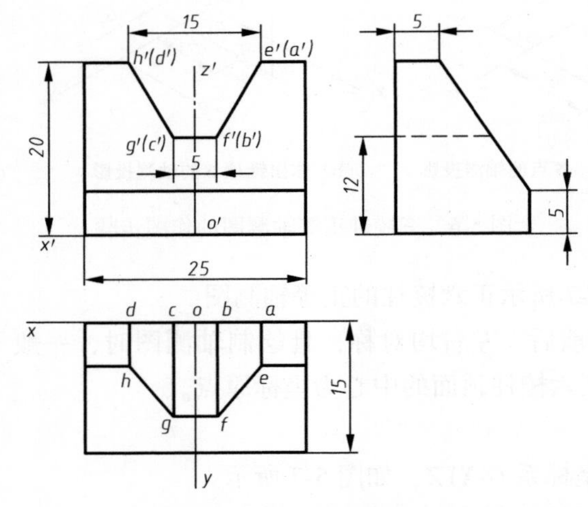

图 5-9 切割组合体的三视图

（2）画出正等轴测图的轴测轴 O_1-$X_1Y_1Z_1$，根据长方体的长、宽、高尺寸画出基本体的轴测图，如图 5-10（a）所示。

（3）根据宽度方向尺寸 5 和高度方向尺寸 5，在长方体的上表面和前表面上画出平行于 O_1X_1 轴的作图线 M_1N_1、S_1T_1，并连接 N_1T_1 和 M_1S_1，得侧垂面的轴测投影，如图 5-10（b）所示。

（4）根据图 5-9 所示的尺寸，用坐标法定出 $X_1O_1Z_1$ 轴测面上的 A_1、B_1、C_1、D_1，过 A_1、B_1、C_1、D_1 各点作 O_1Y_1 轴的平行线，并相应截取 E、F、G、H 各点的 Y 坐标，得 E_1、F_1、G_1、H_1 各点。顺次连接 A_1、B_1、C_1、D_1 和 E_1、F_1、G_1、H_1，得各交线的轴测投影，如图 5-10（c）所示。

（5）描深可见轮廓线，得切割组合体的轴测图，如图 5-10（d）所示。

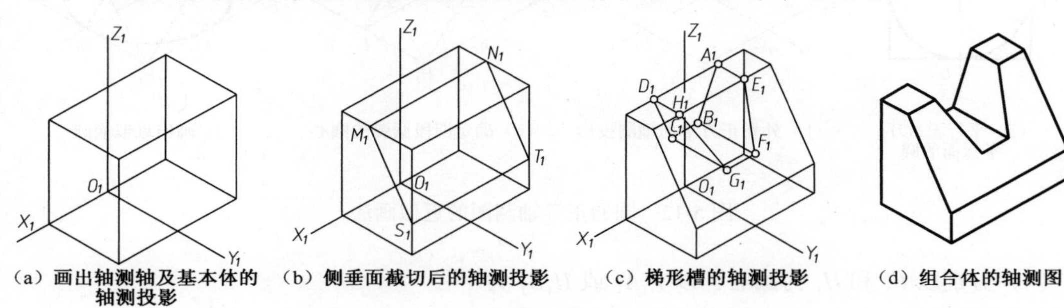

（a）画出轴测轴及基本体的轴测投影　（b）侧垂面截切后的轴测投影　（c）梯形槽的轴测投影　（d）组合体的轴测图

图 5-10　切割平面体正等轴测图的作图步骤

5.2.3　圆的正等轴测图

圆的正等轴测图的画法有坐标法、菱形法。

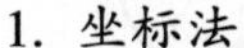

1. 坐标法

图 5-11（a）所示为 XOY 坐标面上的圆，其正等轴测图的作图步骤如图 5-11（b）所示，即：先画出轴测轴 O_1X_1、O_1Y_1，并在其上按直径大小直接定出 Ⅰ$_1$、Ⅱ$_1$、Ⅲ$_1$、Ⅳ$_1$ 点；在直径上作一系列 ox 轴（或 ox 轴）的平行弦，根据坐标相应地作出这些平行弦的轴测投影及圆与平行弦各交点的轴测投影 Ⅴ$_1$、Ⅵ$_1$、Ⅶ$_1$、Ⅷ$_1$，光滑连接各点，即画出该圆的轴测投影。

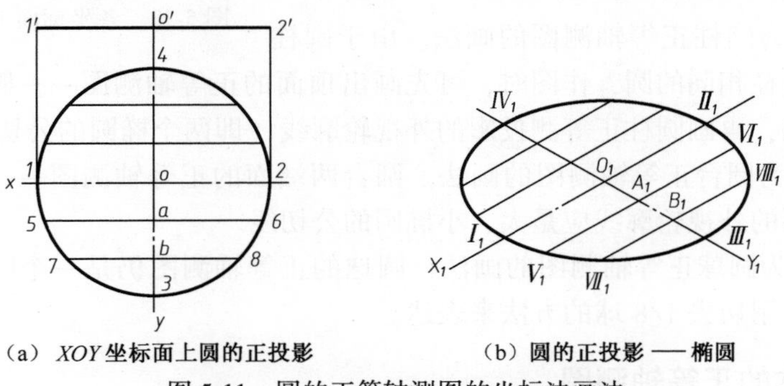

（a）XOY 坐标面上圆的正投影　（b）圆的正投影 —— 椭圆

图 5-11　圆的正等轴测图的坐标法画法

2. 菱形法

（1）通过圆心 O 作圆的外切正方形，切点为 A、B、C、D 各点，正方形的边与相应坐标轴 OX 和 OY 平行，如图 5-12（a）所示。

（2）确定圆心的轴测投影并画出轴测轴 O_1X_1 和 O_1Y_1，按圆的半径 R 在 O_1X_1 和 O_1Y_1 上量取点 A_1、B_1、C_1、D_1；过点 A_1、C_1 与 B_1、D_1 分别作 O_1Y_1 和 O_1X_1 的平行线，所形成的菱形 $E_1F_1G_1H_1$ 即为圆的外切正方形的轴测投影，如图 5-12（b）所示。

（3）菱形的对角线 E_1G_1 和 F_1H_1 为椭圆的长轴和短轴，F_1、H_1 为四段圆弧中两个大弧圆的圆心。过 F_1、H_1 点分别与对边的中点 A_1、B_1、C_1、D_1 相连，得到四段圆弧中两个小弧圆的圆心 M_1、N_1，如图 5-12（c）所示。

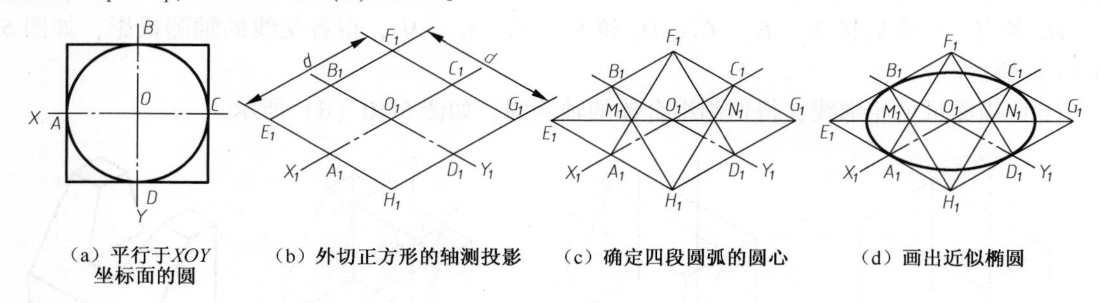

（a）平行于XOY坐标面的圆　（b）外切正方形的轴测投影　（c）确定四段圆弧的圆心　（d）画出近似椭圆

图 5-12　圆的正等轴测图的近似画法

（4）分别以 F_1 和 H_1 为圆心，以 F_1A_1 或 H_1B_1 为半径作两个大圆弧 A_1D_1 和 B_1C_1；分别以 M_1 和 N_1 为圆心，以 M_1A_1 或 N_1C_1 为半径作两个小圆弧 A_1B_1 和 C_1D_1，如图 5-12（d）所示。显然所作的近似椭圆内切于菱形，点 A_1、B_1、C_1、D_1 是大、小圆弧的切点，也是椭圆与菱形的切点。

此过程虽是 XOY 面或平行于 XOY 面上圆的轴测投影的画法，但对于 XOZ 和 YOZ 面或其平行面上圆的轴测投影，除了长、短轴方向不同外，其画法完全相同。图 5-13 为各坐标面上圆的正等轴测图。

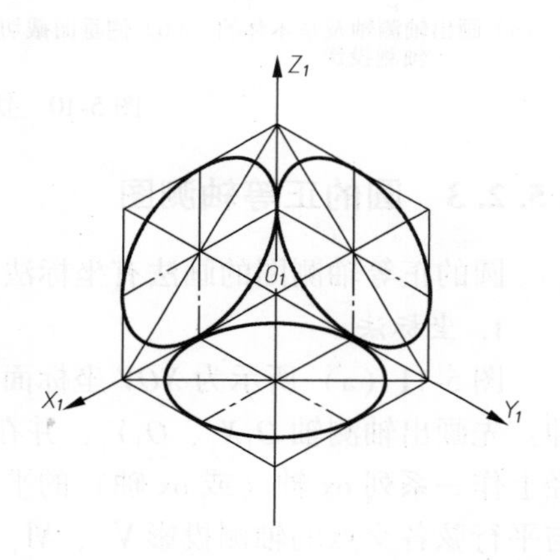

图 5-13　各坐标面上圆的正等轴测图

5.2.4　曲面立体的正等轴测图

图 5-14（a）为圆柱正等轴测图的画法。由于圆柱的上、下底面为直径相同的圆，作图时，可先画出顶面的正等轴测图——椭圆，然后用移心法作出底面的椭圆，再画圆柱正等测投影的外视轮廓线（即两个椭圆的公切线）。

图 5-14（b）为圆台正等轴测图的画法。圆台两端面的正等轴测图——椭圆的画法同圆柱，但圆台轴测图的外视轮廓线应是大、小椭圆的公切线。

图 5-14（c）为圆球正等轴测图的画法。圆球的正等轴测图仍是一个圆。为增加轴测图的立体感，一般采用切去 1/8 球的方法来表达。

5.2.5　组合体的正等轴测图

画组合体的轴测图是采用形体分析法和线面分析法，分析构成组合体的基本体及其组合方式。然后按形体分析的过程来画轴测图。

扫一扫

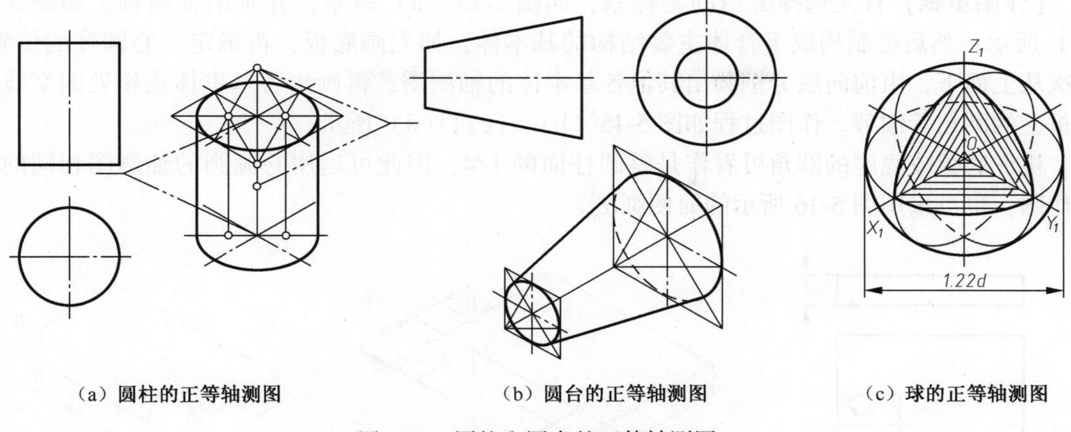

（a）圆柱的正等轴测图　　（b）圆台的正等轴测图　　（c）球的正等轴测图

图 5-14　圆柱和圆台的正等轴测图

例 5-4　绘制如图 5-15（a）所示轴承座的正等轴测图。

【分析】 轴承座是由带有圆角和小圆孔的底板、空心圆柱以及在底板上直立的支撑板和肋板四部分组成的。

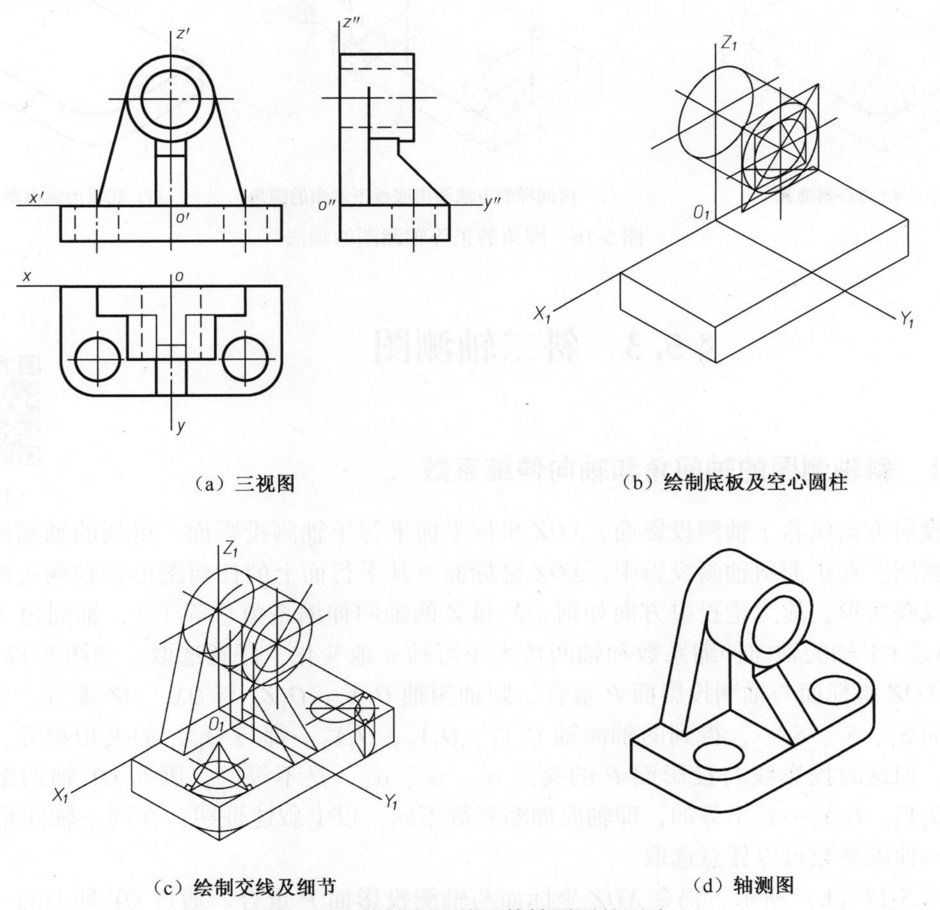

（a）三视图　　（b）绘制底板及空心圆柱

（c）绘制交线及细节　　（d）轴测图

图 5-15　轴承座及其正等轴测图的画法

【作图步骤】 首先选择恰当的坐标系，如图 5-15（a）所示，并画出轴测轴，如图 5-15（b）所示；然后绘制构成组合体主要结构的基本体，如先画底板，再确定空心圆柱的位置，依次从上而下，由前向后分别画出其他各基本体的轴测图；再画出各基本体连接处的交线及底板上的圆角等细节。作图过程如图 5-15（b）、（c）、（d）所示。

机件底板或底座的圆角可看作是整圆柱面的 1/4，因此可运用与画圆的轴测图相同的方法作图，也可采用图 5-16 所示的简便画法。

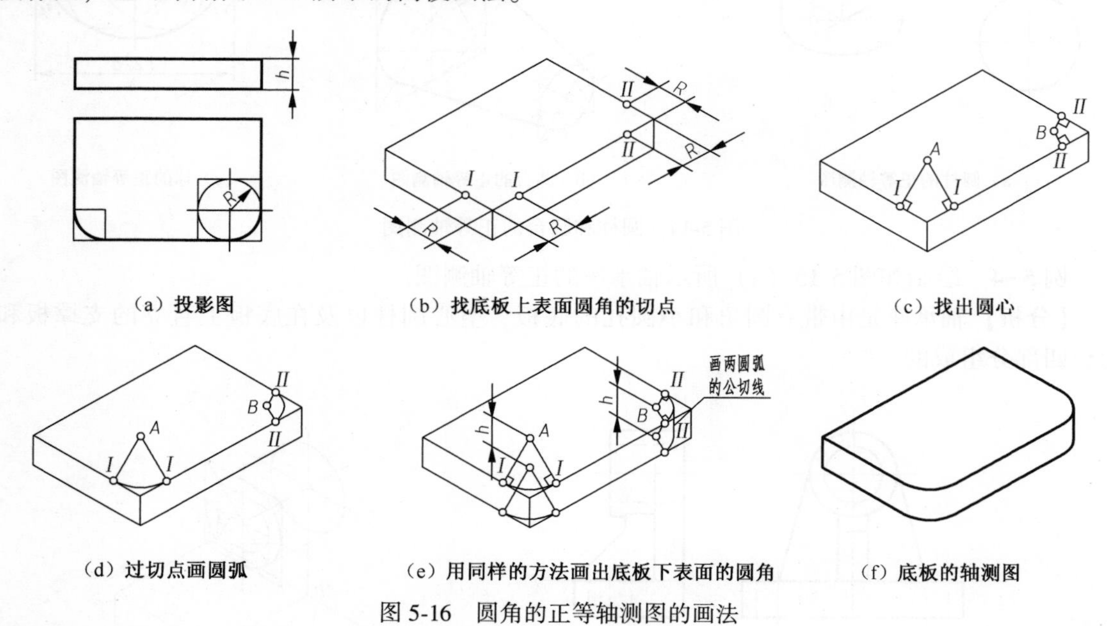

图 5-16　圆角的正等轴测图的画法

§5.3　斜二轴测图

扫一扫

5.3.1　斜轴测图的轴间角和轴向伸缩系数

使投射方向倾斜于轴测投影面，*XOZ* 坐标平面平行于轴测投影面，得到的轴测图称为正面斜轴测图。在正面斜轴测投影中，*XOZ* 坐标面或其平行面上的任何图形在轴测投影面上的投影都反映实形，故无论投射方向如何，*X* 和 *Z* 的轴向伸缩系数总等于 1，轴间角 $X_1O_1Z_1=90°$。但是 *OY* 轴的轴向伸缩系数和轴间角大小可独立地变化，任意选取。如图 5-17（a）所示，令 *XOZ* 坐标面与轴测投影面 *P* 重合，则轴测轴 O_1X_1、O_1Z_1 与 *OX*、*OZ* 重合。分别采用投射方向 S_1、S_2、S_3…，得到的轴测轴 O_1Y_1、O_1Y_2、O_1Y_3…都与 O_1X_1 的夹角相等，即轴间角不变，但这时投影线与投影面 *P* 的夹角 α_1、α_2、α_3…是不等的，因而 *OY* 轴的轴测投影 O_1Y_1、O_1Y_2、O_1Y_3…是不等的，即轴向伸缩系数不同。以上叙述证明：在同一轴间角下，*OY* 轴的轴向伸缩系数可以任意选取。

如图 5-17（b）所示，仍令 *XOZ* 坐标面与轴测投影面 *P* 重合。通过 *OY* 轴上的一点作投

射线 S_1 与平面 P 的夹角为 α，得到轴测轴 O_1Y_1。若以 OY 轴为旋转轴，以 S_1 为母线作一回转圆锥，则圆锥上的所有素线与平面 P 的夹角均为 α。因此，若以此圆锥上的不同素线作为投射线，得到的轴测轴 O_1Y_1、O_1Y_2…的伸缩系数是相等的，但它们与 O_1X_1、O_1Z_1 间的轴间角是不同的。

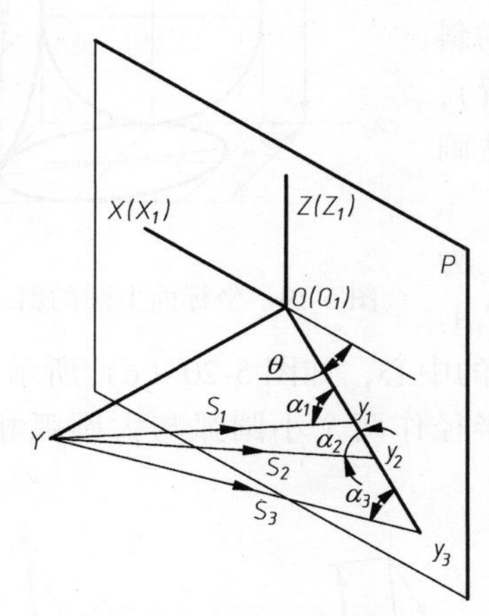

（a）OY 的轴间角不变，轴向伸缩系数任意选取

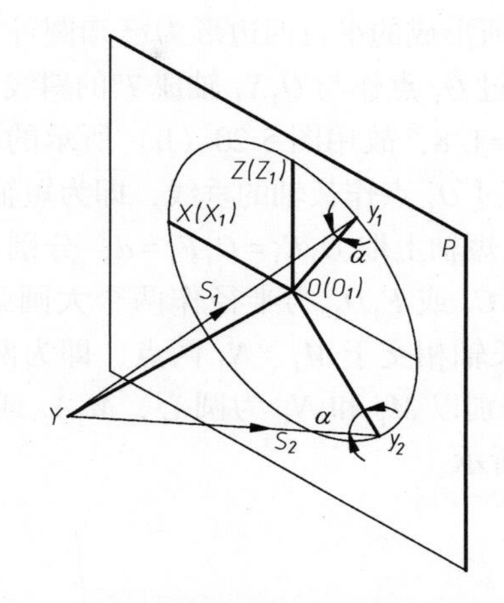

（b）OY 的轴向伸缩系数不变，轴间角任意选取

图 5-17　斜轴测图的轴间角和轴向伸缩系数分析

从以上分析结果可以看出，在正面斜轴测投影中，OY 轴的轴向伸缩系数（小于或等于 1 都可）和轴间角可以任取，并独立变化，两者之间没有固定的内在联系。

在实际作图时，为了使斜二轴测图的立体感较强和作图方便，常取轴间角 $\angle X_1O_1Z_1 = 90°$、$\angle X_1O_1Y_1 = 135°$，这样可以利用45°三角板作图。且 X 轴和 Z 轴的伸缩系数为 1，Y 轴的伸缩系数为 0.5，容易计算，如图 5-18 所示。

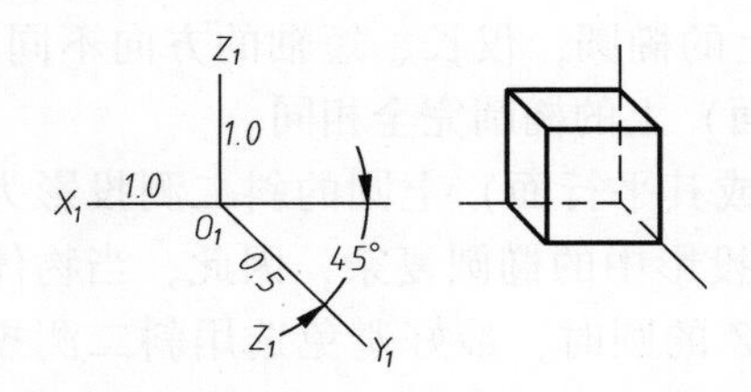

图 5-18　斜轴测图的轴间角和轴向伸缩系数

5.3.2　圆的斜二测投影

在斜二轴测图中，三个坐标面（或其平行面）上圆的轴测投影如图 5-19 所示。由于 XOZ 面（或其平行面）的斜二测投影反映实形，因此 XOZ 面上圆的轴测投影仍为与圆直径相等的圆。在 XOY 和 YOZ 面（或其平行面）上圆的斜二测投影为椭圆，其长轴分别与 O_1X_1 轴或 O_1Z_1 轴倾斜大约 7°，如图 5-19 所示，椭圆可采用坐标法作图，也可采用图 5-20 所示的近似画法。其作图步骤如下：

（1）作斜二轴测图的轴测轴 O_1X_1 和 O_1Y_1，并按直径 d 在 O_1X_1 轴上量取点 A_1、B_1，按 $0.5d$ 在 O_1Y_1 轴上量取点 C_1、D_1，如图 5-20（a）所示。

（2）过点 A_1、B_1 与 C_1、D_1 分别作 O_1X_1 轴和 O_1Y_1 轴的平行线，所形成的平行四边形为已知圆外切正方形的斜二测投影，过 O_1 点作与 O_1X_1 轴成7°的斜线（长轴位置），因为 $\tan 7° \approx 1/8$，故用图 5-20（b）所示的近似作图法画出7°斜线。过 O_1 点作长轴的垂线，即为短轴的位置。

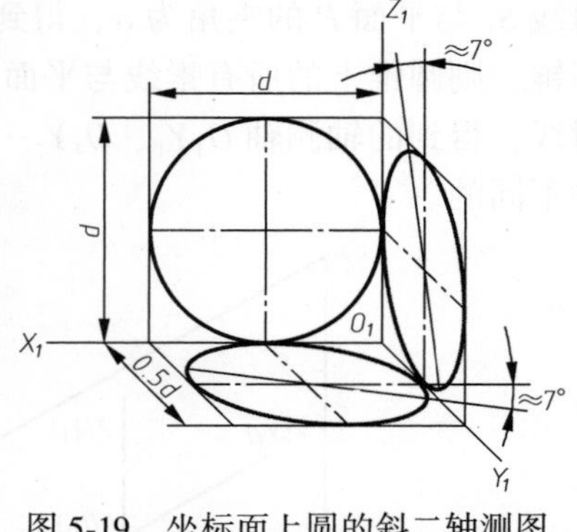

图 5-19　坐标面上圆的斜二轴测图

（3）在短轴上取 $O_1E_1 = O_1F_1 = d$，分别以 E_1 和 F_1 为圆心，以 E_1C_1 或 F_1D_1 为半径作两个大圆弧。连接 F_1A_1 和 E_1B_1 与长轴相交于 M_1、N_1 两点，即为两个小圆弧的中心，如图 5-20（c）所示。

（4）分别以 M_1 和 N_1 为圆心，M_1A_1 或 N_1B_1 为半径作两个小圆弧与大圆弧相切，如图 5-20（d）所示。

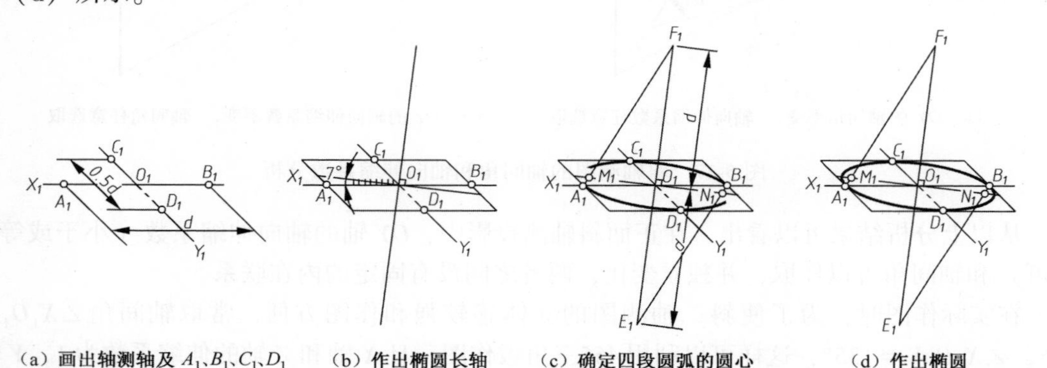

（a）画出轴测轴及 A_1、B_1、C_1、D_1　（b）作出椭圆长轴　（c）确定四段圆弧的圆心　（d）作出椭圆

图 5-20　*XOY* 面（或平行面）上圆的斜二测投影的近似画法

$Y_1O_1Z_1$ 面（或平行面）上的椭圆，仅长、短轴的方向不同，其画法与 $X_1O_1Y_1$ 面（或平行面）上的椭圆完全相同。

由于在 *XOY* 和 *YOZ* 面（或其平行面）上圆的斜二测投影为椭圆，该椭圆的画法较正等测投影中的椭圆复杂，因此，当物体上有平行于坐标面 *XOY* 和 *YOZ* 的圆时，最好避免选用斜二测投影，而宜选正等测投影。

5.3.3　斜二轴测图的画法

画斜二轴测图的方法和作图步骤与正等轴测图相同。

例 5-5　绘制如图 5-21 所示轴承座的斜二轴测图。

【分析】 该组合体在主视图方向的投影，圆和圆弧较多。

【作图步骤】

（1）在正面投影中选择坐标系 *O-XYZ*，如图 5-21 所示。

（2）画出斜二轴测图的轴测轴 O_1-$X_1Y_1Z_1$，如图 5-22（a）所示。

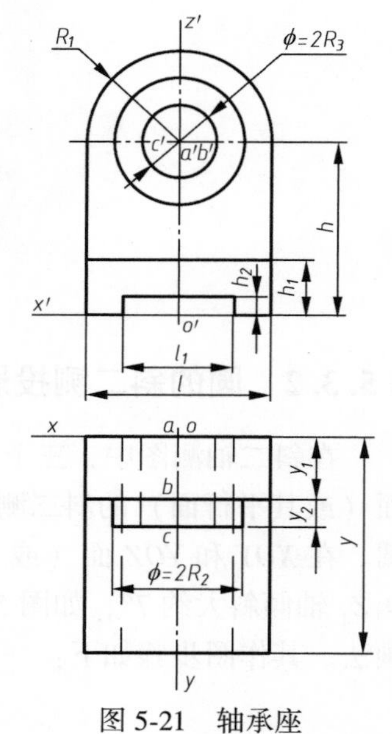

图 5-21　轴承座

(3) 根据组合体尺寸和轴向伸缩系数($p=r=1$, $q=0.5$)画底板的斜二轴测图，如图5-22(a)所示。

(4) 沿 O_1Z_1 轴量取 $O_1A_1=h$，得 A_1 点，过 A_1 点作 O_1Y_1 的平行线，量取 $A_1B_1=1/2y_1$，$B_1C_1=1/2y_2$，得 B_1 和 C_1 点，如图5-22(a)所示。以 A_1 和 B_1 为圆心，以 R_1 为半径画圆，以 B_1 和 C_1 为圆心，以 R_2 为半径画圆，以 C_1 和 A_1 为圆心，以 R_3 为半径画圆。并分别作出相应两圆的公切线，当为虚线时不画，如图5-22(b)所示。

(5) 绘制底板与大圆柱间的连接板。作与两个大圆(半径为 R_1)相切且平行 O_1Z_1 轴的直线，并画出底板与连接板间的表面交线，如图5-22(c)所示。

(6) 描深可见轮廓线，如图5-22(d)所示。

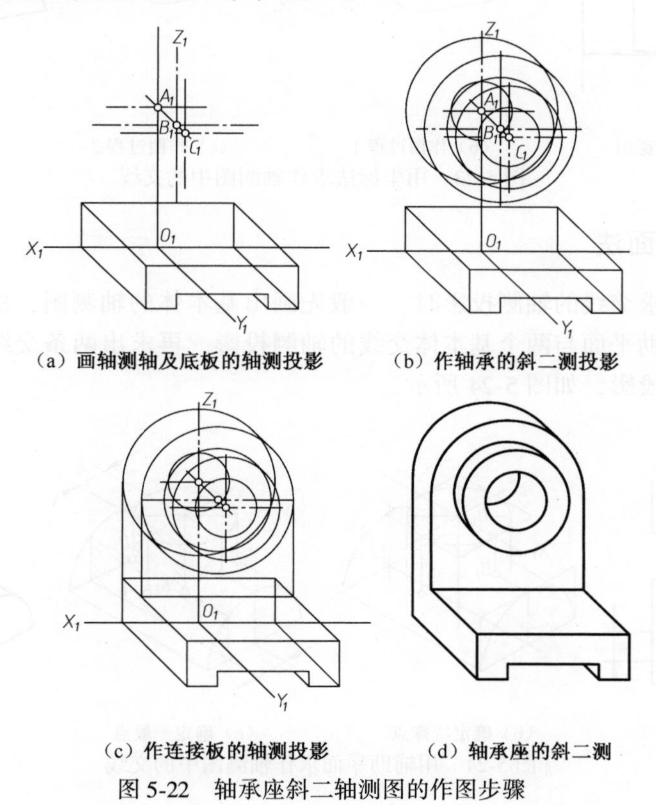

图5-22 轴承座斜二轴测图的作图步骤

§5.4 轴测图中交线的画法

交线主要是指组合体表面上的截交线和相贯线。画组合体轴测图中的交线有两种方法：坐标法和辅助平面法。

5.4.1 坐标法

根据三视图中截交线和相贯线上点的坐标，画出截交线和相贯线上各点的轴测投影，然后用曲线板光滑连接，如图 5-23 所示。

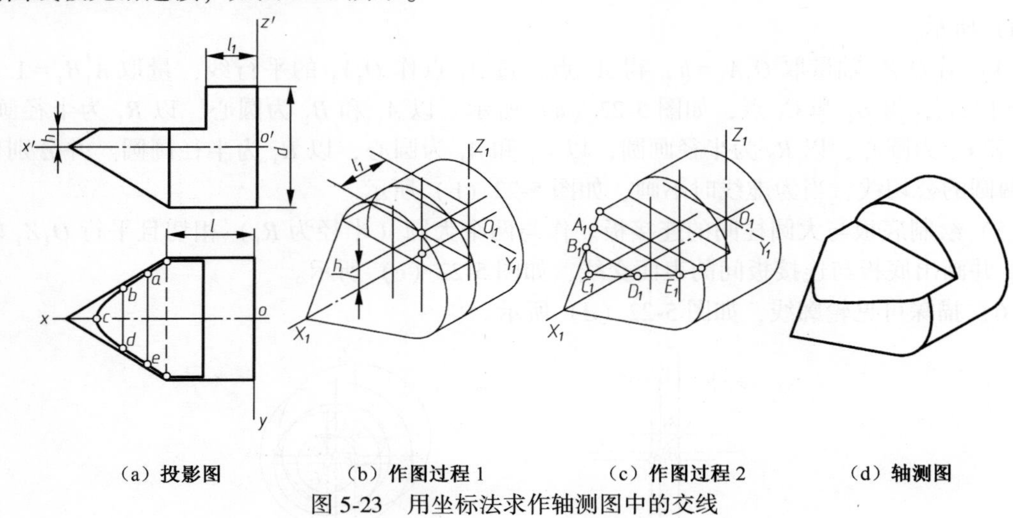

（a）投影图　　（b）作图过程 1　　（c）作图过程 2　　（d）轴测图

图 5-23　用坐标法求作轴测图中的交线

5.4.2　辅助平面法

用辅助平面法求交线的轴测投影时，一般先画出基本体的轴测图，然后选用一系列辅助平面，分别求出辅助平面与两个基本体交线的轴测投影，再求出两条交线轴测投影的交点即为交线上点的轴测投影，如图 5-24 所示。

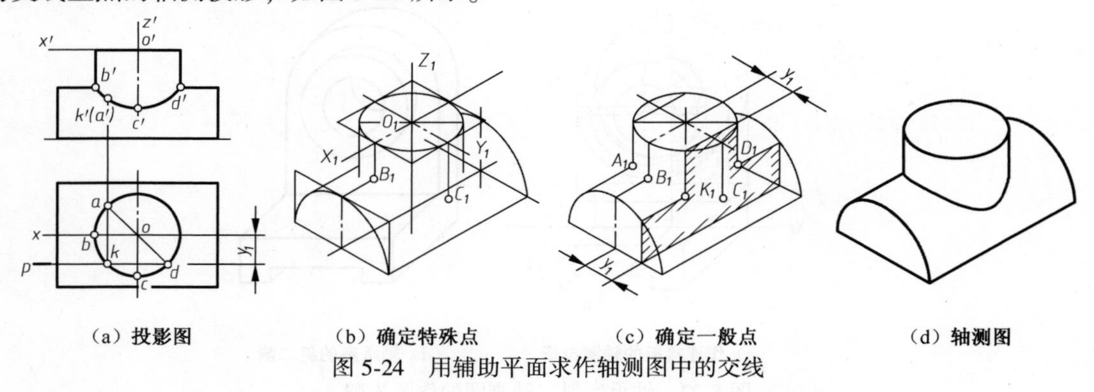

（a）投影图　　（b）确定特殊点　　（c）确定一般点　　（d）轴测图

图 5-24　用辅助平面求作轴测图中的交线

§5.5　轴测剖视图的画法

5.5.1　轴测图的剖切方法

在轴测图上为了表达物体内部的结构形状，可假想用剖切平面将物体的一部分剖去，这种剖切后的轴测图称为轴测剖视图。一般采用平行于参考坐标系坐标面的两个垂直平面，通过物体的对称面或者主要轴线进行剖切，这样能较好地显示出物体的内、外形状，如图 5-25（a）所示。在剖切时应避免用一个剖切面剖切开整个物体，如图 5-25（b）所示，或其他不合理的剖切方式，如图 5-25（c）所示。

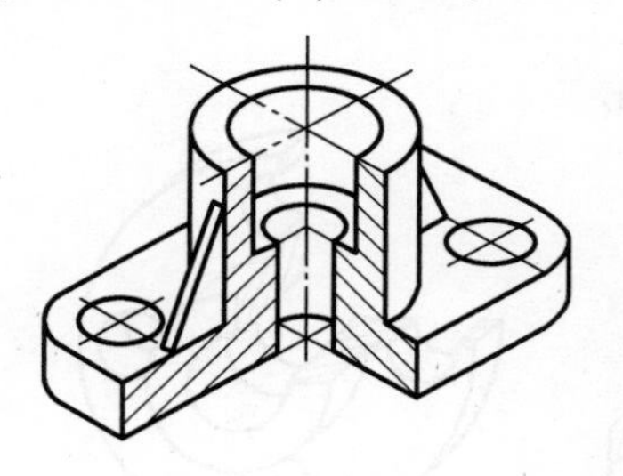

（a）合理剖切

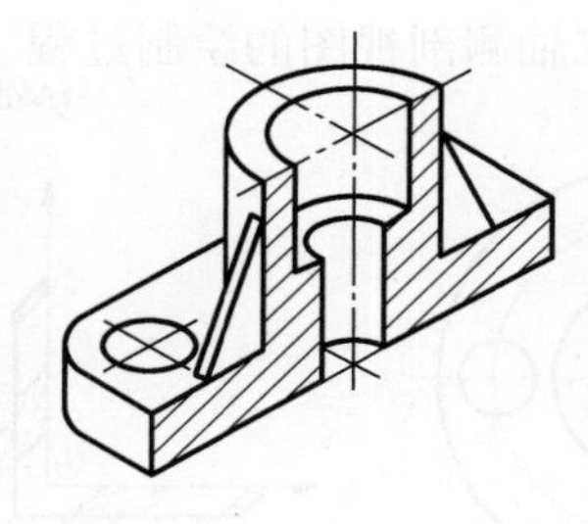

（b）不合理剖切

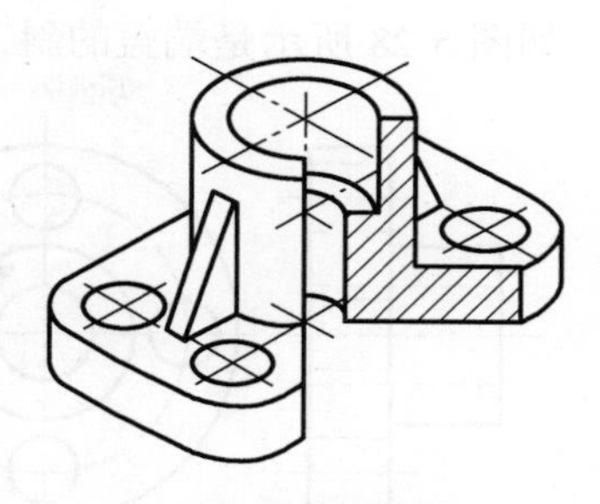

（c）不合理剖切

图 5-25　轴测剖视图的剖切方法

轴测剖视图中的剖面线方向应按图 5-26 所示的方向画出，正等轴测图如图 5-26（a）所示，斜二轴测图如图 5-26（b）所示。

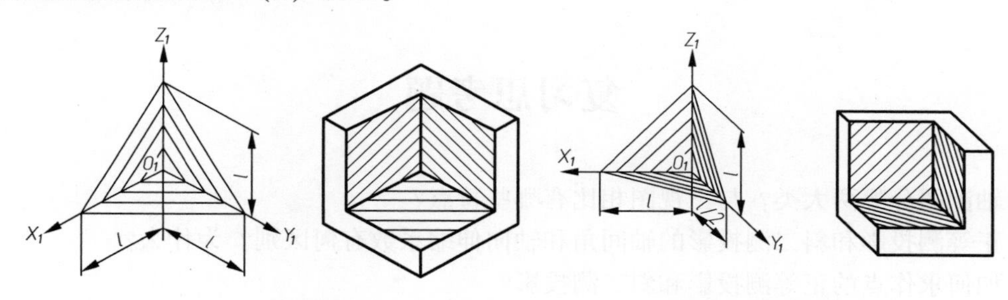

（a）正等轴测图　　（b）斜二轴测图

图 5-26　轴测剖视图中剖面线的方向

5.5.2　轴测剖视图的画法

轴测剖视图一般有以下两种画法：

（1）先把物体完整的轴测图画出，然后画剖面并补画出剖切面后内部可见的线，最后按规定的方向画出剖面线，完成作图，如图 5-27 所示。

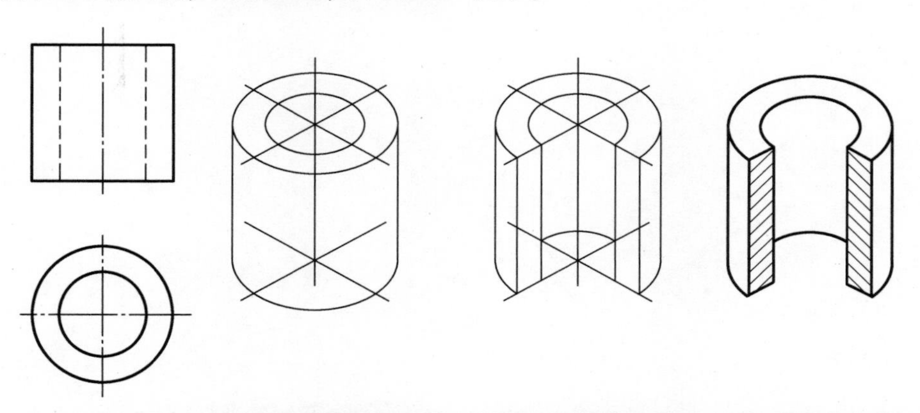

（a）已知空心圆柱　（b）作出完整的轴测图　（c）画剖面并补画内部可见线　（d）画剖面线、加深

图 5-27　空心圆柱的正等轴测剖视图的画法

（2）先画出剖面的轴测投影，然后画出剖面外部看得见的轮廓。这样可减少不必要的作图线。如图 5-28 所示是端盖的斜二轴测剖视图的绘制过程。

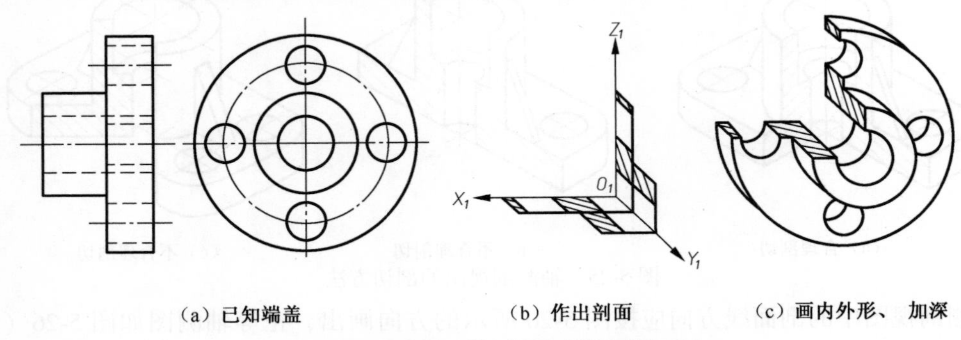

（a）已知端盖　　（b）作出剖面　　（c）画内外形、加深

图 5-28　端盖斜二轴测图中剖视图的画法

复习思考题

1. 轴测图分哪两大类？与三视图相比有哪些特点？
2. 正等测投影和斜二测投影的轴间角和轴向伸缩系数有何区别？为什么？
3. 如何求作点的正等测投影和斜二测投影？
4. 在正等轴测图中用“菱形法”作物体上不同位置的投影面平行圆时，应如何确定投影椭圆的长、短轴的方向？
5. 正等轴测图和斜二轴测图有哪些区别？什么样的形体采用斜二轴测图表达较好？

参 考 文 献

［1］ 何铭新. 机械制图 ［M］. 北京：高等教育出版社，2010
［2］ 陈东祥. 机械工程图学 ［M］. 北京：机械工业出版社，2016
［3］ 大连理工大学工程图学教研室. 画法几何学 ［M］. 北京：高等教育出版社，2011
［4］ 李雪梅. 工程图学基础 ［M］. 北京：清华大学出版社，2010
［5］ 刘荣珍. 机械制图 ［M］. 北京：科学出版社，2018.